嵌入式 FAT32 文件系统设计与实现

设计与实现

——基于振南 znFAT(下)

于振南　编著

北京航空航天大学出版社

内 容 简 介

本书是此套书的下册，是上册的延续与拓展。本书详细讲解了FAT32中长文件名的相关技术及其在znFAT中的具体实现。最后，着重介绍了SD卡等存储设备的驱动原理与调试方法。应该说，下册比上册更有技术含量、更有思想，会引发读者更多的思考和灵感。

如果说上册是专注于基础和常规内容的话，那么下册则更加侧重于提高与创新。振南将把一些绝对独特的思想和算法，以及它们在znFAT中表现出来的优异性能呈现在读者面前。

此书谨献给对FAT32、SD卡等嵌入式存储技术感兴趣，以及在这方面有项目应用需求的广大人群。希望此书能够成为此领域内的参考书，对大家的研究与开发工作产生积极意义。

图书在版编目(CIP)数据

嵌入式FAT32文件系统设计与实现：基于振南znFAT. 下 / 于振南编著. -- 北京：北京航空航天大学出版社，2014.4

ISBN 978 - 7 - 5124 - 1510 - 2

Ⅰ．①嵌… Ⅱ．①于… Ⅲ．①微型计算机—文件系统—系统设计 Ⅳ．①TP311.13

中国版本图书馆CIP数据核字(2014)第042838号

嵌入式FAT32文件系统设计与实现——基于振南znFAT(下)

于振南　编著

责任编辑　董立娟

*

北京航空航天大学出版社出版发行

北京市海淀区学院路37号(邮编100191)　http://www.buaapress.com.cn

发行部电话：(010)82317024　传真：(010)82328026

读者信箱：emsbook@gmail.com　邮购电话：(010)82316524

涿州市新华印刷有限公司印装　各地书店经销

*

开本：710×1 000　1/16　印张：16.25　字数：346千字

2014年4月第1版　2014年4月第1次印刷　印数：3 000册

ISBN 978 - 7 - 5124 - 1510 - 2　定价：36.00元

套书前言

振南这几年一直在研究 FAT32 文件系统与 SD 卡、Flash 等嵌入式存储的相关技术，初衷一方面在于振南对它的浓厚兴趣，因为其中蕴涵着很多非常巧妙的设计思想和理念，通过更加系统化、工程化的开发实践，自身的水平得到了很大的提升；另一方面随着嵌入式存储技术的迅猛发展，基于通用嵌入式 FAT32 文件系统的应用与产品层出不穷，这催生了对这方面技术和功能的极大需求。振南希望通过自己的研究，让广大的爱好者与工程师轻松地进入这一领域，对大家产生一定的参考意义。

基于振南长期而深入的研究，一个精简、优秀而功能完备的嵌入式 FAT32 文件系统方案很早便应运而生，并一直维护至今，这就是振南的 znFAT。经过几年的推广与无数的验证，它已广为流传，在各个硬件平台、各个应用系统中发挥着其不可替代的作用。

为了能让 FAT32 文件系统的嵌入式应用更加深入人心、让更多人受益于它的方便与强大，振南花费三年时间特著此书，全面讲述其各种技术细节、实现技巧、创新策略与算法、应用实例、移植方法等。

振南知道无数人都在急切地盼望着此书问世，但因为振南精益求精的性格特点、做事原则以及写作、出版过程中一些琐碎的事情，使得此书的进度稍显滞后，请读者谅解。

套书内容特点

本套书共分为上、下两册，内容上循序渐进，步步引导，从基础到提高，从常规到创新，从保守到发散，从理论到实践，在把原理与方法讲清楚之后，又基于配套的 ZN-X 开发板做了大量的实验，努力让读者开卷有益，真正有所感悟与收获。

上册侧重于入门与基础，首先通过几个实例让读者初步认识 FAT32 与 SD 卡，随后便全面展开了系统化的讲解，实现了几个基本的文件操作功能，并对 znFAT 的一些简单应用进行了介绍；下册侧重于创新、拓展与提高，振南将继续带领读者实现更多、更具特色的文件操作功能，更重要的是提出了 znFAT 中一些独创的核心算法，并展示了它们在提高系统性能与加速数据读/写方面所起到的重要作用。同时，配套了一些更为精彩的实验，它们绝大部分都是振南的原创，有助于读者掌握、提高。书中包含的实验大部分是基于振南的 ZN-X 开发板的，而且由于 ZN-X 对 51、AVR、STM32 全系列 CPU 芯片的支持，这些实验很多都是跨平台的，这使其更加精彩，也更加突显了 znFAT 极强的可移植性与实用价值。

关于振南的 znFAT

振南的 znFAT 是一套高效、完备、精简且具有高可移植性的嵌入式 FAT32 文件系统解决方案,主要特性如下:

> 与 FAT32 文件系统高度兼容,提供丰富的文件操作函数,可实现文件与目录的创建、打开、删除,数据的读取与写入等功能。

> 可方便地移植到多种嵌入式 CPU 平台上,如 51、STM32、AVR、PIC、Cold-File、MSP430 等。

> 占用 RAM 与 ROM 资源极少,并可由读者灵活配置。

> 最小配置情况下,RAM 的使用量为 800~900 字节,最大配置下为 1 300 字节。

> 内建独特的数据读/写加速算法以及多种工作模式,均可由用户自行配置,以满足不同的速度与功能需求。

> 创新性地提出数据写入的实时工作模式,可保证写入到磁盘文件中的数据安全,防止因恶劣工作环境、干扰或其他原因引起的目标平台不可预见的死机或故障,而造成数据丢失(实时模式数据写入速度不高,所有数据直接写入物理扇区,而不在 RAM 中暂存,并对文件数据进行实时维护)。

> 底层提供简单的单扇区读/写驱动接口以及可选的硬件多扇区读、写、擦除驱动接口。(在提供硬件多扇区读、写、擦除驱动的情况下,磁盘格式化与数据读/写速度有近 2~4 倍的提升,甚至更高。)

> 提供清晰而强大的功能模块裁减功能,可极大程度地减小最终生成的可执行文件的体积,节省 ROM 资源。

> 提供数据读取重定向功能,使读到的数据无需缓存,直接流向应用。

> 支持长文件名,长文件名最大长度可配置。默认配备并使用 GB2312 中文字符,并可选择是否使用 OEM 字符集,以减少程序体积。方便扩展更多的 OEM 字符集,如日文、韩文等。

> 支持与 Windows、Linux 等操作系统兼容的路径表示,路径分隔可使用/或\;支持无限深目录,支持长名目录。

> 支持对存储设备的格式化,文件系统为 FAT 32,格式化策略为 SFD(即无 MBR)。

> 支持 * 与? 文件名通配,长名也支持通配。

> 支持文件与目录的删除,支持非空目录删除。

> 支持无限深级目录创建。

> 支持"多文件",即同时可对多个文件进行操作。

> 支持"多设备",即同时可挂载多种不同的存储设备,可在多种存储设备间任意切换。

配套资料

本书配套资料包括以下内容:视频方面,《振南的 FAT32 文件系统入门教程》,共 5 集,时长约 138 分钟;《单片机基础外设九日通》,共 10 集,时长约 553 分钟;《振南带你从零学单片机之 C51 编程》,共 3 集,时长约 278 分钟;《单片机高级外设系列之 VS1003 MP3 解码器》,共 2 集,时长约 103 分钟;《单片机高级外设系列之 TFT 液晶》,共 2 集,时长约 73 分钟;《单片机高级外设系列之 SD 卡》,共 2 集,时长约 73 分钟;《单片机高级外设系列之 HZK 汉字库》,共 2 集,时长约 66 分钟;还包含了与振南的 znFAT 相关的很多实验和实例;以及 ZN－X 开发板配套资料等。详细请通过振南的个人网站和相关的网络平台免费获取,也可以通过这些平台与作者实时互动:

振南的个人主页:**www. znmcu. cn(备用网址:bk. znmcu. cn)**

论坛:**bbs. znmcu. cn**

21IC 论坛中振南的 znFAT 个人专区:**21icbbs. znmcu. cn**

博客:**21icblog. znmcu. cn**

导　读

此套书分上、下两册,共有二十余章,各章在知识上前后关联、相辅相成完整严密,而且适当地进行了实验的穿插,从而使书在整体上显得浑然一体、生动耐读。为了方便读者快速转到自己的兴趣点,振南特设置了导读部分:

① 想了解 znFAT 的移植与使用方法,请参见上册的附录《znFAT 的移植与应用》。

② 想了解 SD 卡物理扇区读/写驱动的细节、具体实现与调试方法,请参见下册第 12 章的《高性能 SD 卡物理驱动的实现》。

③ 想欣赏或借鉴基于 znFAT 的精彩实验与工程应用,请参见上册的第 13 章《真知实践,精彩展现》、下册的第 9 章《青涩果实,缤纷再现》。

④ 想了解研究 FAT32 文件系统的意义、用途与基本的入门,请参见上册的第 1 章《端倪初现,实验切入》、第 3 章《逐渐深入,转入正题》与第 4 章《自建模型,会意由衷》。

⑤ 想了解振南的 ZN－X 开发板及其使用、测试方法,请参见上册的第 1 章《欲善其事,必利其器》。

⑥ 想了解常用的主流存储设备、NOR/NAND FlashROM 上的文件系统应用,请参见下册的第 10 章《物理设备,闪存解惑》。

⑦ 想了解 znFAT 的具体性能表现,如数据读/写速度等,以及与几种优秀方案的较量,请参见下册的第 5 章《模式变换,百花争艳》。

⑧ 想了解 znFAT 各功能、创新点的具体实现细节与开发方法,希望对 FAT32 进行全面深入的研究,请参见书中各章主要内容,更加细致的介绍与引导请详见目录与各章节内容。

振南

2014.2

前　言

读上册后继续启程

读了本书上册之后,你已可称得上是半个专家了,对 FAT32 文件系统、振南 zn-FAT 的设计思想与实现技巧,以及嵌入式存储的相关技术都已经小有领悟。但振南只能说现在还只是"万里长征"刚走出了不到一半。上册只是实现了"读"操作相关的功能,实际上真正的重点、难点和亮点在于"写"操作,还有在整个系统层面上对性能与效率的优化与提升。这其中所产生的一系列新颖的编程方法、独特的算法与策略才是能够发人深省的核心内容。

下册之精妙之处

本书介绍知识的同时注重穿插大量精彩、更具创意的实验,方便读者理解、动手提高。首先介绍了文件与目录创建、数据写入等文件操作功能的实现。随后的几章一直在努力提升数据读/写的速度,提出了诸如预建簇链、连续扇区优化、压缩簇链缓冲与扇区交换缓冲等多种实用而优秀的创新思想与机制。这些正是 znFAT 中的精妙所在,它们让 znFAT 可以满足更高更快的数据存储应用需求,从而跻身于优秀的嵌入式 FAT32 文件系统方案之列,受到人们的广泛承认与好评。为了证明这一切,振南将 znFAT 与多款现有的国际优秀方案进行了全面、深入的"较量",一决高下。

振南还详细讲解了 SD 卡等存储设备的驱动与调试方法,基于 ZN－X 开发板采用 3 种 CPU 分别对扇区读/写速度进行了实际的测试评估。尤其在 STM32 上为驱动引入了 DMA 后,它的速度表现更加让人满意,甚至令人惊喜。

后面几章中振南还详细介绍了广受读者关注的 FAT32 长文件名和 NOR/NAND Flash ROM 上的文件系统应用等问题。最后,集中展示了几个吸引眼球的 znFAT 的综合应用实验,可谓是本书的点睛之笔。

本书特点

在风格上,下册与上册保持了一致,并保证了知识脉络的连贯性。正如上册对后续内容的不断引导一样,下册在很多关键点上均与上册遥相呼应,共同编织了一张完整而致密的知识网络。应该说,下册比上册更具创意,更具技术含量,也更具工程实用价值。其中的很多实验可能都是一些"可遇而不可求"的高难、精彩创新实验,其中涉及的很多技术对于实际的工程项目也都具有借鉴与指导意义。

感谢

znFAT 系统的研发、测试与改进工作以及本书的整个写作出版过程,从头到尾振南都不觉得寂寞,因为有无数热心人和爱好者的协助、支持,这里一并表示感谢。

感谢导师顾国昌教授(哈尔滨工程大学计算机学院院长、博士生导师),正是因为他的谆谆教导和对振南自主研究工作的长期支持,才有了振南的今天。

感谢北京航空航天大学出版社的大力支持,这是本书最终得以出版的主要推动者与执行者;感谢 21IC、EDNChina、Elecfans 等网站与论坛,为振南个人与 znFAT 的推广起到了很大的作用,并且为技术的交流与反馈提供了良好的渠道与平台。

此外,大量的志愿者承担了测试工作,这里一并表示感谢。这些志愿者包括:杜撰、何强、吴俊超、谢明鑫、王志诚、林麟、罗伟东(纬图虚拟仪器)、尚学成、刘磊等。

本书的写作过程中,有很多人参与到了振南的内部书稿评阅中,从读者的角度提出了自己的意见和建议,也对他们表示感谢,包括:王坤、徐茂龙、黄劲松、曾跃飞、张杰、陈宏洲、许江等。

于振南

2014.3.6

目　录

第 1 章

数据记录，偷梁换柱：使用变通方法实现文件数据存储

上册一直都是围绕读取操作来进行的，也就是说只用到了扇区读取函数（znFAT_Device_Read_Sector），并没有涉及与扇区写入相关的内容。其实 znFAT 早期的开发工作到这里就基本完成了，并没有实现写入操作相关的功能，仅仅是为了完成上册开篇所说的 MP3 数码相框实验而已，但是后来有很多人看到振南在研究 FAT32，于是经常问有没有实现文件创建和数据写入的功能，想通过 znFAT 来满足他们数据记录的需求，于是决定把 FAT32 继续做下去，最终形成一个完备的方案，实现文件操作的各种常用功能。

虽然当时 znFAT 中还没有成型的数据写入功能，但振南还是使用一些变通，甚至是"偷梁换柱"的方法帮助一些人巧妙地实现了数据记录的功能。振南觉得有必要将这些方法介绍给读者，如果可以满足需求，那也许就可以无须或者尽量少地去牵扯 FAT32 了，因为 FAT32 毕竟还是比较复杂的。当然，这些"变通方法"必然是有一定局限性的，只能针对于个别的、要求不高的应用场合。要想实现真正意义上的、通用的文件创建、数据写入等功能，那么还是要继续对 FAT32 进行研究，一步一步地去实现我们想要的功能。

1.1 把 SD 卡用作一个大容量的 ROM

1.1.1 大 ROM 思想的提出

2010 年，振南完成的一个项目的主要功能就是实现一个塔吊黑匣子，具体的描述请看图 1.1。放置于驾驶室中的一个装置，一方面接收从塔吊总控制器发送过来的吊钩位置与报警信息（通过 CAN 总线进行通信），另一方面把数据存入到 SD 卡中，并向总控制器发送回执。

起初，这个公司因为没有数据存储和文件系统方面的开发经验才找到了振南。项目经理说："只要能将数据存入 SD 卡，并能方便地导入到计算机中就行了。"于是，振南向他介绍了"大 ROM"思想。其实很简单，就是把 SD 卡直接当成一个大容量的

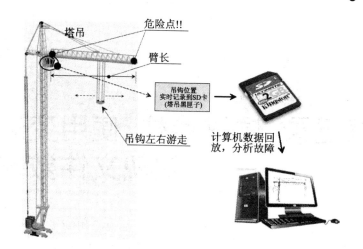

图 1.1　塔吊黑匣子项目功能示意图

ROM 存储器来使用,如图 1.2 所示。

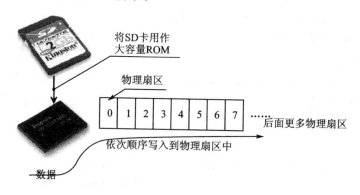

图 1.2　将数据直接顺序写入到物理扇区

此时,项目经理立即反驳:"这样不行,SD 卡放到计算机上识别不出来的。"确实是! 根本原因就是因为我们写入数据的方式并没有遵循 FAT32 的标准。数据非但不能识别,而且还会把现有的文件系统毁掉,计算机会提示我们"格式化磁盘"(原本用于存储 MBR 或 DBR 的物理扇区被数据覆盖,从而导致整个文件系统的崩溃)。"解铃还须系铃人",若用直接写物理扇区的方式来进行数据存储,那在计算机上也要以物理扇区方式来获取数据。还记得 WinHex 软件的物理模式吗?

1.1.2　思想的验证:数据采集与记录实验

项目经理迷惑地问道:"似乎可行,你能不能先在开发板上实现一下,做一个演示?"于是就有了数据采集与记录实验,如图 1.3 所示。这个实验基于 ZN-X 开发板(配合基础实验资源模块),如图 1.4 所示。

从 TLC549、DS18B20、PCF8563 分别读取模拟信号、温度数据和时间信息,将它

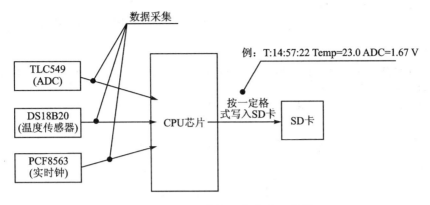

图1.3　数据采集与记录实验示意图

图1.4　ZN-X开发板配合基础实验资源模块效果图

们打包为固定32字节的数据格式,形如"T:14:57:22 Temp=23.0 ADC=1.67V\r\n",我们称之为一个数据帧。每采集到16个数据帧,即数据量达到512字节,就将其写入到物理扇区。具体实现代码(_main.c)如下:

```
unsigned char buf[512];
struct Time time; //用于装载时间数据的结构体型变量 time
void main(void)
{
 unsigned int counter = 0;
 unsigned long addr = 0;
 SD_Init(); //SD卡初始化
```

```
while(1)
{
P8563_Read_Time();  //读取时间信息
Format_Dat(&time,DS18B20_ReadTemperature(),TLC549_GetValue(),buf + counter);
counter + = 32;
if(counter == 512) //数据量达到 512 字节
{
SD_Write_Sector(addr ++ ,buf);  //将数据写入到 SD 卡物理扇区
counter = 0;
}
}
while(1);
}
```

　　程序运行后可以使用 WinHex 软件打开 SD 卡的物理扇区查看数据,如图 1.5 所示。可以看到,包含了时间信息、温度与电压的数据帧整齐地排列在扇区中。接下来可以使用 WinHex 软件中的"克隆磁盘"功能,将扇区数据转存为文件,具体方法如图 1.6 所示。

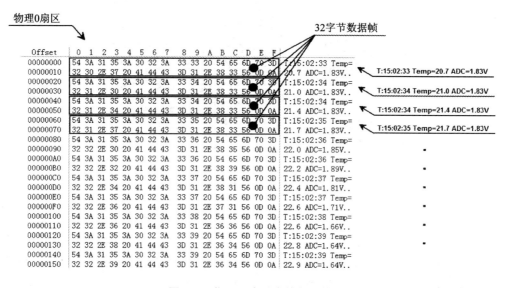

图 1.5　物理 0 扇区中的数据帧

　　其实,克隆磁盘功能可以将从某一扇区开始的任意多个扇区中的数据转存为文件,甚至是整个磁盘。转存得到的文件有一个专门的名字来称呼它——"镜像"。

　　上面的实验其实是存在一个小问题的:"数据向扇区顺序写入,那么怎么知道最后它停在哪个扇区上呢?应该用 WinHex 复制多少个扇区呢?"其实很简单,我们从 1 扇区开始写数据,停止的时候将当前扇区地址写入到 0 扇区中,也就是说,留出 0 扇区专门用于记录结束扇区。

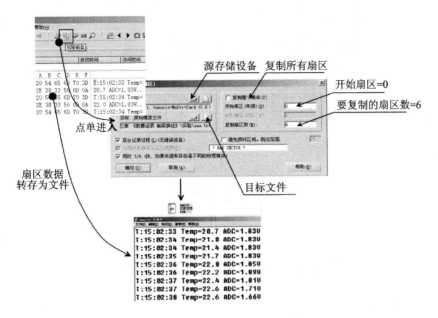

图 1.6 使用克隆磁盘功能将扇区数据转存为文件

可以看到,这种方法简单、实用、易于实现,在原理上基本不涉及文件系统的任何相关内容,但不足之处也很明显,它必须要借助于 WinHex 软件。那么有没有其他方法可以不依靠任何附加软件而实现数据的导入呢?答案是:有!

1.2 数据"偷梁换柱"——数据替换

下面要介绍的才是真正在塔吊黑匣子项目中使用的方法,它的基本思想就是"移花接木,偷梁换柱"。

1. 思想的提出

如果在一张刚刚被格式化的 SD 卡上创建一个文件,并向其写入数据,那么数据的存储将会是连续的,也就是说数据是分布在连续扇区上的。基于这种特点,我们提出了"偷梁换柱"的思想,其实质是数据替换,请看图 1.7。

首先使用计算机在 SD 卡上创建一个文件,并向其写入大量的数据(这些数据的具体内容无关紧要)。这个大文件其实就为我们构造了一个现成的 FAT32 文件框架,或者说是一个"数据池"。如果将新数据从这个文件的开始扇区依次向后写入(新写的数据将会覆盖原来的数据),当再一次打开这个文件的时候,那么将看到文件的内容已经变成写入的新数据了。既然是文件,自然是可以直接复制到计算机中,不再依靠任何其他软件。

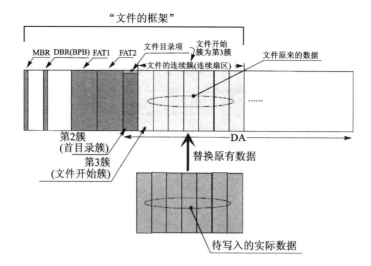

图 1.7　数据"偷梁换柱"思想的示意图

2. 思想的验证

上面的想法似乎是非常巧妙,但是到底是否可行呢? 我们还需要通过实验来进行验证。要想实现它,则必须完成两件事情:大文件的创建与文件开始扇区的定位。

(1) 大文件的创建

针对于大文件的创建,振南专门写了一个小软件,名为 mbf(make big file)。使用之前首先要安装,如图 1.8 所示。然后在 Windows 命令行中输出如图 1.9 所示命令,回车。随即,在 SD 卡的首目录中出现一个大小约为 190 MB 的大文件,其内容均为 0XFF,如图 1.10 所示。

图 1.8　安装大文件制作软件 mbf　　图 1.9　使用 mbf 软件创建大文件的具体方法

(2) 文件开始扇区的定位

文件的数据从哪个扇区开始,则可以使用前面实现的 znFAT_Open_File 函数的文件信息集合中的 File_CurSec 获知。但是其实有比这更简单的方法。我们可以想想,如果要向一张刚刚被格式化的、全空的 SD 卡中写入文件,那文件的文件目录项必定会被放入到第 2 簇中(首目录簇),而文件的数据则会从第 3 簇开始存放,所以只需要计算出第 3 簇的开始扇区即可,代码如下:

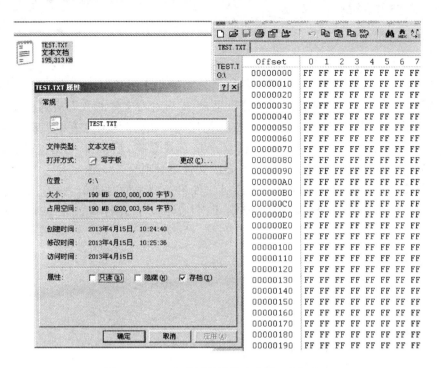

图 1.10　SD 卡首目录下的大文件 TEST.TXT

znFAT_Init();//文件系统初始化，获取核心参数

StartClust = SOC(3);//计算第 3 簇开始扇区，则文件开始扇区

这样，最终的实现代码中只会涉及简单的文件系统初始化操作，而不会牵扯其他与 FAT32 文件系统相关的内容。

至于"偷梁换柱"思想的具体实现其实与前面大 ROM 思想的实现过程基本一样，唯一不同的就是 addr 的初值是文件的开始扇区，而不再是 0 了，代码(_main.c)如下：

```
void main(void)
{
unsigned int counter = 0;
unsigned long addr = 0;
SD_Init();//SD 卡初始化
znFAT_Init();//文件系统初始化
addr = SOC(3);//计算文件开始扇区
while(1)
{
//采集数据，打包成固定格式
//将数据写入物理扇区
addr ++ ;
```

```
    }
    while(1);
    }
```

此时遇到了跟前面一样的问题,即数据最终停止于哪里? 有读者可能会说:"这很好解决,把整个文件全部复制到计算机里来,然后看看文件的数据从哪里开始出现大量的 0XFF,哪里就是实际写入的数据的结尾。"没错,但是未免效率太低。我们希望文件复制到计算机后其中存储的就直接是有效数据,后面那些无用的、冗长的 0XFF 能够自动去掉。这如何实现呢? 修改文件目录项!

上册在讲解文件目录项的时候曾经对文件目录项中的时间信息进行过修改,当时我们称为"文件信息的篡改"。现在要对文件大小进行修改,请看如下代码(_main. c):

```
    void main(void)
    {
    unsigned int counter = 0;
    unsigned long addr = 0,temp = 0;
    SD_Init(); //SD 卡初始化
    znFAT_Init(); //文件系统初始化
    addr = SOC(3); //计算文件开始扇区
    while(1)
    {
    //采集数据,打包成固定格式
    //将数据写入物理扇区
    if(KEY) //按键停止数据采集与记录
    {
    temp = (addr - SOC(3) + 1) * 512; //计算写入的数据量
    SD_Read_Sector(Init_Args.FirstDirSector,znFAT_Buffer); //读取首目录簇开始扇区
    //修改文件目录项中的文件大小字段(文件目录项在扇区中的位置相对固定)
    znFAT_Buffer[60] = temp;
    znFAT_Buffer[61] = (temp>>8);
    znFAT_Buffer[62] = (temp>>16);
    znFAT_Buffer[63] = (temp>>24);
    SD_Write_Sector(Init_Args.FirstDirSector,znFAT_Buffer); //回写首目录簇开始扇区
    break;
    }
    addr ++ ;
    }
    while(1);
    }
```

有人又会有疑问:"光修改文件的大小能行吗? 那 FAT 簇链还是那么长啊! 是

不是还要把 FAT 簇链根据实际数据量从中间掐断？"他所描述的问题具体如图 1.11 所示。答案是，FAT 簇链无须截断，保留现状即可。在 Windows 中，文件的复制是依据文件大小描述的数据量来进行的。

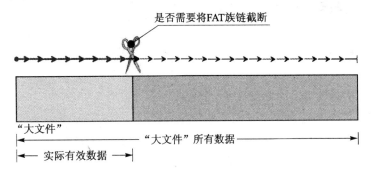

图 1.11　数据文件复制出来时是否需要截断 FAT 簇链

　　好，到这里本章就告一段落了。希望本章介绍的方法和思想，能够对读者有所启发；哪怕对文件系统不熟，也照样能把文件数据存储功能用起来。但是这里所讲的内容毕竟不是真正意义上的文件操作，而是"另辟蹊径"，下一章就开始对真正的文件创建、数据写入等功能的实现进行研究，回到 FAT32 的"正路"上来。

第 **2** 章

更及核心，文件创建：修改 FAT 表实现文件创建功能

本章将实现文件与目录的创建，其中涉及大量构造性的工作，比如对文件目录项、功能扇区数据，乃至 FAT32 的核心——FAT 表与簇链的构造。如果说上册只是对 FAT32 的"观摩"的话，那么从这一章开始就要对它"动刀"了。这是危险的行为，因为只要稍有不慎就可能对数据造成破坏，甚至导致整个文件系统的崩溃。同时，在实现上也会比读取操作更难一些，因为我们要操作的数据对象不再是现成地存放在扇区中，而需要对其进行创造。

2.1　文件的创建

文件能够呈现在我们面前的根本原因就是目录簇中的文件目录项。而文件如何创建则主要包括了两部分工作：文件目录项的构造以及将它放到目录簇中去（即文件目录项的"落定"），如图 2.1 所示。

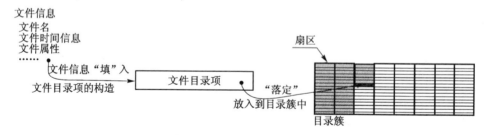

图 2.1　文件创建的实现过程

2.1.1　文件目录项的构造

其实文件目录项的构造就像是一个"填表"的过程，把文件的相关信息填到文件目录项的字段中去，当然要遵循文件目录项的结构定义，实例如图 2.2 所示。图中完成了一个文件目录项的构造（日期和时间的计算方法其实就是上册第 6 章中时间参数解析的逆过程，即一个位段的合并过程）。接下来，将这个构造好的文件目录项写

入首目录簇中去，如图 2.3 所示。

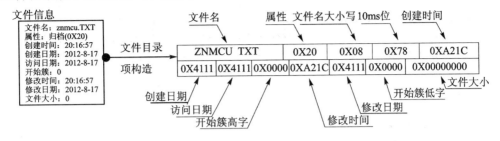

图 2.2 文件目录项的构造实例

```
5A 4E 4D 43 55 20 20 20   20 20 20 08 00 00 00 00    ZNMCU     .....
00 00 00 00 00 00 65 59   54 40 00 00 00 00 00 00    ......eYT@......
41 42 43 20 20 20 20 20   54 58 54 20 18 B5 CF 70    ABC     TXT .迪p
51 40 54 40 00 00 CC 70   51 40 03 00 84 00 00 00    Q@T@..覆Q@..?.
5A 4E 4D 43 55 20 20 20   54 58 54 20 00 78 1C A2    ZNMCU   TXT .x.
11 41 11 41 00 00 1C A2   11 41 00 00 00 00 00 00    .A.A...?A.....
```

图 2.3 向首目录簇写入构造好的文件目录项

来看看首目录下是不是产生了一个新文件，如图 2.4 所示。果然有一个新的文件 ZNMCU.TXT，而且它的属性也与前面给定的文件信息参数是一致的。这就是文件创建的基础原型了。

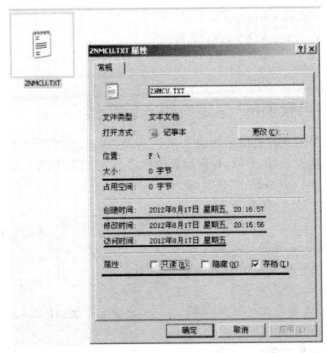

图 2.4 首目录中产生的新文件及其属性

具体的代码实现(znFAT.h)如下:

```
#define MAKE_TIME(h,m,s) ((((UINT16)h)<<11) + (((UINT16)m)<<5)
                         + (((UINT16)s)>>1))    //按时间位段定义合成时间字
#define MAKE_DATE(y,m,d) (((((UINT16)(y%100)) + 20)<<9) + (((UINT16)m)<<5)
                         + ((UINT16)d))    //按日期位段定义合成日期字
```

znFAT.c 代码如下:

```
UINT8 Fill_FDI(struct FDI * pfdi,INT8 * pfn,struct DateTime * pdt)
{
//将 8·3 短文件名转为 11 字节的文件名字段数据
Memory_Copy(((UINT8 *)(pfdi->Name)),....);//文件名字段数据填入文件目录项
pfdi->Attributes = 0X20; //将属性字节填入文件目录项(固定为归档,即 0X20)
//判断主文件名与扩展名的大小写情况
pfdi->LowerCase = ....; 将大小写字节填入文件目录项
pfdi->CTime10ms = (((pdt->time).sec) %2)? 0X78:0X00; //填入创建时间 10 ms 位
time = MAKE_TIME((pdt->time).hour,(pdt->time).min,(pdt->time).sec);
(pfdi->CTime)[0] = (UINT8)time; //填入创建时间
(pfdi->CTime)[1] = (UINT8)(time>>8);
date = MAKE_DATE((pdt->date).year,(pdt->date).month,(pdt->date).day);
(pfdi->CDate)[0] = (UINT8)date; //填入创建日期
(pfdi->CDate)[1] = (UINT8)(date>>8);
//填入访问日期、修改时间与日期
//开始簇高字、低字与文件大小字段暂置为 0
return 0;
}
```

2.1.2　文件目录项的"落定":写入目录簇

如果把构造好的文件目录项比喻为一个"便签",那么将它写入目录簇的过程就如同将便签钉到墙上一样,所以,振南形象地称之为"落定",如图 2.5 所示。

此时必须考虑一个问题:文件目录项具体应该落于何处?有两个重要的原则:

① 它不能覆盖现有的有效文件目录项,我们要寻找那些全空的位置,即数据为全 0,振南称之为"空位";

② 它不能与现有的文件目录项同名,所以会涉及文件名的匹配。

具体的实现过程如图 2.6 所示。

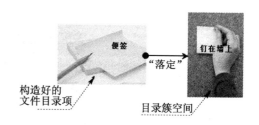

便签　"落定"　钉在墙上

构造好的
文件目录项　　目录簇空间

图 2.5　文件目录项的落定

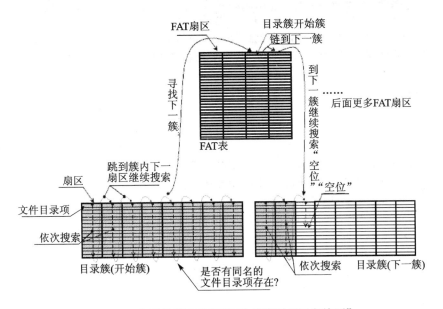

图 2.6 在目录簇中进行"空位搜索"与"同名检测"

它似乎和上册中实现打开文件函数(znFAT_Open_File)的时候,对目标文件目录项进行搜索的实现过程差不多。确实,它们本质上都是在搜索文件目录项,只不过这里搜索的是"空位",同时也会对文件目录项进行简单的匹配。Settle_FDI 的具体代码实现(znFAT.c)如下:

```
UINT8 Settle_FDI(UINT32 dirclust,struct FDI * pfdi,UINT32 * psec,UINT8 * pn)
{
UINT32 Cur_Clust = dirclust; //用于记录当前目录簇
UINT32 sSec = 0; //用于记录簇的开始扇区
struct FDIesInSEC * pfdis; //目录扇区结构指针
UINT8 iSec = 0,iFDI = 0;
//检查是否已有同名的文件目录项存在,搜索空位
do
{
 sSec = SOC(Cur_Clust); //计算簇的开始扇区
 for(iSec = 0;iSec<(Init_Args.SectorsPerClust);iSec ++ )
 {
  znFAT_Device_Read_Sector(nsec + iSec,znFAT_Buffer);
  pfdis = ((struct FDIesInSEC * )znFAT_Buffer);
  for(iFDI = 0;iFDI<16;iFDI ++ )
  {
   if(Memory_Compare((UINT8 * )((pfdis - >FDIes) + iFDI),(UINT8 * )pfdi,11))
                                            //比较文件名字段
   {
```

```
        ( * psec) = sSec + iSec；  //★记录"空位"所在扇区
        ( * pn) = iFDI；   //★记录"空位"在扇区中的位置
       return ERR_FDI_ALREADY_EXISTING；//已有同名文件存在
      }
      else
      {
       if(0 == (((( pfdis - >FDIes)[iFDI]).Name)[0])) //如果是"空位"
       {
        ( * psec) = sSec + iSec；   //★记录"空位"所在扇区
        ( * pn) = iFDI；   //★记录"空位"在扇区中的位置
        Memory_Copy((UINT8 * )pfdi,
              (UINT8 * ) (((( struct FDIesInSEC * )znFAT_Buffer) - >FDIes) + iFDI),32)；
        znFAT_Device_Write_Sector(sSec + iSec,znFAT_Buffer)；  //回写扇区
        return 0；
       }
      }
     }
    }
    Cur_Clust = znFAT_GetNextCluter(Cur_Clust)；//获取下一簇
   }while(!IS_END_CLU(Cur_Clust))；//如果不是最后一个簇,则继续循环
   //如果运行到这里,则说明当然簇中无空位
   return ERR_FDI_NO_SPARE_SPACE；
  }
```

这个函数运行之后就把文件目录项"落定"到"空位"上。同时,还将"空位"或同名文件目录项所在的扇区以及位置记录到了 psec 与 pn 指向的变量中。为什么要这么做,到后面就知道了。

有了上面的这些函数,我们就可以初步实现文件创建功能了,具体(znFAT.c)实现如下:

```
UINT8 znFAT_Create_File(struct FileInfo * pfi,INT8 * path,struct DateTime * pdt)
{
UINT32 Cur_Cluster = 0,pos = 0；
UINT8 res = 0；
struct FDI fdi；
INT8 * pfn；
res = znFAT_Enter_Dir(path,&Cur_Cluster,&pos)；//进入目录
if(res)
{
 return res；//进入目录失败,返回错误码
}
pfn = path + pos；//pfn 指向路径中的文件名
```

```
//文件名合法性检测
Fill_FDI(&fdi,pfn,pdt);　//构造文件目录项
res = Settle_FDI(Cur_Cluster,&fdi);//在当前目录簇中对文件目录项进行"落定"
if(!res)
{
//将新建文件的信息装入 pfi 所指向的文件信息集合
 return 0;
}
else
{
 if(res == ERR_FDI_ALREADY_EXISTING) //如果有同名文件目录项
 {
 //将同名的文件信息装入 pfi 所指向的文件信息集合
 }
 return　res; //"落定"失败,返回错误码
 }
}
```

　　这个函数使用了前面所实现的进入目录函数(znFAT_Enter_Dir),从而使其可以在指定的深层目录下创建文件。同时,在文件创建成功或者遇到同名文件时,又会将文件的相关信息装入到文件信息集合中。所以,此时文件无须再用 znFAT_Open_File 打开即可直接进行操作。

2.2　为自己开路:簇链的构造

2.2.1　目录簇的拓展

　　前面"空位搜索"(Prepare_To_Settle_FDI)的实现过程中,如果发现已无空位,则直接返回"无空闲空间"(ERR_FDI_NO_SPARE_SPACE)的错误,文件目录项的"落定"也随之流产,最终造成文件创建的失败。一个疑问随即而生:"一个目录下可以创建的文件难道还有数量限制?"当然不是。既然在目录的现有簇中已找不到空位来放置文件目录项,那我们就开辟一条新的道路。如何开辟? 当然还是 FAT 簇链,它是 FAT32 中进行数据扩展和延伸的核心机制,如图 2.7 所示。

　　图 2.7 中,空簇找到之后(空簇在 FAT 表中的簇项值为 0)随即纳入到簇链之中,这样,空簇就与现有目录簇融为一体了。我们将文件目录项写到这个空簇中,在目录中便能看到新文件了。这样一来,FAT32 的目录中能够创建的文件数量岂不是就没有限制了? 确实! 只要有空簇就可以链上去,除非没有空簇可用了,这种时候就说明磁盘容量已满。

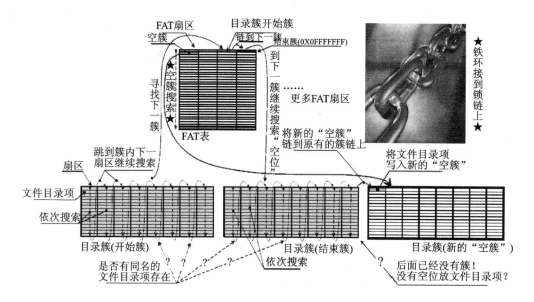

图 2.7 对目录簇进行拓展

2.2.2 寻找"路石":空簇的查找

其实上面介绍的就是簇链的构造,它是 FAT32 中写操作的关键环节。这其中有一个非常重要的步骤,那就是对于空簇的查找。因为查找空簇所耗费的时间直接决定了簇链构造的速度,最终将影响写操作的整体效率。后面介绍"数据写入"和"数据狂飙"的时候,读者就能够更深刻地体会到空簇查找与簇链构造的效率对数据写入速度所产生的决定性作用了。关于空簇的查找方法,振南也进行了深入的研究,提出了几个方案,下面一一介绍给大家。

(1) 遍历查找

这种方法可以说是最原始、最简单、也是最容易想到的方法,同时效率也是比较低的。它从 FAT 表的最开始,逐一地对各个簇项进行遍历,直到某一个簇项的值为 0 为止。实现过程如图 2.8 所示。它实现起来也很简单,代码(znFAT.c)如下:

```
UINT8 Search_Free_Cluster_From_Start(UINT32 * nFreeCluster)
{
UINT32 iSec = 0;
UINT8   iItem = 0;
struct FAT_Sec * pFAT_Sec;
for(iSec = 0;iSec<Init_Args.FATsectors;iSec++)
{
 znFAT_Device_Read_Sector(Init_Args.FirstFATSector + iSec,znFAT_Buffer);
                                                      //读取 FAT 扇区
 pFAT_Sec = (struct FAT_Sec * )znFAT_Buffer;
```

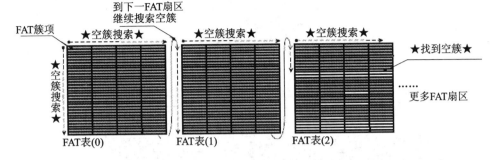

图 2.8 对 FAT 表进行遍历查找

```
for(iItem = 0;iItem<128;iItem ++ ) //遍历所有簇项,寻找空闲簇
{
  if(    (0 == ((((pFAT_Sec ->items[iItem]).Item)[0]))
    && (0 == ((((pFAT_Sec ->items[iItem]).Item)[1]))
    &&(0 == ((((pFAT_Sec ->items[iItem]).Item)[2]))
    && (0 == ((((pFAT_Sec ->items[iItem]).Item)[3])) ) ) //如果找到空簇
  {
    * nFreeCluster = ((iSec * 128) + iItem); //记录簇值
    return 0;
  }
 }
}
return     1;
}
```

(2) 接力式遍历查找

上面介绍的遍历查找是比较慢的,而且每次都要从 FAT 表开头进行查找。为了使速度和效率有所提升,振南在这个基础上提出了"接力式遍历查找"的思想,就是每次查找都以上一次的位置为起点继续查找,减少每次从头查找所作的无用功。我们通过图 2.9 来详细说明。

在文件系统的初始化阶段(znFAT_Init)进行第一次空簇查找,它是对 FAT 表从头开始的(调用上面实现的 Search_Free_Cluster_From_Start 函数),最终可得到第一个可用的空簇(如图 2.9 中的 A),把它记录在一个变量中。代码(znFAT.h)实现如下:

```
struct znFAT_Init_Arg
{
//文件系统核心参数
UINT32 Free_Cluster; //空簇标记
};
```

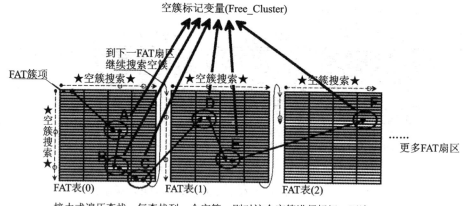

接力式遍历查找：每查找到一个空簇，则对这个空簇进行标记。下次
从这个簇开始向后继续查找空簇……

图 2.9　对 FAT 表进行接力式遍历查找

znFAT. c 代码如下：

```
UIN8 znFAT_Init(void)
{
 //如果有 MBR，则解析得到 DBR 扇区地址,否则 DBR 扇区地址为 0
 //读取 DBR 扇区,解析计算得到各核心参数
 if(Search_Free_Cluster_From_Start(&(Init_Args.Free_Cluster)))    //从头查找空簇
 {
  return 1；//如果空簇查找失败,则返回错误
 }
 return 0；
}
```

上面代码中用于记录空簇的变量 Free_Cluster 称之为"空簇标记"，是一个较为关键的参数，我们也将它纳入到了初始化参数集合(znFAT_Init_Arg)中。它提供了当前可用的空簇，同时又是查找下一个空簇的起点(比如要查找 D，就可以从当前 Free_Cluster 所记录的 C 开始查找)。如果有哪一个操作需要使用到空簇，那么它就可以把 Free_Cluster 中记录的簇直接拿来用，同时调用函数 Update_Free_Cluster 将其更新为下一个空簇(函数具体实现参见 znFAT 的完整源代码)。

有读者会说："在 znFAT_Init 函数中对 FAT 表从头做遍历查找，不会让初始化过程变得很慢吗?"确实！在空簇的位置离 FAT 表开头比较远的时候就会导致这样的问题。那有没有办法可以避免这一问题的产生呢? 振南提出过一种方法:在更新空簇标记(Free_Cluster)的同时也将其记录到一个特定的扇区中去，比如 DBR 与 FAT 之间的保留扇区。这样，在下一次 znFAT 初始化的时候，直接从这个扇区中把上次记录的空簇读出来即可，这样似乎就免去了每次初始化都从头遍历的步骤，形象的说明如图 2.10 所示。

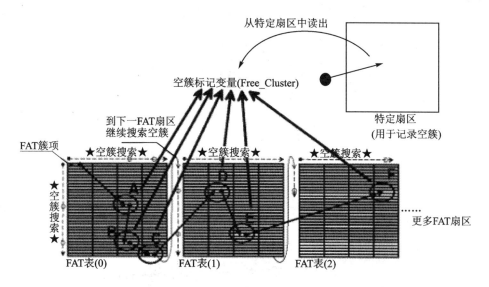

图 2.10　避免每次对 FAT 表从头查找的方法

但实际上，这种方法根本就行不通。为什么？原因就是我们自己约定的用于记录空簇的扇区在标准 FAT32 文件系统中是不认识或者说是不支持的。如果磁盘一直在 znFAT 方案下进行文件操作，那么不会有任何问题，我们会时刻维护这个扇区；但如果把它放到计算机上，使用带有标准 FAT32 文件系统的操作系统，比如 Windows，对它进行文件操作，那么这个特定扇区中记录的空簇是不会被更新的。再把它拿回到 znFAT 方案下，从扇区中所获取的空簇可能实际上已经被计算机使用过了，这将造成数据的覆盖和破坏。

此时，你一定会想："如果 FAT32 能够与我们共同维护一个用于记录空簇的扇区就好了！"实际上，FAT32 最初的设计者好像也在寻求一种快速查找空簇的方法，并且与振南碰撞出了"巧合的智慧火花"，具体是怎么回事？请看下文。

2.2.3　形同虚设的 FSINFO 扇区

关于 FAT32 中的 FSINFO 扇区，其实很多参考资料上都没有提及。一开始，振南也不知道它的存在。后来无意中看到了一篇文章，说它里面记录了空簇以及剩余的空簇数，它的性质和用途就如同上面介绍的"特定扇区"一样，而且受到 FAT32 的支持和维护。通常，FSINFO 扇区位于 DBR 的下一个扇区，具体如图 2.11 所示。

图 2.11 就是实际 FSINFO 扇区中的数据，显著特点就是有两个标记"RRaA"与"rrAa"，最后以"55AA"结束。我们关心的是空簇和剩余空簇数这两个参数，图中分别是 0X000069AD 与 0X000215BD。可以简单验证一下：使用剩余空簇数来计算磁盘的剩余存储空间，136 637×4 096＝559 665 152 字节。与 Windows 中的磁盘属性对比，如图 2.12 所示。

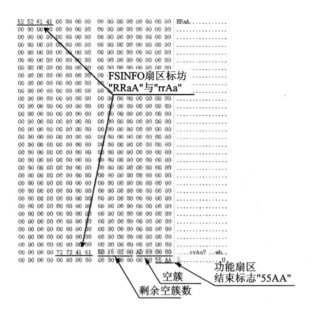

图 2.11　FSINFO 扇区中的数据

图 2.12　Windows 中的磁盘属性对话框

可以看到,计算结果与 Windows 中显示的剩余存储空间是完全吻合的。这样一个计算磁盘剩余存储空间的操作,在振南还不知道 FAT32 中存在 FSINFO 扇区之前,一直认为是很耗费时间的。振南认为要遍历整个 FAT 表、统计空簇的数量,然后才能计算得到磁盘剩余存储空间。

FSINFO 扇区其实是 FAT32 文件系统独有的一个功能部分,在 FAT 文件系统的其他早期版本中是没有的,比如 FAT12、FAT16。在这些文件系统中要完成计算磁盘剩余空间的操作,确实要通过遍历 FAT 表来实现。但对于 FAT32 来说,这只是"转瞬之间"的事,这就得益于 FSINFO 扇区。当时振南认为:既然 FAT32 中有 FSINFO 扇区,那就直接读取其中记录的空簇即可。但后来一个"怪异"的现象显示 FSINFO 扇区中记录的空簇根本就是不可信的,如图 2.13 所示。

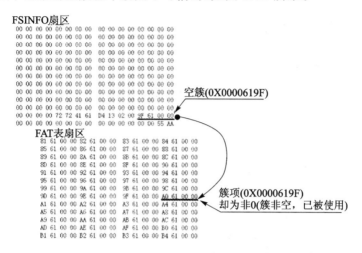

图 2.13　FSINFO 记录的"空簇"实际"非空"

图 2.13 中 FSINFO 扇区记录的空簇为 0X0000619F,按理说对应的 FAT 簇项应该为 0,但实则不然。如果直接拿来用,则必然会造成对现有数据的破坏,这到底是怎么回事呢? 难道 FSINFO 扇区中记录的空簇是形同虚设的? 后来,网上的一句话印证了这一猜测:"FAT32 中虽然在 FSINFO 扇区中记录了空簇,但并不保证它一直是正确的!"

实际上,Windows 等操作系统上的 FAT32 根本就不依赖于 FSINFO 扇区。在空簇的查找方面,它们有自己的一套算法。这种算法又有别于振南这里使用的"从头遍历,接力查找"的方法。

最终,振南放弃了使用 FSINFO 扇区来查找空簇的方案,znFAT 还是无法逃脱在初始化中对 FAT 表从头遍历的"噩运"。但 FSINFO 扇区也并非一无是处,因为其中所记录的剩余空簇数是可以保证正确的。znFAT 对于 FSINFO 扇区全力维护,尽量保证其参数的正确性。当有空簇被使用,或是有簇被回收的时候,初始化参数集合中的 Free_Cluster 与 Free_nCluster(用于记录剩余空簇数,其初值在 znFAT_Init 中从 FSINFO 扇区中读回)都会随之修改,并同步更新 FSINFO 扇区中的参数字段。

至于具体如何实现对 FSINFO 扇区的更新,我们通过下面这个函数来完成(zn-FAT.h):

```
struct FSInfo   //znFAT 中对 FSINFO 扇区结构的定义
{
 UINT8 Head[4];  //"RRaA"
```

```
UINT8 Resv1[480];
UINT8 Sign[4];   //"rrAa"
UINT8 Free_Cluster[4];   //剩余空簇数
UINT8 Next_Free_Cluster[4];   //空簇(实际无意义)
UINT8 Resv2[14];
UINT8 Tail[2]; //"55 AA"
};
```

znFAT.c 代码如下:

```
UINT8 Update_FSINFO()   //更新 FSINFO 扇区
{
struct FSInfo * pfsinfo;
znFAT_Device_Read_Sector(Init_Args.DBR_Sector_No + 1,znFAT_Buffer);
pfsinfo = ((struct FSInfo * )znFAT_Buffer);
//写入剩余空簇数
pfsinfo - >Free_Cluster[0] = Init_Args.Free_nCluster;
pfsinfo - >Free_Cluster[1] = Init_Args.Free_nCluster>>8;
pfsinfo - >Free_Cluster[2] = Init_Args.Free_nCluster>>16;
pfsinfo - >Free_Cluster[3] = Init_Args.Free_nCluster>>24;
//Free_Cluster 更新无意义
znFAT_Device_Write_Sector(Init_Args.DBR_Sector_No + 1,znFAT_Buffer);
return 0;
}
```

2.2.4 簇链构造的实现

簇链构造的具体实现主要分 3 步:把原簇链"打开",把空簇"放进去",把簇链"关上",实例请看图 2.14。

簇链的构造必然涉及对 FAT 表项的修改,我们通过函数 Modify_FAT 来完成这项操作,具体实现如下(znFAT.c):

```
UINT8 Modify_FAT(UINT32 cluster,UINT32 next_cluster)
{
UINT32 temp1 = 0,temp2 = 0;
if(0 == cluster || 1 == cluster) return 1; //簇项 0 与 1 是不能修改的
temp1 = Init_Args.FirstFATSector + (cluster * 4/Init_Args.BytesPerSector);
                                          //计算簇项所在的 FAT 扇区
temp2 = ((cluster * 4) % Init_Args.BytesPerSector);   //计算簇项在 FAT 扇区中的位置
znFAT_Device_Read_Sector(temp1,znFAT_Buffer);          //读取 FAT1 扇区
znFAT_Buffer[temp2 + 0] = next_cluster;                //修改簇项的值
znFAT_Buffer[temp2 + 1] = next_cluster>>8;
znFAT_Buffer[temp2 + 2] = next_cluster>>16;
znFAT_Buffer[temp2 + 3] = next_cluster>>24;
```

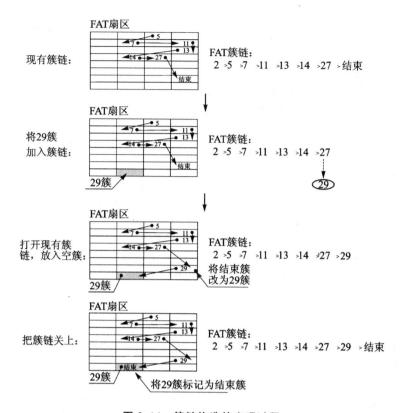

图 2.14 簇链构造的实现过程

```
znFAT_Device_Write_Sector(temp1,znFAT_Buffer); //回写
znFAT_Device_Read_Sector(temp1 + Init_Args.FATsectors,znFAT_Buffer); //读取 FAT2 扇区
znFAT_Buffer[temp2 + 0] = next_cluster;   //修改簇项的值
znFAT_Buffer[temp2 + 1] = next_cluster>>8;
znFAT_Buffer[temp2 + 2] = next_cluster>>16;
znFAT_Buffer[temp2 + 3] = next_cluster>>24;
znFAT_Device_Write_Sector(temp1 + Init_Args.FATsectors,znFAT_Buffer);   //回写
return 0;
}
```

我们知道 FAT32 是有两个 FAT 表的，所以上面的程序对 FAT1 与 FAT2 进行了同步修改。其实 FAT2 是 FAT1 的一个备份，通常来说它们的内容是完全相同的，这也为数据恢复提供了一个重要依据。

接下来将簇链构造加入到 Settle_FDI 函数之中，代码如下（znFAT.c）：

```
UINT8 Settle_FDI(UINT32 dirclust,struct FDI * pfdi,UINT32 * psec,UINT8 * pn)
{
//其他变量定义
UINT32 old_clu = 0; //用于记录上一簇
```

```
do
{
//检查是否已有同名的文件目录项存在,搜索空位
old_clu = Cur_Clust;
Cur_Clust = znFAT_GetNextCluter(Cur_Clust); //获取下一簇
}while(!IS_END_CLU(Cur_Clust)); //如果不是最后一个簇,则继续循环
//如果运行到这里,则说明当然簇中无空位
if(0! = Init_Args.Free_nCluster) //如果剩余空簇数不为 0,说明磁盘还有空间
{
Modify_FAT(old_clu,Init_Args.Free_Cluster); //将空簇接到原簇链上
Modify_FAT(Init_Args.Free_Cluster,0X0FFFFFFF); //构造 FAT 簇链
Clear_Cluster(Init_Args.Free_Cluster); //清空空闲簇
( * psec) = SOC(Init_Args.Free_Cluster); //记录空位的位置
( * pn) = 0;
znFAT_Device_Read_Sector(( * psec),znFAT_Buffer);
Memory_Copy((UINT8 * )(((( struct FDIesInSEC * )znFAT_Buffer) - >FDIes)),(UINT8
* )pfdi,32);
znFAT_Device_Write_Sector(( * psec),znFAT_Buffer);
Update_Free_Cluster(); //更新空簇
return 0;
}
else //磁盘已无空间
{
return ERR_NO_SPACE;
}
}
```

2.3 目录的创建

文件的创建已经大体完成,接下来自然会想到目录的创建,其实它们在实现上是基本相同的,这里仅针对一些差异来简单介绍。

2.3.1 目录项的构造

为了有别于前面所说的文件目录项,这里把目录的文件目录项暂称为目录项。目录项的构造仍然使用 Fill_FDI 函数来实现,不过要进行一些改进,代码(znFAT.c)如下:

```
UINT8 Fill_FDI(struct FDI * pfdi,INT8 * pfn,struct DateTime * pdt,UINT8 is_file)
{
//文件目录项字段填充
```

```
pfdi->Attributes = (is_file? 0X20:0X30); //设置属性
//目录与文件不同,目录在创建之初就要为其分配空簇
//为的是写入.与..这两个特殊的目录项
if(!is_file) //如果是目录,则填充空簇
{
 pfdi->HighClust[0] = (Init_Args.Free_Cluster)>>16;
 pfdi->HighClust[1] = (Init_Args.Free_Cluster)>>24;
 pfdi->LowClust [0] = (Init_Args.Free_Cluster);
 pfdi->LowClust [1] = (Init_Args.Free_Cluster)>>8;
}
 return 0;
}
```

其中，函数的形参中引入了 is_file，用于区别文件与目录。除了设置不同的属性值以外，还有一个为新建的目录分配空簇的过程。对于文件而言，因为在创建之初数据为空，所以它并不占用空簇（开始簇为 0）。那么目录为什么要事先分配一个空簇呢（其实它就是目录的开始簇）？我们要向这个空簇中写入什么呢？请往下看。

2.3.2　两个特殊的目录项

对 DOS（或 Windows 命令行）比较熟悉的读者一定知道这样一个命令"CD.."，功能就是返回上一级目录。CD 是用来进入某一个目录的，后面一般跟的是目录名或路径。那".."难道也是目录名？是的，".."真的是一个目录名，其目录项真实地记录在目录开始簇中。这个目录簇中记录了上一级目录的开始簇（使得目录结构可回溯）。基本上每一个目录中都会有".."这个子目录（除了首目录以外）；另外还有一个"."目录，记录了当前目录的开始簇。

我们可以使用 DIR 命令来查看当前目录下的所有子目录及文件，其中就有"."与"..",如图 2.15 所示。这两个文件目录项到底是怎么样的呢？用 WinHex 来看一下，如图 2.16 所示。

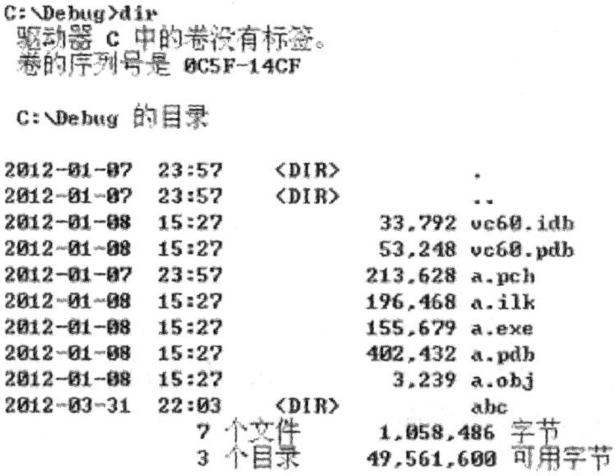

```
C:\Debug>dir
 驱动器 C 中的卷没有标签。
 卷的序列号是 0C5F-14CF

 C:\Debug 的目录

2012-01-07  23:57    <DIR>          .
2012-01-07  23:57    <DIR>          ..
2012-01-08  15:27        33,792 vc60.idb
2012-01-08  15:27        53,248 vc60.pdb
2012-01-07  23:57       213,628 a.pch
2012-01-08  15:27       196,468 a.ilk
2012-01-08  15:27       155,679 a.exe
2012-01-08  15:27       402,432 a.pdb
2012-01-08  15:27         3,239 a.obj
2012-03-31  22:03    <DIR>          abc
               7 个文件      1,058,486 字节
               3 个目录     49,561,600 可用字节
```

图 2.15　使用 DIR 命令看到的目录下所有内容

```
2E 20 20 20 20 20 20 20  20 20 20 10 00 45 30 BF    .        ..E0 f
27 40 27 40 1B 00 31 BF  27 40 61 AD 00 00 00 00    '@'@..1?@a?.....
2E 2E 20 20 20 20 20 20  20 20 20 10 00 45 30 BF    ..       ..E0
27 40 27 40 00 00 31 BF  27 40 00 00 00 00 00 00    '@'@..1?@.......
56 43 36 30 20 20 20 20  49 44 42 20 18 A9 31 BF    VC60    IDB .?
27 40 64 40 1B 00 70 7B  28 40 85 AD 00 84 00 00    '@d@..p{(@段.?.
56 43 36 30 20 20 20 20  50 44 42 20 18 5C 32 BF    VC60    PDB .\2 壁
27 40 64 40 1B 00 70 7B  28 40 4C B0 00 D0 00 00    '@d@..p{(@L?. a.
41 20 20 20 20 20 20 20  50 43 48 20 18 4B 32 BF    A       PCH .K2
27 40 64 40 1B 00 33 BF  27 40 4A B0 7C 42 03 00    '@d@..3?@J靖B...
```

图 2.16   目录开始簇中的. 与.. 目录项

这两个特殊的目录项总是位于目录开始簇的最前面,于是就知道为什么要在目录创建之初就给他分配空簇了。至于目录项的"落定",我们仍然使用函数 Settle_FDI,代码如下(znFAT.c):

```
UINT8 Create_Dir_In_Cluster(UINT32 * cluster,INT8 * pdn,struct DateTime * pdt)
{
//变量定义
UINT32 dummy = 0;
struct FDI fdi;
//目录名合法性检验
Fill_FDI(&fdi,pdn,pdt,0); //构造目录项
Settle_FDI( * cluster,&fdi,&dummy,&pos);//在当前簇中进行目录项的"落定"
//向目录簇中写入. 与..
Modify_FAT(Init_Args.Free_Cluster,0X0FFFFFFF); //构造 FAT 簇链
Clear_Cluster(Init_Args.Free_Cluster); //清空空簇
//把 fdi 中的名字替换为. 名为.的目录项记录了当前目录开始簇
fdi.Name[0] = '.';
for(i = 1;i<11;i ++ ) fdi.Name[i] = ' ';
Memory_Copy(znFAT_Buffer,((UINT8 * )(&fdi)),32); //将目录项.装入到内部缓冲区中
//把 fdi 中的名字替换为.. 名为..的目录项记录了上一层目录开始簇
fdi.Name[1] = '.';
fdi.HighClust[0] = ( * cluster)>>16;
fdi.HighClust[1] = ( * cluster)>>24;
fdi.LowClust [0] = ( * cluster);
fdi.LowClust [1] = ( * cluster)>>8;
Memory_Copy(znFAT_Buffer + 32,((UINT8 * )(&fdi)),32);
                                    //将目录项..装入到内部缓冲区中
znFAT_Device_Write_Sector(SOC(Init_Args.Free_Cluster),znFAT_Buffer); //回读扇区
( * cluster) = (Init_Args.Free_Cluster); //通过形参返回新创建的目录开始簇
Update_Free_Cluster(); //更新空簇
return 0;
}
```

　　这个函数可以在指定的目录中创建一个子目录。 ＊cluster 是目录的开始簇,pdn 是子目录名,pdt 指向时间信息。最后,它将新创建的子目录的开始簇再记录到 ＊cluster 中。这当然只是一个中间函数,最终的目录创建函数还是要依据目录路径来进行。具体定义如下:

UINT8 znFAT_Create_Dir(INT8 ＊ pdp,struct DateTime ＊ pdt)

　　这个函数的具体实现可以参见 znFAT 的源代码,思路如图 2.17 所示。

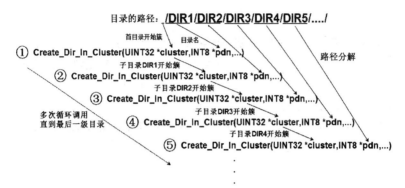

图 2.17　最终目录创建函数的主要实现过程

　　这里给读者留一个极限实例对文件与目录创建函数进行测试:创建一个 20 级的目录,然后在此目录下创建 1 000 个文件(这样艰巨的测试任务要借助于上册中介绍过的 PC 平台＋RAMDISK 的方案来完成,如果直接在 ZN－X 硬件平台上测试会需要太长的时间)。

第 **3** 章

数据写入，细微可见：数据写入的实现

第 2 章实现了文件与目录的创建，更重要的是引出了空簇搜索与簇链构造。这是 FAT32 的核心，也是本章以及后续各章相关内容的重要基础。还记得在前面使用"偷梁换柱"的方法所做的数据采集与存储实验？这里将使用真正的数据写入函数（znFAT_WriteData）对实验进行重现和拓展。这个函数没有任何功能限制，可以对任意文件进行任意数据的写入。其实在具体的实现上，数据写入和上册中讲过的数据读取是有相似之处的，可以对比阅读。另外，本章还引出一个新的实验——简易数码相机，揭示出一些新的问题，指明后面继续研究和努力的方向。

3.1 初步实现

3.1.1 回顾数据读取

既然数据写入与数据读取在实现上是相似的，先来回忆一下当初是如何对数据读取进行实现的。当时，首先实现了从文件开头读取数据的功能。然后试图从文件的中间开始读取数据，从而引入了数据位置参数的概念。接下来，我们就开始"纠缠"于为了处理当前簇内数据而产生的各种纷杂的情况。这部分是难点也是重点，振南花了较大篇幅来讲解。最后，所有超出当前簇的情况都统一为"从整簇读取数据"，与前面的"从文件开头读取数据"实现了"归一化"。这个过程请看图 3.1。

纷杂的簇内数据过程主要是为了处理文件当前簇中的扇区级与字节级的数据。数据读取的起始位置以及数据长度不同，那么具体的实现过程也会不同。尤其是数据读完之后，对数据位置参数的更新。说到这里，读者是否还记得"窘簇"？它是一种很特殊的情况，此时的数据位置参数并不能真实地表达文件数据当前所处的位置。窘簇的出现是因为数据读完之后正好到了文件的结尾，而这个结尾又正好是结束簇的末尾。这就如同一个人站在悬崖边上一样，已无路可走。当时我们处理的方式是"置之不理"，即保留位置参数的值，尤其是 File_CurClust（数据当前簇，其实就是文件的结束簇）。为什么要这么做？这一章中就可以看到了。而数据的写入同样会遇到这所有的问题及过程。

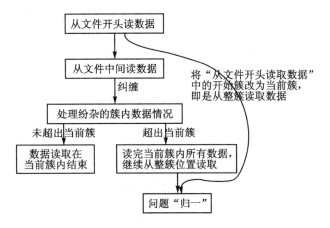

图 3.1 数据读取功能涉及的一些主要阶段和问题

3.1.2 从开头写数据

依然从比较简单的情况入手:从文件的开头写入数据,其实就是向空文件写入数据。前面已经说过,对于一个空文件来说,因为它还没有数据,不占用任何簇,所以它的开始簇为 0,数据位置参数为:

File_CurClust = 0;File_CurSec = 0;File_CurPos = 0;File_CurOffset = 0;File_IsEOF = 1;

此时,这些参数其实都是一些约定值,也就是在一些不同寻常情况下所取的特殊值(窘簇就是一种特殊情况)。它们虽然不能正确地表达真实的数据位置,只能算是一个标记,但是却可以帮助我们在程序中对这些特殊情况进行处理。

那到底该如何实现从文件的开头写入数据呢?不能直接把 File_CurClust 拿来用,否则会造成数据的损坏或文件系统的崩溃,请看图 3.2。

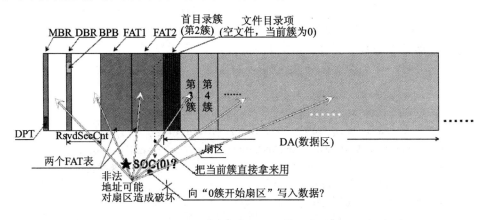

图 3.2 非法的"0 簇"操作将可能造成不良后果

正常情况下簇是从 2 开始的,所以 0 簇是非法的,是不应该进入到我们的计算中的。如果非要把它等同于普通簇来进行操作,那么计算得到的结果必然是无意义的。比如图 3.2 中使用 SOC 宏计算 0 簇的开始扇区地址,其结果可能会是一个远远超过实际有效物理扇区地址的非法值,有可能造成存储设备的硬件瘫痪,或者造成无法预知的数据坏破,或者因重要核心参数的丢失而造成文件系统的崩溃。

正确的做法应该是:先为空文件分配开始簇,构造簇链,然后再将数据写入到簇中。随着更多的数据被写入,簇链也被同步地构造出来……请看图 3.3。

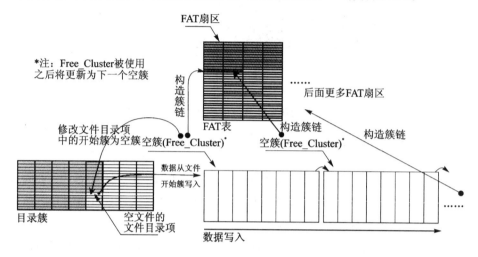

图 3.3 从文件开头写入数据的正确实现过程

这里有一个问题:"要把文件的开始簇修改为空簇,那就必须知道文件目录项的位置,那么是不是还要再写一个搜索文件目录项的函数?"不错,涉及对文件目录项的修改时就首先要知道它的位置,但是却不必对它再进行搜索!这是因为打开文件函数(znFAT_Open-_File)或文件创建函数(znFAT_Create_File)已经完成了这项工作。还记得前面讲解这些函数的实现过程中已经记录下了文件目录项所在的扇区及其位置吗(记录到了文件信息体中的 FDI_Sec 与 FDI_Pos 中)?文件开始簇的修改可以通过下面这个函数来完成(znFAT.c):

```
UINT8 Update_File_sClust(struct FileInfo * pfi,UINT32 clu)
{
    struct FDI * pfdi;
    znFAT_Device_Read_Sector(pfi->FDI_Sec,znFAT_Buffer); //读取文件目录项所在扇区
    pfdi = (((struct FDIesInSEC *)znFAT_Buffer)->FDIes)+(pfi->FDI_Pos);
    (pfdi->HighClust)[0]=clu>>16; //修改文件目录项中的开始簇字段
    (pfdi->HighClust)[1]=clu>>24;
    (pfdi->LowClust )[0]=clu;
    (pfdi->LowClust )[1]=clu>>8;
    znFAT_Device_Write_Sector(pfi->FDI_Sec,znFAT_Buffer); //回写
    pfi->File_StartClust=clu; //更新文件信息
```

```
    return 0;
  }
```

　　接下来就实现从文件开头写数据,会经历 3 个数据阶段:整簇、整扇区以及剩余字节,如图 3.4 所示。具体实现代码如下(znFAT.c):

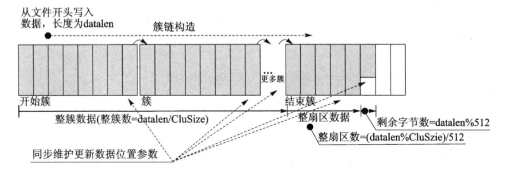

图 3.4　从文件开头写数据将要经历 3 个数据阶段

```
UINT32 WriteData_From_Start(struct FileInfo * pfi,UINT32 len,UINT8 * pbuf)
{
  UINT32 CluSize = ((Init_Args.BytesPerSector) * (Init_Args.SectorsPerClust));
                                                        //计算簇大小
  UINT32 temp = len/CluSize; //计算整簇数
  UINT32 old_clu = 0;
  UINT8 i = 0,j = 0;
  if(0 == len) return 0; //如果要写入的数据长度为 0,则直接返回
  Update_File_sClust(pfi,Init_Args.Free_Cluster);
  //更新文件目录项中的开始簇字段
  //更新文件数据位置参数
  pfi - >File_CurClust = Init_Args.Free_Cluster; //当前簇为空簇
  pfi - >File_CurPos = 0;
  for(j = 0;j<temp;j ++ ) //写入整簇数据
  {
    old_clu = pfi - >File_CurClust;
    pfi - >File_CurClust = Init_Args.Free_Cluster; //当前簇为空簇
    pfi - >File_CurSec = SOC(pfi - >File_CurClust); //当前簇的开始扇区
    Update_Free_Cluster(); //更新空簇,即从当前簇开始遍历查找下一空簇
    for(i = 0;i<(Init_Args.SectorsPerClust);i ++ ) //向簇内扇区写入数据
    {
      znFAT_Device_Write_Sector(pfi - >File_CurSec + i,pbuf);
      pbuf + = Init_Args.BytesPerSector;
    }
    Modify_FAT(old_clu,pfi - >File_CurClust); //构造簇链
  }
```

```
    if(0! = (len % CluSize)) //如果还有数据要写入
    {
      old_clu = pfi - >File_CurClust;
      pfi - >File_CurClust = Init_Args.Free_Cluster; //当前簇为空簇
      pfi - >File_CurSec = SOC(pfi - >File_CurClust); //当前簇的开始扇区
      Update_Free_Cluster();
      temp = (len % CluSize)/(Init_Args.BytesPerSector); //剩余数据的整扇区数
      for(i = 0;i<temp;i ++ ) //写入最后一个簇的整扇区数据
      {
        znFAT_Device_Write_Sector(pfi - >File_CurSec,pbuf);
        pfi - >File_CurSec ++ ;
        pbuf + = Init_Args.BytesPerSector;
      }
      temp = len % (Init_Args.BytesPerSector); //最后的剩余字节数据
      if(0! = temp) //最后还有剩余数据要写入
      {
        Memory_Copy(pbuf,znFAT_Buffer,temp);
                          //把最后不足整扇区的字节数据放入内部缓冲区中
        znFAT_Device_Write_Sector(pfi - >File_CurSec,znFAT_Buffer);
                          //将内部缓冲区中的数据写入扇区中
        pfi - >File_CurPos = temp;
      }
      Modify_FAT(old_clu,pfi - >File_CurClust); //构造簇链
    }
    Modify_FAT(pfi - >File_CurClust,0X0FFFFFFF); //把 FAT 簇链"关上"
    Update_FSINFO(); //同步更新 FSINFO 扇区,它记录了剩余空簇数
    pfi - >File_Size + = len;
    pfi - >File_CurOffset + = len;
    Update_File_Size(pfi); //更新文件大小
    return len;
}
```

3.1.3 从整簇写数据

如果当前文件的大小正好是簇大小的整数倍,那该如何向其写入数据呢? 如图 3.5 所示。首先使用 Seek 函数将数据定位到文件末尾。但是因为文件大小为簇的整数倍,所以此时必定会出现窘簇。我们要从这个窘簇开始向文件写入数据,这就需要从原来的结束簇继续构造簇链。如果我们当初在遇到"窘簇"时,没有保留位置参数的值,那么此时将陷入怎样的困境? 对,我们将无法知道后面的簇链应该从哪开始。文件的整条簇链将在这里出现断链。

其实上面的从文件开头写数据函数(WriteData_From_Start)稍加修改就是从整

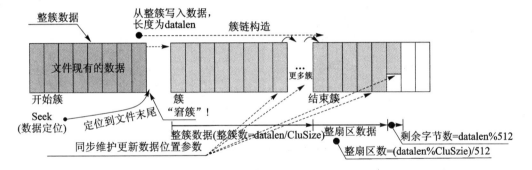

图 3.5　从整簇写数据的实现过程

簇写数据函数（WriteData_From_nClustert），代码如下（znFAT.c）：

```
UINT32 WriteData_From_nCluster(struct FileInfo * pfi,UINT32 len,UINT8 * pbuf)
{
//变量定义
if(0 == len) return 0; //如果要写入的数据长度为 0，则直接返回
znFAT_Seek(pfi,pfi->File_Size); //文件数据定位到文件末尾
if(0 == pfi->File_CurClust) //如果是空文件
{
Update_File_sClust(pfi,Init_Args.Free_Cluster);
//更新文件目录项中的开始簇字段
//更新文件数据位置参数
pfi->File_CurClust = Init_Args.Free_Cluster; //当前簇为空簇
pfi->File_CurSec = SOC(pfi->File_CurClust); //当前簇的首扇区
pfi->File_CurPos = 0;
}
//分整簇、整扇区与剩余字节 3 个数据阶段完成数据写入，同 WriteData_From_Start
return len;
}
```

3.2　数据写入的实现

1. 依旧繁杂的簇内过程

振南在前面所讲的从文件开始写数据、从整簇写数据其实都是数据写入过程中的一些特例，但最终的数据写入函数应该是更为强大、更为普适，无论现有的文件末尾落于何处，它都应该能够正确地完成数据的写入。如同数据读取一样，数据写入也存在簇内的数据过程，也要针对各种情况分别进行处理。

第一类情况：要写入的数据长度不大于当前扇区剩余数据量，如图 3.6 所示。这种情况下数据的写入非常简单，只需要做一个"数据拼接"即可，代码如下（znFAT.c）：

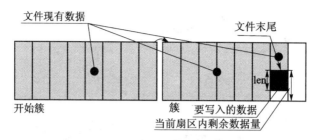

图 3.6　要写入的数据长度小于当前扇区剩余数据量

```
znFAT_Device_Read_Sector(pfi->File_CurSec,znFAT_Buffer);
                        //读取当前扇区数据,以便作扇区内数据拼接
Memory_Copy(pbuf,znFAT_Buffer + pfi->File_CurPos,len);//扇区数据拼接
znFAT_Device_Write_Sector(pfi->File_CurSec,znFAT_Buffer);//回写扇区数据
//更新数据位置参数
pfi->File_CurPos + = len;
pfi->File_CurOffset + = len;
pfi->File_Size + = len;//更新文件大小
Update_File_Size(pfi);
```

当然,情况不只于此。请继续看图 3.7。这种情况下,数据位置的更新方法稍有不同,请看如下代码(znFAT.c):

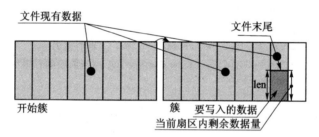

图 3.7　要写入的数据长度等于当前扇区剩余数据量

```
//数据拼接
//更新数据位置参数
pfi->File_CurSec ++ ;
pfi->File_CurPos = 0;
pfi->File_CurOffset + = len;
//更新文件大小
```

再想想,如果数据正好写到了簇的末尾该如何处理? 请看图 3.8。此时将产生窘簇,具体的处理方法就不赘述了。

第二类情况:要写入的数据长度大于当前扇区的剩余数据量,但并不超出当前簇,如图 3.9 所示。处理方式如下(znFAT.c):

```
len_temp = len;//len_temp 为临时变量
```

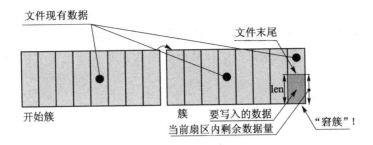

图 3.8　数据正好写到了簇的末尾

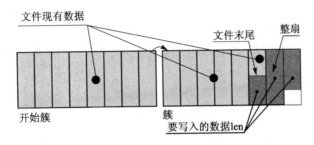

图 3.9　第二类情况中的普通实例

temp = ((Init_Args.BytesPerSector) - (pfi - >File_CurPos));

//计算当前扇区剩余数据量

znFAT_Device_Read_Sector(pfi - >File_CurSec,znFAT_Buffer);

//读取当前扇区数据，以便作扇区内数据拼接

Memory_Copy(pbuf,znFAT_Buffer + pfi - >File_CurPos,temp); //数据拼接

znFAT_Device_Write_Sector(pfi - >File_CurSec,znFAT_Buffer); //回写扇区数据

len_temp - = temp; //计算要写入的剩余数据量

pbuf + = temp;

pfi - >File_CurSec + + ;

pfi - >File_CurPos = 0;

temp1 = len_temp/512; //计算剩余数据整扇区数

for(i = 0;i<temp1;i + +) //写入整扇区数据

{

　znFAT_Device_Write_Sector(pfi - >File_CurSec + i,pbuf);

　pbuf + = 512;

}

pfi - >File_CurSec + = temp1;

pfi - >File_CurPos = len_temp % 512;

Memory_Copy(pbuf,znFAT_Buffer,pfi - >File_CurPos);

//将最后的剩余字节装入到内部缓冲中

znFAT_Device_Write_Sector(pfi - >File_CurSec,znFAT_Buffer);//写最后一个扇区

pfi - >File_CurOffset + = len;

pfi - >File_Size + = len; //更新文件大小

Update_File_Size(pfi);

当然,如果数据又正好写到簇末尾,那么窄簇就又出现了。

上面所讲的就是数据写入过程中针对于簇内数据的一些处理方法,其实它比数据读取要简单。

2. 问题的归一

如果要写入的数据超出了当前簇,如图 3.10 所示,可以看到,首先完成当前簇内的数据写入。此时,会在当前簇的末尾暂时产生窄簇。后面的工作就是从整簇写数据了。所以,最终的数据写入函数是这样的(znFAT.c):

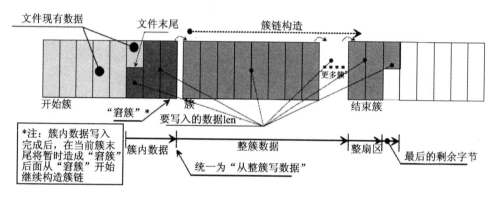

图 3.10　超出当前簇的数据写入过程

```
UINT32 znFAT_WriteData(struct FileInfo * pfi,UINT32 len,UINT8 * pbuf)
{
 UINT32 temp = 0,temp1 = 0,len_temp = len,i = 0;
 UINT32 Cluster_Size =
        ((Init_Args.BytesPerSector) * (Init_Args.SectorsPerClust));
 if(0 == len) return 0; //如果要写入的数据长度为 0,则直接返回 0
 znFAT_Seek(pfi,pfi->File_Size); //定位到文件末尾
 temp = ((Init_Args.BytesPerSector) - (pfi->File_CurPos)); //计算当前扇区剩余数据量
 if((pfi->File_CurOffset % Cluster_Size)! = 0)
 {
  if(len< = temp) //★要写入的数据长度不大于当前扇区剩余数据量
  {
   //处理第一类情况
  }
  else //★要写入的数据长度大于当前扇区剩余数据量
  {
   //将数据写入当前扇区,与现有扇区数据进行拼接
   if(!(IS_END_SEC_OF_CLU(pfi->File_CurSec,pfi->File_CurClust)))
                //★如果当前扇区不是当前簇的最后一个扇区
   {
```

```
pfi->File_CurSec++;
pfi->File_CurPos = 0;
temp = (LAST_SEC_OF_CLU(pfi->File_CurClust) - (pfi->File_CurSec) + 1) * 512;
                                    //★计算当前簇内的剩余数据量
if(len_temp<= temp) //★如果要继续写入的数据不超出当前簇
{
 temp1 = len_temp/512; //计算要继续写入的数据的整扇区数
 for(i = 0;i<temp1;i++)
 {
  znFAT_Device_Write_Sector(pfi->File_CurSec + i,pbuf);
  pbuf + = 512;
 }
 if(len_temp == temp) //如果正好写满当前簇
 {
  //此处产生"窘簇"
  return len; //数据写入完成
 }
 else //如果没有写满当前簇
 {
  pfi->File_CurSec + = temp1;
  pfi->File_CurPos = len_temp % 512;
  //将剩余字节写入最后扇区
  return len;
 }
}
else //要写入的数据超出当前簇
{
 temp1 = LAST_SEC_OF_CLU(pfi->File_CurClust); //计算当前簇最后扇区
 for(i = pfi->File_CurSec;i< = temp1;i++) //将数据写入当前簇所有剩余扇区
 {
  znFAT_Device_Write_Sector(i,pbuf);
  pbuf + = 512;
 }
 len_temp - = temp;
 //此处产生"窘簇"
}
}
else //当前扇区是当前簇最后一个扇区
{
 //此处产生"窘簇"
}
}
```

```
    }
    WriteData_From_nCluster(pfi,len_temp,pbuf); //★从整簇开始写数据
    pfi->File_Size += len;
    Update_File_Size(pfi); //更新文件大小
    return len;
    }
```

3.3 数据写入的典型应用

至此,我们已经完成了较为成型的数据写入函数(znFAT_WriteData),下面介绍两个数据写入的典型应用:数据采集与存储、图像采集与存储(简易数码相机),方便读者深入理解和实践。

3.3.1 实例1:数据采集与存储

其实这个实验我们前面已经作过,不过是用"偷梁换柱"的方法去实现的,现在真正的数据写入函数已经"出炉",那我们就来重新实现;同时,在功能上加以拓展:每分钟创建一个新文件,文件名为当前时间。每秒钟采集一次数据,并存储到新创建的文件中。具体过程如图 3.11 所示。实现过程其实很简单,代码(_main.c)如下:

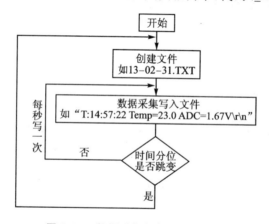

图 3.11 数据采集与存储实验流程

```
void main(void)
{
char buf[40];
char fn[20];
unsigned char old_min = 0,old_sec = 0;
znFAT_Device_Init(); //存储设备初始化
znFAT_Init();
while(1)
```

```
{
 P8563_Read_Time();  //从 PCF8563 中读取时间信息
 if(time.minute! = old_min) //判断分钟是否跳变
 {
  old_min = time.minute;
  Generate_FileName(&time,fn); //用当前时间中的时分秒生成文件名
  //设置文件时间信息
  dt.date.year = time.year; dt.date.month = time.month; dt.date.day = time.day;
  dt.time.hour = time.hour;dt.time.min = time.minute;dt.time.sec = time.second;
  znFAT_Create_File(&fi,fn,&dt); //创建文件
 }
 if(time.second! = old_sec) //判断秒是否跳变
 {
  old_sec = time.second;
  Format_Dat(&time,DS18B20_ReadTemperature(),TLC549_GetValue(),buf);
                                //将时间、温度以及电压值转为一定格式
  znFAT_WriteData(&fi,32,buf); //向文件中写数据
 }
 }
 while(1);
}
```

实验效果如图 3.12 所示。

这个实验看起来简单,但实际上经常有人向振南提出疑问。总结起来,主要有两个问题:

① 如何由时间来生成文件名?

② 为什么我写入到文件中的数据是乱码?

下面,振南分别进行回答。

1. 由时间生成文件名

使用文件系统来存储数据时,很多人都希望将不同时段的数据存储为不同的文件,这样会更加便于管理和查阅,比如把当天的数据存到文件 20130503.txt 中,而第二天的数据则存到 20130504.txt 文件中,依此类推,如图 3.13 所示。

其实由时间生成文件名就是一个由数字转为字符串的过程,我们可以编写一个小函数来实现,比如上面程序中的 Generate_FileName(合成文件名)。其实最简单的方法是直接调用字符串格式化函数 sprintf,比如 sprintf(filename,"%d%d%d.txt",year,month,day)。

实际上,振南要说的核心问题还不在于上面的这些。很多人曾经问过:"为什么不能创建文件名类似于'201305041303.txt'的文件?"这样的文件名包含了更多的时间信息,可以将数据管理得更为精细。但是当使用 znFAT_Create_File 函数去创建

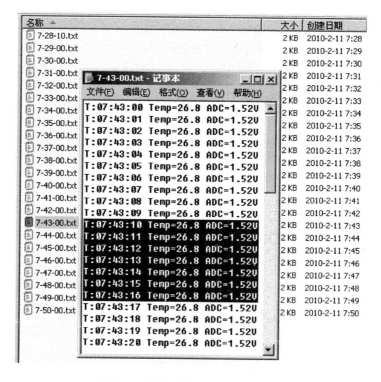

图 3.12　数据采集与存储实验效果

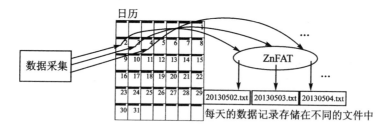

图 3.13　将每天的数据记录到不同的文件中

它的时候,我们确实会发现问题,根本原因就在于文件名是"长名"。前面各章中实现的所有函数基本上都是针对于 8·3 格式短文件的,如果强行输入一个长文件名,那必然会导致出错。归根结底还是因为短名与长名文件在创建原理与实现过程上的较大差异。关于长文件名,振南会在后面的章节进行专门的讲解,到时候我们会让 zn-FAT 支持长名,诸如上面的这种长名文件的创建将不再是问题。

2. 写入的数据是乱码

很多种原因都会导致写入到文件中的数据显示为乱码,比如内存溢出、函数的错误使用、原始数据本身有误等。振南在这里要说的其实是一种很"令人无语"的错误,但确实有很多人在犯,请看图 3.14。

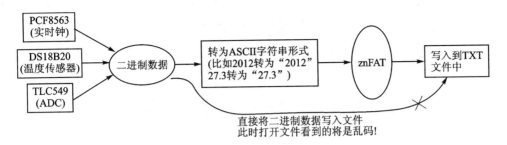

图 3.14　二进制数据不经转换直接写入文件而造成乱码

稍有 C 语言基础的人都应该知道数值意义上的 $(2012)_{10}$ 与由 ASCII 字符组成的字符串"2012"是有本质区别的，如果想以文本方式直接看到数值，那就必须加以转换。上面程序中的函数 Format_Dat 就是在做这样的事情。按原始二进制的方式写入到文件中的数据，我们非要以文本方式来查看，那必然会显示乱码。

3.3.2　实例 2：简易数码相机

自从振南在网上发布了简易数码相机实验之后，咨询的人"络绎不绝"，于是一度成了众多文件系统应用实验中最受人关注的实验之一（其他实验还有诸如 SD 卡视频播放器、录音笔、无线文件传输等，在后面的实验章节可以看到）。所以，振南觉得有必要在这里对它进行一个介绍，一方面为读者提供参考，另一方面也借此揭示当前数据写入函数的一个严重缺陷。

ZN-X 开发板上预留了 OV7670 摄像头模块接口，配合 SD 卡、TFT 液晶、zn-FAT 以及 BMP 位图文件，便可实现简单的数码相机功能，如图 3.15 所示。实际的硬件效果如图 3.16 所示。实现代码如下（_main.c）（当然，如同其他模块一样，OV7670 模块的驱动也已经做成了现成的程序模块）：

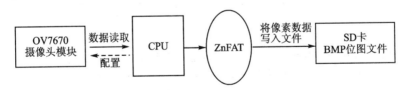

图 3.15　简易数码相机实验的实现示意图

```
#define PICTURE_W 128        //定义图像宽度
#define PICTURE_H 128        //定义图像高度
#define FIFO_BASE_ADDR ((volatile unsigned char xdata *)0x8000)
//注：ZN-X 开发板 OV7670 模块上的 FIFO 存储器直接挂到了 51 芯片的外部总线
//上，因此可将其作为外扩 RAM 直接进行读取。硬件电路决定了它的地址空间为
//0X8000～0XFFFF，即 32 KB（请参见附录中的开发板原理图），这样就可以直接
//将它当作应用数据缓冲区来使用
struct FileInfo fileinfo; //文件信息集合
```

图 3.16 简易数码相机实验硬件效果图

```
struct DateTime dt; //日期时间结构体变量
unsigned char cur_status = 0;
char filename[20] = {'/',0};
unsigned char code bmp_header[54] = //BMP 文件数据头(尺寸为 128X128)
{
    0x42, 0x4D, 0x38, 0x58, 0x02, 0x00, 0x00, 0x00, 0x00, 0x00, 0x36, 0x00, 0x00, 0x00,
0x28,0x00,
    0x00,0x00,PICTURE_W,PICTURE_W>>8,0x00,0x00,PICTURE_H,PICTURE_H>>8,
    0x00, 0x00, 0x01, 0x00, 0x10, 0x00, 0x00, 0x00, 0x00, 0x00, 0x00, 0x00, 0x00, 0x00,
0x12,0x0B,
    0x00,0x00,0x12,0x0B,0x00,0x00,0x00,0x00,0x00,0x00,0x00,0x00,0x00,0x00
};
void int0(void) interrupt 0 //OV7670 的场同步信号将触发此中断程序
{
EX0 = 0; //关闭中断
WEN = 0; //将 OV7670 模块上 FIFO 芯片写使能关闭,暂停接收图像数据
cur_status = 1; //将状态变量进行标记,告诉主程序对图像数据进行读取
}
int main()
{
//相关变量定义
UART_Init();
UART_Send_Str("串口初始化完成\r\n");
znFAT_Device_Init(); //存储设备初始化
UART_Send_Str("存储设备初始化完成\r\n");
znFAT_Init(); //文件系统初始化
UART_Send_Str("文件系统初始化完成\r\n");
```

```
Sensor_init(); //OV7670 芯片初始化
UART_Send_Str("摄像头芯片初始化完成\r\n");
//设置 OV7670 芯片的图像采集窗口
OV7670_config_window(184 + 2 * PICTURE_W,
                                10 + 2 * PICTURE_H,PICTURE_W,PICTURE_H);
dt.date.year = 2012; dt.date.month = 12; dt.date.day = 21; //设置文件创建时间
dt.time.hour = 15; dt.time.min = 14; dt.time.sec = 35;
IT0 = 1; //下降沿触发,VSYNC 信号产生时说明 FIFO 中已经有完整的图像
EA = 1; //打开总中断
UART_Send_Str("外部中断已开启,按键即可获取图像数据\r\n");
while(1)
{
 if(!KEY) //检测 KEY 是否按下
 {
  delay(100); //按键去抖
  while(!KEY);
  EX0 = 1; //如果 KEY 按下则打开外部中断,可由 OV7670 的 VSYNC 信号触发
 }
 if(cur_status == 1) //FIFO 中已有完整图像
 {
  cur_status = 0;
  UART_Send_Str("图像已获取\r\n");
  u32tostr(n ++ ,filename + 1); //由按键次数生成文件名,如 1.bmp、2.bmp 等
  len = strlen(filename);
  strcpy(filename + len,".bmp");
  znFAT_Create_File(&fileinfo,filename,&dt); //创建文件
  UART_Send_Str("BMP 文件已创建\r\n");
  znFAT_WriteData(&fileinfo,54,bmp_header); //先向文件写入 BMP 数据头
  UART_Send_Str("图像文件数据头已写入\r\n");
  UART_Send_Str("开始将图像写入文件\r\n");
  FIFO_Reset_Read_Addr(); //FIFO 存储器地址归 0,为读取图像数据作好准备
  FIFO_OE = 0; //使能 FIFO 数据端口
  znFAT_WriteData(&fileinfo,128 * 128 * 2,FIFO_BASE_ADDR);
                                //将 FIFO 数据直接写入文件
  FIFO_OE = 1; //关闭 FIFO 数据端口使能
  UART_Send_Str("图像写入完成\r\n");
  WEN = 1; //开启 FIFO 的写使能,重新开始接收图像数据
 }
 }
 return 0;
}
```

实验现象

经实际测试,每存储一个 BMP 文件大约需要 5 s,估计读者会觉得有点太慢了,是因为 51 的运行速度较慢吗? 其实不然,ZN‐X 开发板配备的是 STC 增强型高速 51,不光主频比普通 51 快 12 倍,而且指令集也得到了较大改进。更重要的是,振南的 SD 卡底层驱动使用的是硬件 SPI,在速度上应该不逊色于 STM32 或其他 CPU,况且读取 FIFO 中的图像数据是通过硬件总线来实现的。其实就算把这个实验放到 STM32 上去实现速度也快不了多少。硬件因素并不是最主要的矛盾,那导致数据写入效率不高的原因到底是什么呢? 这正是下一章我们要讨论的问题。

第 4 章

巧策良方，数据狂飙：独特算法 实现数据高速写入

第 3 章实现了数据的写入功能，但是最后却暴露出一个很严重的问题——数据的写入效率低下。导致这一问题的症结到底在哪？哪些因素会影响数据的写入效率？如何改善？这就是本章将要考虑的问题。振南独创性地提出了几种巧妙的策略和方案，比如簇链预建、CCCB 算法、EXB 算法等。它们到底是什么？且听振南细细讲解。

4.1 迫出硬件性能

4.1.1 连续多扇区驱动

我们知道，一个簇是由多个扇区组成的，这些扇区在物理结构上一定是连续的。前面在实现数据写入时是如何来处理这些连续扇区的呢？请看图 4.1。

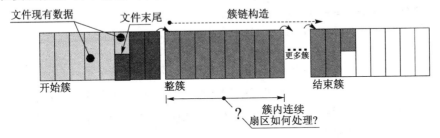

图 4.1 数据写入过程中簇内连续扇区的处理

因为现在只有一个物理扇区写函数（znFAT_Device_Write_Sector），它所实现的是对存储设备单一扇区进行写入操作。所以，对于簇内的连续扇区是这样处理的，代码如下：

```
for(i = 0;i<(Init_Args.SectorsPerClust);i++) //向簇内连续扇区写入数据
{
znFAT_Device_Write_Sector(pfi->File_CurSec + i,pbuf);
pbuf + = 512;
}
```

这种实现方式就是单扇区写＋循环,可以称之为"软件多扇区"。当然,与之相对的就是"硬件多扇区",这正是振南在这里要引出并着重讲解的。

大多数的存储设备都支持硬件多扇区操作,由硬件完成,因此在性能和速度上都有着软件多扇区无法比拟的绝对优势。图 4.2 体现了软硬两种方式在实现上的差异。可以看到,软件多扇区要多次调用单扇区写函数,而每调用一次都会引发底层驱动对存储设备的一系列操作:写区地址、写数据……。读者也许意识到了:"对于一段连续的扇区来说,每次都写入地址似乎有点多余,如果当前地址是 n,那么下一次地址肯定是 n+1!"确实,所以就有了硬件多扇区。我们首先向存储设备写入开始扇区和要操作的总扇区数,随后就是纯粹的数据写入的过程了,这就注定了硬件多扇区的数据效率是软件多扇区无法比拟的。

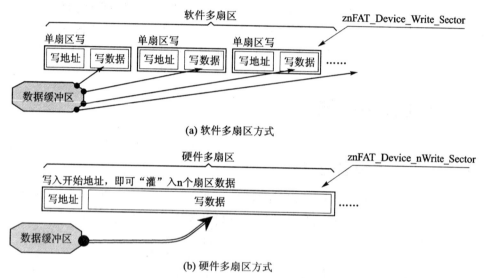

图 4.2　多扇区写入操作的软硬两种实现方式的差异

有人还是心存疑虑:"硬件多扇区到底能把数据效率提升多少?"振南就用实例来说明问题:使用软硬两种方式向 SD 卡中的连续扇区写入数据,看看它们分别会花费多少时间。测试代码如下(_main.c):

```
struct _Time time;
unsigned char xdata buf[4096];  //在外部 RAM 中定义数据缓冲区
void main(void)
{
unsigned long start_time = 0,end_time = 0;     //记录始末时间
unsigned int i = 0,j = 0;
UART_Init();
UART_Send_Str("串口初始化完成\r\n");
SD_Init();
```

```
UART_Send_Str("SD 卡初始化完成\r\n");
UART_Send_Str("软件多扇区写操作开始\r\n");
P8563_Read_Time();   //读取时间
start_time = (((unsigned long)time.minute) * 60) + (time.second);
for(j = 0;j<100;j++)  //以"软件多扇区"方式写 SD 卡的 0～7 扇区 100 遍
{
  for(i = 0;i<8;i++) SD_Write_Sector(i,buf + i * 512);
}
P8563_Read_Time();
end_time = (((unsigned long)time.minute) * 60) + (time.second);
UART_Send_Str("软件多扇区写操作结束\r\n");
UART_Put_Inf("使用时间(秒):",end_time - start_time);
UART_Send_Str("硬件多扇区写操作开始\r\n");
P8563_Read_Time();
start_time = (((unsigned long)time.minute) * 60) + (time.second);
for(j = 0;j<100;j++)  //以"硬件多扇区"方式写 SD 卡的 0～7 扇区 100 遍
{
  SD_Write_nSector(8,0,buf);
}
P8563_Read_Time();
end_time = (((unsigned long)time.minute) * 60) + (time.second);
UART_Send_Str("硬件多扇区写操作结束\r\n");
UART_Put_Inf("使用时间(秒):",end_time - start_time);
while(1);
}
```

这个实验使用 PCF8563 实时钟芯片提供时间信息,通过计算多扇区写操作前后的时间差来获取其花费的时间。另外,为了使测试结果的差异更加明显,这里将多扇区写操作重复了 100 遍。最终的实验结果如图 4.3 所示。很显然,硬件多扇区比软件多扇区在数据效率上要高出一倍还要多。

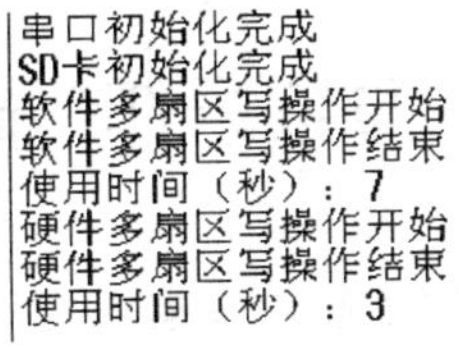

```
串口初始化完成
SD卡初始化完成
软件多扇区写操作开始
软件多扇区写操作结束
使用时间(秒):7
硬件多扇区写操作开始
硬件多扇区写操作结束
使用时间(秒):3
```

图 4.3 软硬两种方式的多扇区写操作效率对比实验结果

4.1.2 多扇区抽象驱动接口

既然硬件多扇区的效率比软件多扇区要高,那我们就为 znFAT 引入多扇区抽象驱动接口,定义如下:

```
UINT8 znFAT_Device_Write_nSector(UINT32 nsec,UINT32 addr,UINT8 * buffer)
```

其中,形参中的 nsec 是要写入的总扇区数,addr 是开始扇区地址,buffer 是指向数据缓冲区的指针。

我们将原来程序中处理簇内连续扇区的代码替换为这个函数,就可以使数据的写入效率得以提升了。当然,前提是开发者必须能够提供多扇区驱动。这也许会造成一个问题:难道没有硬件多扇区驱动,znFAT 就没法使用了吗? 这当然不行,所以振南对于多扇区抽象驱动接口的实现做了如下处理:

```
UINT8 znFAT_Device_Write_nSector(UINT32 nsec,UINT32 addr,UINT8 * buffer)
{
 UINT32 i = 0;
 if(0 == nsec) return 0; //如果要写的扇区数 0,则直接返回
 # ifndef USE_MULTISEC_W //此宏决定了是否使用硬件多扇区写入函数
 for(i = 0;i<nsec;i++ ) //软件多扇区
 {
  SD_Write_Sector(addr + i,buffer); //单扇区写
  buffer + = 512;
 }
 # else
 SD_Write_nSector(nsec,addr,buffer); //硬件多扇区
 # endif
 return 0;
}
```

可以看到,代码中使用编译宏控制来选择使用哪种多扇区驱动的实现方式。像这种编译宏控制我们在后面将会看到更多,它可以控制代码选择性地编译,从而实现对 znFAT 功能的裁减和工作模式的切换与配置。

其实,硬件多扇区同样可以应用于数据读取,对于连续扇区的读取操作可以替换为 znFAT_Device_Read_nSector 来进行实现。

4.2　为数据作"巢"

使用了硬件多扇区之后,振南一度认为 znFAT 的数据写入效率已经够高了,但是后来发现并不是这样。在将 znFAT 与国际上现有的优秀方案对比之后发现,比如 FATFS、EFSL、ucFS 等,事实告诉我们,znFAT 与它们仍然有着较大的差距。深思之后,振南最终提出了一些算法,使得 znFAT 的效率得到了进一步的提升。到底是怎样的算法呢? 下面就一一向读者介绍。

4.2.1　预建簇链思想的提出

振南一直相信,凡事只要多加思考,必定会有巧方可用或捷径可走。那我们就来想想,向文件中写入数据有什么更好更快的方法? 现在 znFAT_WriteData 函数的实现策略是怎样的? 简言之就是不停地写数据、构造簇链、写数据、构造簇链……如此

往复，最后更新文件大小与 FSINFO 扇区，如图 4.4 所示。

在这个过程中，数据写入与簇链构造是同步交替进行的，其实这就是造成数据写入效率不高的根源。因为这已经不是单纯的数据写入了，而是伴随着较为频繁的 FAT 扇区读/写操作。可以这样比喻：一辆好车本可以风驰电掣，但车手却偏偏要每行驶一会儿就停下来，检查检查车子、瞭望前方，这就导致这辆好车不能一往无前的"飙"，而总要牵绊太多，如图 4.5 所示。

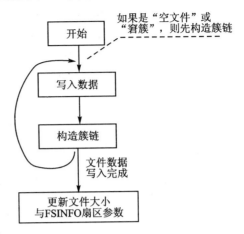

图 4.4　数据写入的大体过程

看来现在的这种实现方式只适用于数据存储速度不高的应用场合，那又有什么更好的实现方式呢？这就要说到"预建簇链"了。顾名思义，它就是在写数据之前，先把整条簇链一次性构建好，随后只管写数据就可以了。实际过程如图 4.6 所示。

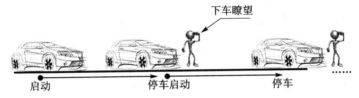

注：行驶中"下车瞭望"，犹如数据写入过程中的 FAT 操作

图 4.5　数据写入过程中的 FAT 操作犹如行车时停

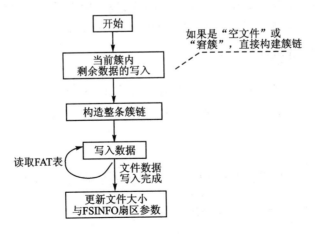

图 4.6　使用"预建簇链"方式实现数据写入的流程

其实预建簇链的策略和思想在前文中就有所应用。回想一下第 1 章：我们首先创建了一个大文件,然后"移花接木",将数据写入其中。其实创建大文件的过程实质上就是在预先构造簇链。这使得我们在数据写入的过程中可以对 FAT 表"撒手不管",而只管顺序地向扇区中写数据即可。(其实是应该按照簇链来向簇中写入数据的,只不过因为我们知道大文件的簇链是连续的,所以才省去了读取 FAT 表的步骤。)更形象的描述请看图 4.7。

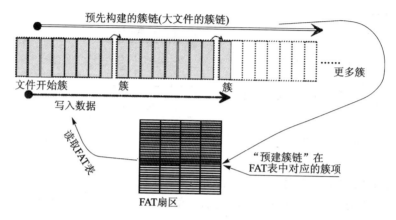

图 4.7 以预建簇链方式写入数据

再举一个例子来说明。在使用迅雷或其他下载软件下载文件的时候,你是否发现它们在下载之初就已经建好了一个临时文件呢? 这个文件的体积恰好就是要下载的文件的大小。这些下载软件其实就在使用预建簇链的策略,原因主要有两点：① 提高数据的写入速度;② 尽量保证数据的连续性(一个文件可能会分很多次进行下载,比如断点续传,如果不是预先把文件创建好,那么最终将导致它的簇链支离破碎)。

预建簇链的目的是让数据在这条建好的簇链上"肆无忌惮"地"狂奔"。当然,只有在一次性写入数据量较多的时候,才更能够体现它的优势。

4.2.2 簇链预建的实现

前面我们在构造簇链的时候每次都只给它扩展一个簇,现在要实现整条簇链的构建,就要一次性扩展多个簇,这该如何编程来实现呢? 其实很简单,代码如下：

```
for(i = 0;i<n;i++)
{
Modify_FAT(cur_cluster,Init_Args.Free_Cluster); //将当前簇链到下一空簇
cur_cluster = Init_Args.Free_Cluster;
Update_Free_Cluster(); //更新空簇
}
Modify_FAT(cur_cluster,0X0FFFFFFF); //把簇链"关上"
```

　　振南起初就是这样做的,但后来发现它创建簇链的效率并不高,尤其是簇链比较长的时候,简直让人难以忍受,这主要是因为 Modify_FAT 函数对 FAT 扇区的频繁读/写。用这种方式来实现簇链的创建实际上跟老方法相比是"换汤不换药"。那有什么办法可以快速地构建簇链呢? 答:尽量减少对 FAT 扇区的读/写次数。

　　我们仔细想想上面的这种实现方法,其实它做了很多的"无用功":每调用一次 Modify_FAT 都会引发对 FAT 扇区的读/写,但实际上根本无需如此。因为要修改的簇项很多情况下都位于同一个 FAT 扇区中,我们可以一次性全部修改好,然后再一起回写到 FAT 扇区中去。实例如图 4.8 所示。

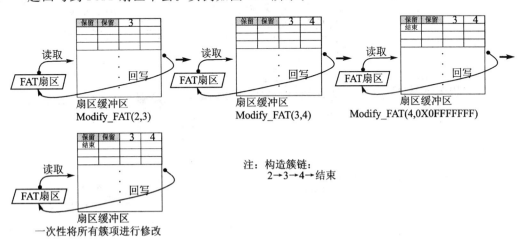

图 4.8　两种簇链构建方法的对比

　　接下来就来实现预建簇链函数(Create_Cluster_Chain),其功能就是以 cluster 簇为起点,为后续将要写入的长度为 len 的数据预先构建簇链。也就是说,要在现有簇链的基础上继续扩展(len+CluSize-1)/CluSize 个簇,如图 4.9 所示。具体的实现代码如下(完整代码请参见 znFAT 源代码)(ZnFAT.c):

```
UINT8 Create_Cluster_Chain(UINT32 cluster,UINT32 len)
{
UINT32 iSec = 0,clu_sec = 0,old_clu = 0,ncluster = 0;
UINT8 iItem = 0,temp = 0;
struct FAT_Sec * pFAT_Sec = (struct FAT_Sec * )znFAT_Buffer;//FAT 扇区结构指针
UINT32 Clu_Size = (Init_Args.SectorsPerClust * Init_Args.BytesPerSector);
                                                                //计算簇大小
ncluster = (len + Clu_Size - 1)/Clu_Size;//计算预建簇链包含的簇数
Init_Args.Free_nCluster - = ncluster;//更新剩余空簇数
//以下为图 4.9 中的①
if(0! = cluster)//簇链构建的开始簇不为 0
{
 clu_sec = cluster/128;
```

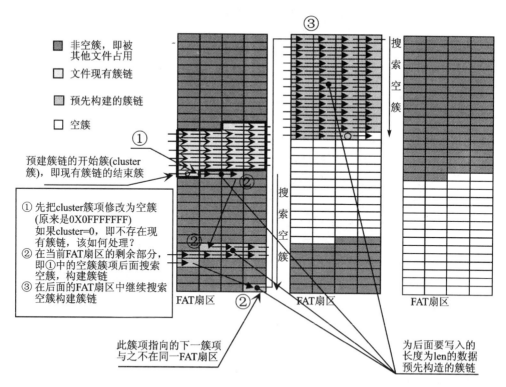

图 4.9 为后面要写入的数据预先构建簇链

```
znFAT_Device_Read_Sector(clu_sec + (Init_Args.FirstFATSector),
                         znFAT_Buffer); //读取 cluster 簇项所在的 FAT 扇区
temp = cluster % 128; //计算 cluster 簇项在 FAT 扇区中的位置
 //将空簇链到 cluster 簇上
(((pFAT_Sec - >items)[temp]).Item)[0] = (Init_Args.Free_Cluster);
(((pFAT_Sec - >items)[temp]).Item)[1] = (Init_Args.Free_Cluster)>>8 ;
(((pFAT_Sec - >items)[temp]).Item)[2] = (Init_Args.Free_Cluster)>>16;
(((pFAT_Sec - >items)[temp]).Item)[3] = (Init_Args.Free_Cluster)>>24;
}
else //为 0,通常说明要给空文件构建簇链
{
 clu_sec = (Init_Args.Free_Cluster/128); //计算空簇项所在的 FAT 扇区
 znFAT_Device_Read_Sector(clu_sec + (Init_Args.FirstFATSector), znFAT_Buffer);
}
ncluster - - ; //已经为现有簇链扩展了一个簇,预建簇链的簇数减 1
if(0 == ncluster) //如果簇链已构建完成
{
 if(clu_sec == (Init_Args.Free_Cluster/128))
                     //如果开始簇与它的下一簇的簇项在同一 FAT 扇区
 {
```

```
    //把簇链"关上"
    //FAT 扇区回写:FAT1 与 FAT2
    znFAT_Device_Write_Sector(clu_sec + (Init_Args.FirstFATSector), znFAT_Buffer);
    znFAT_Device_Write_Sector(clu_sec + (Init_Args.FirstFATSector
                                        + Init_Args.FATsectors), znFAT_Buffer);
  }
  else //不在同一 FAT 扇区
  {
    //先将当前 FAT 扇区回写
    clu_sec = (Init_Args.Free_Cluster/128); //计算空簇簇项所在的 FAT 扇区
    znFAT_Device_Read_Sector(clu_sec + (Init_Args.FirstFATSector), znFAT_Buffer);
    //把簇链"关上"
    //FAT 扇区回写
  }
  //更新空簇、更新 FSINFO
  return 0;
}
cluster = Init_Args.Free_Cluster;
old_clu = cluster;
clu_sec = (old_clu/128);
//以下为图 4.9 中的②
if((cluster % 128) + 1)! = 128)//如果当前簇项不是其所在 FAT 扇区中的最后一个簇项
                        //也就是说要在当前 FAT 扇区中对剩余部分进行搜索,构建簇链
{
  znFAT_Device_Read_Sector(clu_sec + (Init_Args.FirstFATSector), znFAT_Buffer);
  for(iItem = ((cluster % 128) + 1); iItem<128; iItem++)//检测当前 FAT 扇区剩余部分
  {
    cluster++; //簇号自增
    if(簇项为 0) //如果发现空簇
    {
      //将其链在前面的簇项上
      ncluster--;
      old_clu = cluster;
    }
    if(0 == ncluster) //如果簇链构建完成
    {
      //把 FAT 簇链"关上"
      //FAT 扇区回写
      Init_Args.Free_Cluster = cluster;
              //更新空簇、更新 FSINFO
      return 0;
    }
```

```
  }
}
//以下是图 4.9 中的③
for(iSec =(clu_sec +1);iSec<(Init_Args.FATsectors);iSec ++ )
                                                    //在后面的 FAT 扇区中继续查找
{
  znFAT_Device_Read_Sector(iSec +(Init_Args.FirstFATSector),znFAT_Buffer);
  for(iItem = 0;iItem<128;iItem ++ ) //检测当前 FAT 扇区中的空簇
  {
   cluster ++ ;
   if(簇项为 0) //发现空簇
   {
    clu_sec =(old_clu/128);
    temp =(old_clu %128);
    if(iSec! = clu_sec)//如果要更新的簇项所在 FAT 扇区与当前 FAT 扇区非同一扇区
    {
     znFAT_Device_Read_Sector(clu_sec +(Init_Args.FirstFATSector), znFAT_Buffer);
     //将其链在前面的簇项上
     //FAT 扇区回写
     znFAT_Device_Read_Sector(iSec +(Init_Args.FirstFATSector), znFAT_Buffer);
    }
    else //是同一扇区,则只需要在缓冲区中进行更新
    {
     //将空簇链在前面的簇上
    }
    ncluster − − ;
    old_clu = cluster;
   }
   if(0 == ncluster)
   {
    //把 FAT 簇链"关上"
    //FAT 扇区回写
    Init_Args.Free_Cluster = cluster;
    //更新空簇、更新 FSINFO
    return 0;
   }
  }
  //FAT 扇区回写
}
return 1;
}
```

好,有了预建簇链函数,接下来就可以完成对数据写入的改进了,如图 4.10 所示。篇幅限制,改进后的数据写入函数的具体代码就不再贴出了,读者可以参见 zn-FAT 源代码。

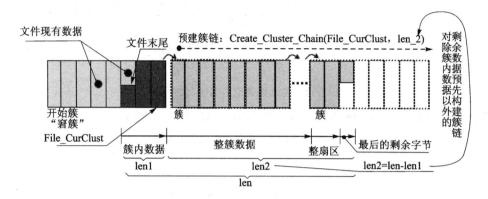

图 4.10 加入预建簇链后的数据写入示意图

4.2.3 将多扇区用到极致

硬件多扇区比软件多扇区效率要高得多,并且还把簇内连续扇区的写入操作替换为硬件多扇区接口函数(znFAT_Device_Write_nSector),从而提高了数据写入的效率。现在我们已经实现了预建簇链,那回过头来想一想:它们两者合力,是否有把数据写入效率进一步提升的可能呢? 答案是肯定的,硬件多扇区将因为簇链预建而使其优势发挥到极致。到底是怎么回事? 下面振南就细细道来。

仅将硬件多扇区应用于簇内连续扇区上,主要是因为每次我们只为簇链扩展一个簇,这使得我们的目光只会放在这一个簇上,只能看到簇内扇区的"小连续",如图 4.11 所示。

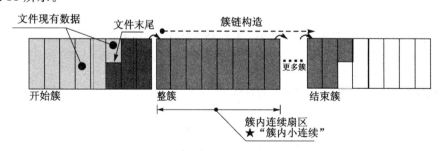

图 4.11 簇内扇区的"小连续"

但是预建簇链函数(Create_Cluster_Chain)可以一次性构建整条簇链,新构建的簇链上自然包含了多个簇。如果这些簇之间是连续的,那将看到一大段的连续扇区,振南称之为"大连续",如图 4.12 所示。

这种大连续将使硬件多扇区的优势发挥得淋漓尽致。但是此时,可能有人也已

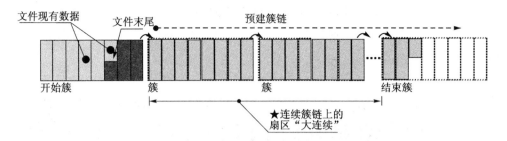

图 4.12 连续簇链上的扇区"大连续"

经看出了问题:"如果簇链不连续该怎么办呢?",如图 4.13 所示。

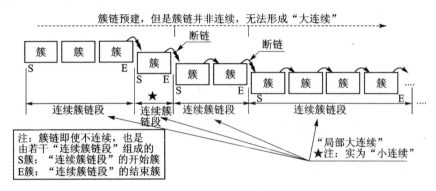

图 4.13 簇链由若干个连续簇链段组成

一个簇链,即便不完全连续,也一定是由若干个连续簇链段组成的。无法实现大连续,但是却可以针对连续簇链段实现局部大连续。当然,如果连续簇链段只包含一个簇,那它其实就是小连续了(如图 4.13 中的★)。

基于连续簇链段思想,我们可以对数据写入函数的实现进行改进,代码如下(zn-FAT.c):

```
//检测连续簇链段,尽可能使用多扇区驱动,提高数据写入效率
//start_clu 与 end_clu 用于记录连续簇链段的始末,对应于图中的 S 与 E
start_clu = end_clu = 簇链的开始簇;
for(iClu = 1;iClu<簇链包含的总簇数;iClu++)
{
 next_clu = Get_Next_Cluster(end_clu); //获取下一簇
 if((next_clu-1) == end_clu) //如果两个簇连续
 {
  end_clu = next_clu;
 }
 else //如果两个簇不连续,即遇到断链
 {
  znFAT_Device_Write_nSector(((end_clu-start_clu+1)
```

```
            * (Init_Args.SectorsPerClust)),SOC(start_clu),pbuf);
                        //对连续簇链段进行多扇区写操作
        pbuf + = ((end_clu - start_clu + 1) * CluSize);
        start_clu = end_clu = next_clu;
    }
}
znFAT_Device_Write_nSector(((end_clu - start_clu + 1)
                    * (Init_Args.SectorsPerClust)),SOC(start_clu),pbuf);
                        //对最后一个连续簇链段进行多扇区写操作
pbuf + = ((end_clu - start_clu + 1) * CluSize);
```

到这里,我们基本上已经快把硬件多扇区用到了极致。"基本上快到极致?可我认为我们已经找出了所有连续扇区的可能,难道还有更多的连续扇区可以发掘吗?"是的!试想一下,如果文件结束簇(用于存储最后不足整簇的剩余数据)与最后一个连续簇链段也连续的话,那么结束簇中的整扇区部分就与前面的扇区又构成了"更大的连续",如图 4.14 所示。

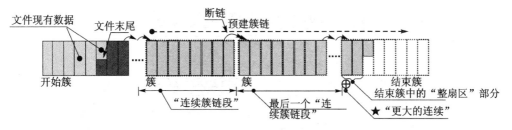

图 4.14 文件结束簇中的整扇区与最后连续簇链段构成的"更大的连续"

4.3 CCCB(压缩簇链缓冲)

4.3.1 CCCB 的提出

前面讲了基于预建簇链的数据写入,并且针对硬件多扇区以及扇区连续性对其进行了优化。但是,有没有考虑过这样一个问题:如果我们向一个文件写入 10 000 次数据,那么整体的数据写入效率将会如何呢?这其实是一个很实际的问题,在很多时候人们都是在周期性或分多次地向文件写入数据,振南称之为"间歇性频繁数据写入"。伴随着这种数据写入方式,将产生一个比较棘手的问题,如图 4.15 所示。

每一次预建簇链都会产生对 FAT 表的更新,那么写 10 000 次数据就会更新10 000 次。也许你并不觉得这个问题有多严重,每更新一次 FAT 表,都可以一次性构建很长的一条簇链出来。与大量数据高效率地写入相比,更新 FAT 表所花费的时间似乎不算什么。但是别忘了,只有在每次向文件写入的数据量比较大的时候

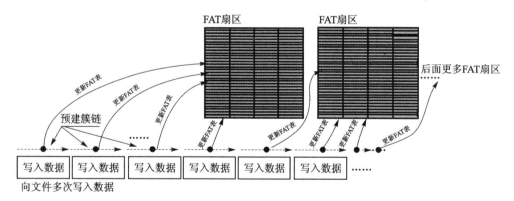

图 4.15 间歇性频繁数据写入产生对 FAT 表的频繁更新

才是这样。如果每次写入的数据量比较小(间歇性频繁小数据量写入),那么大部分的时间岂不是都浪费在更新 FAT 表上了吗?实际的情况其实可能会比这更加糟糕,如图 4.16 所示。

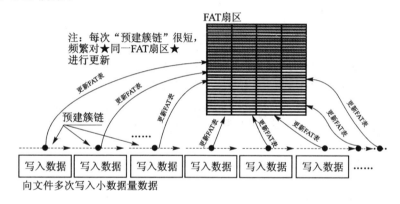

图 4.16 间歇性频繁数据写入产生对 FAT 表的频繁更新

可以看到,因为每次写入的数据量比较小,所以预建簇链也最多只能为现有簇链扩展出一个簇而已,而无法实现较长簇链的构建,这将产生对同一 FAT 扇区的非常频繁的读/写操作。可能读者对存储设备的特性还不太了解:通常如果对同一扇区进行多次读/写,那么就会发现它越来越慢,这主要归咎于存储设备内部控制器的自我保护机制(对同一扇区频繁操作将影响其使用寿命)。所以,在这种情况下,数据的写入效率将会比较低,甚至让人难以忍受。

那又有什么更好的办法呢?毕竟 FAT 表是必须要更新的。"是否可以把簇链暂存在内存中,等数据全部写完之后再一起更新到 FAT 表物理扇区中呢?"确实如此,但是要把文件的整条簇链放入内存又谈何容易?最大的"瓶颈"就是内存容量。要解决这一问题,我们还要从一则笑话说起:燕子和青蛙比赛嘴快,方法是从 1 数到 10,看谁数得快。燕子用极快的速度数完了这 10 个数,用了 2 s;青蛙不屑地看了看它,懒散地说道:"1 到 10",只用了半秒。这笑话似乎有点冷,但是却为我们提供了一个思路，如图 4.17 所示。

3→4→5→6→32→33→34→101→203→204→205→....1038→结束

从3到6　　从32到34　从101到101　从203到206　→结束
[3,6]　　　[32,34]　　[101,101]　　[203,1038]　　→结束

图 4.17　对簇链采用区间式表示

　　一个簇链是由若干个连续簇链段组成的，那么就可以使用"区间"方式来对簇链进行表达，如图 4.17 所示。每一个区间只记录了连续簇链段的始末，从而大大降低了内存的使用量。比如在图 4.17 中，原本这个簇链包含了 844 个簇，如果用原始方式，那么就需要 844 个存储单元。但如果用区间方式，却只需要 8 个存储单元即可。可见，区间方式所占用的存储单元数只与簇链的连续性有关。在通常情况下，文件的簇链都是比较连续的，一个支离破碎的簇链一般还是比较少见的。所以，无需多少内存即可对簇链进行记录。如果簇链的连续性比较好，那甚至可以仅用两个存储单元即可对文件整条簇链进行记录。这种区间方式很好地解决了簇链记录与内存容量之间的矛盾。其实，这个过程就是在对原始簇链进行压缩，使其占用更少的存储空间。于是，振南就给它取名为"CCC"（Compressed Cluster Chain），即压缩簇链。在实际的实现过程中，用于存储这些区间的缓冲区就是 CCCB（CCC Buffer），也就是压缩簇链缓冲。

　　我们对预建簇链的实现进行改进，如图 4.18 所示。可以看到，构建出来的簇链不再直接更新到 FAT 表的物理扇区中，而是以压缩簇链的方式暂存于 CCCB 缓冲区中。这样就避免了对 FAT 扇区的频繁读/写，从而使数据的写入效率进一步得以提升。这确实是一种非常巧妙的机制或者说策略。每当振南向别人介绍 znFAT 的独特之处时必然少不了 CCCB，"znFAT 可以用区区几个字节的存储空间对整个文件进行缓存！"闻者无不惊叹。其实这些都要归功于 CCCB。

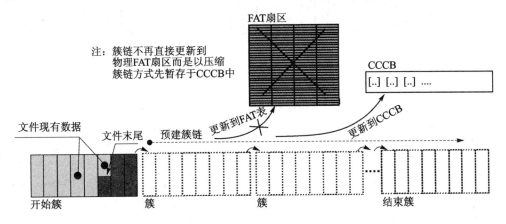

图 4.18　数据写入过程中预建簇链暂存于 CCCB 中

4.3.2　CCCB 的实现

前面这些关于 CCCB 的设计思想其实都还是比较好理解的,但是在具体的实现上也许会有些繁琐,因为它将涉及一些比较细节、比较麻烦的问题。限于篇幅,振南只能进行一个大体的介绍,让读者对其中的内容和问题有一个基本的了解,有兴趣的读者可以去细细研读 znFAT 源代码。

CCCB 的实现主要包含以下 3 个基本的操作:构造、回写与寻簇,如图 4.19 所示。这 3 个基本操作具体是什么意思呢?举个例子:向一个文件中写入数据,数据写入函数(znFAT_WriteData)首先会预建一条簇链。将簇链以压缩簇链方式存入簇链缓冲的过程就是"CCCB 的构造"(即图中的①);簇链被构建起来之后,我们就要依照这条簇链来向各个簇写入数据了,这就涉及从 CCCB 中获取簇链关系的问题,就像是从 FAT 表中获取下一簇的函数 Get_Next_Cluster 一样,这就是"CCCB 的寻簇"(即图中的③);CCCB 是位于内存中的,但是它不能一直驻留于内存之中,终归还是要落实于 FAT 表的物理扇区中的,这就是"CCCB 的回写"(即图中的②)。下面就来对这 3 个基本操作的实现方法进行逐一进行介绍。

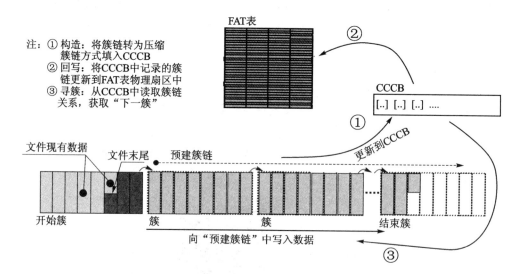

图 4.19　CCCB 在实现过程中所包含的 3 个基本操作

1. CCCB 的定义

在讲这 3 个基本操作之前,我们首先要把 CCCB 建立起来。也就是对 CCCB 的数据结构,比如数组、结构体等,还有相关的一些变量进行定义。具体代码如下(zn-FAT.c):

```
#define CCCB_LEN    (8) //压缩簇链缓冲长度,一定是不小于 4 的偶数
UINT32 cccb_buf[CCCB_LEN]; //压缩簇链缓冲
```

```
UINT8 cccb_index;
UINT32 cccb_curclu;
```

　　这些定义都是全局的。cccb_buf 用于记录压缩簇链的数组;cccb_index 用于记录当前指向的数组元素下标,以方便将连续簇链段的始末填入其中;cccb_curclu 用于记录连续簇链段的当前簇。也许这样说还是有些抽象,我们还是在 3 个基本操作的实现中深入去理解它们的含义吧。

2. CCCB 的构造

　　CCCB 的构造其实很简单。首先将预建簇链的第一个簇赋给 cccb_curclu(其实它就是 CCCB 中第一个区间的开始簇),以后在簇链构建过程中得到的空簇均与 cccb_curclu 进行比较,看其是否连续。如果是则更新 cccb_curclu 为此空簇,如果不是就对当前区间进行"封口",并开始新的区间。这一过程如图 4.20 所示。

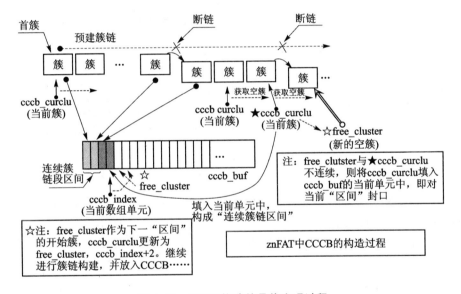

图 4.20　CCCB 构造的具体实现过程

　　前面振南说过 CCCB 中会有一些比较麻烦的情况,下面要讲到的内容也许就"可见一斑"了。我们想想,如果簇链的连续性确实不太好,有比较多的"断链",那么就有可能出现 cccb_buf 不够用的情况,从而造成缓冲区的溢出。我们必须对其进行处理,尽量避免溢出错误的发生。那具体该如何处理呢?答:将 CCCB 回写、清空、再利用,如图 4.21 所示。详细代码参见 znFAT 源码中的 Create_Cluster_Chain 函数的具体实现。

3. CCCB 的回写

　　其实上面的内容就已涉及 CCCB 的回写了,实际上它就是对压缩簇链的"解压",将它还原为簇链,再写入到 FAT 扇区中去。这一操作对于数据写入功能是非

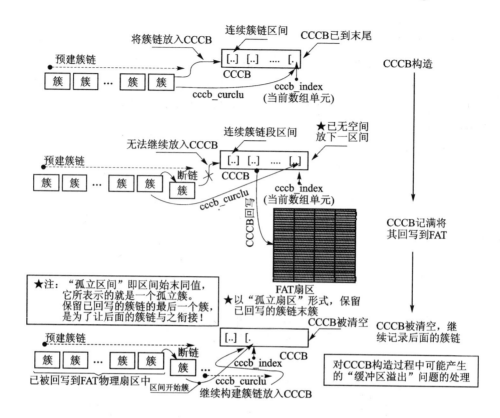

图 4.21 对 CCCB 构造过程中的缓冲区溢出问题进行处理

常重要的。试想,如果向文件写入了数据,但是却没做 CCCB 的回写,那会如何呢?
数据将全部丢失!其实 CCCB 回写的具体实现很简单,振南通过下面这个实例来进
行讲解:将图 4.17 中的压缩簇链回写到 FAT 中,如图 4.22 所示。znFAT 中使用函
数 CCCB_Update_FAT 来完成这一操作。

4. CCCB 的寻簇

CCCB 的寻簇其实很简单,就是在 CCCB 中去查找某个簇的下一簇。但是有一
点一定要注意到:在引入 CCCB,尤其是溢出回写机制之后,一条簇链就不光只存在
于 CCCB 中了,可能有一部分已经被回写到 FAT 表中了。所以,在寻簇的时候就要
二者兼顾,如图 4.23 所示。

实现时,首先在 CCCB 中查找,然后再在 FAT 表的物理扇区中查找。这样做的
原因很明显,就是因为前者位于内存中,它的查找效率要比后者高得多。其实,通常
情况下文件的连续性都会比较好,断链的数量不会超过 4 个(除非磁盘上的碎片太
多),也就是说产生 CCCB 溢出回写的机率比较小,簇链一般全部存在于 CCCB 中。
所以,CCCB 对数据写入效率的提高还是会起到很大作用的。

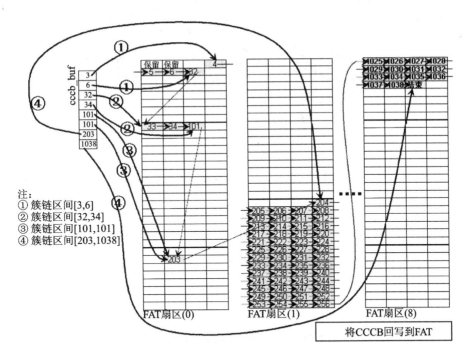

图 4.22　将 CCCB 中的压缩簇链回写到 FAT 表物理扇区

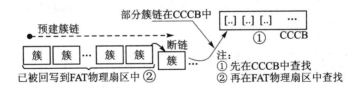

图 4.23　CCCB 寻簇时要二者兼顾

4.3.3　CCCB 的争抢与独立

前面我们所讲的其实只涉及了单个文件的数据写入，此时 CCCB 的相关操作确实还比较简单。但我们要知道，znFAT 是可以支持多文件的，也就是可以同时对多个文件进行操作，这种情况下，CCCB 又会变得如何呢？如图 4.24 所示。

CCCB 缓冲区是以全局变量的形式定义的，这就注定了在某一时刻它只能属于一个文件。如果像图 4.24 这样同时有多个文件都要用到 CCCB，那势必造成 CCCB 的争抢。说白了就是：如果有其他文件也要使用 CCCB，那就先把当前的 CCCB 回写，然后再将 CCCB 进行移交。振南把这个过程形象地称为"CCCB 的轮转"，即各个文件轮流作庄，逐个占用 CCCB，如图 4.25 所示。

其实造成这一问题的根本原因在于整个 znFAT 系统只定义了唯一的全局 CCCB，振南称之为"共享 CCCB"（Shared CCCB，简称 SCCCB）。如果每一个文件都

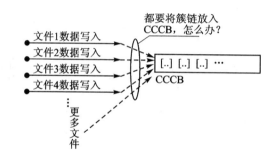

图 4.24　CCCB 在多文件情况下所产生的问题

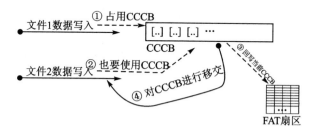

图 4.25　多文件情况下对 CCCB 的轮转

有自己专属的 CCCB,那么就不会再造成争抢的问题了,这就是"独立 CCCB"(Alone CCCB,简称 ACCCB)。CCCB 的争抢与独立的具体实现有点复杂,感兴趣的读者请参见 znFAT 源代码。

4.4　EXB(扇区交换缓冲)

EXB 是振南继 CCCB 之后提出的另一种独特方案,同样也是为了提高数据的写入效率。如果说 CCCB 是专注于簇链的话,那么 EXB 就是针对于数据本身进行的优化。

4.4.1　EXB 的提出

EXB(Sector Exchange Buffer),即扇区交换缓冲。为了让读者认识到 EXB 所要解决的具体问题,我们还是通过一个实例来说明:向一个文件中写入 10 000 次数据,每次仅写入 10 个字节,数据写入的效率会如何? 聪明的读者应该已经意识到了问题的所在:少量数据向同一扇区进行多次写入时,因数据拼接将产生对扇区频繁地"读-改-写"操作,如图 4.26 所示。

其实在多次向文件写入数据时,只要存在最后不足扇区的、若干个字节的剩余数据,那么在下一次数据写入时就必定会出现扇区内的数据拼接。如何解决这一问题呢? 其实很简单:定义一个 512 字节的缓冲区,让它作为扇区的"映像"。在出现不足

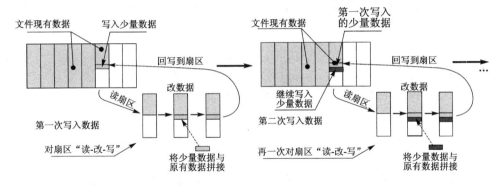

图 4.26　多次小数据量写入时产生扇区的频繁"读-改-写"操作

扇区的数据时,我们不再将它直接写入到扇区,而是先暂时存放在这个缓冲区中。当"攒"够了一个扇区的数据时,再将其一次性写入到扇区之中。这个缓冲区就是振南所说的 EXB,如图 4.27 所示。

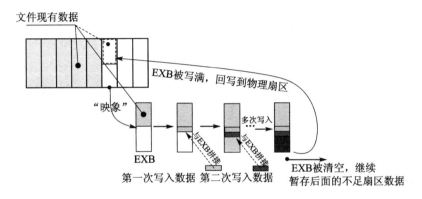

图 4.27　EXB 对不足扇区数据的暂存

4.4.2　EXB 的实现

EXB 其实与 CCCB 类似,都是一种缓冲机制,所以在实现上也有相似之处。但是,EXB 的实现要比 CCCB 简单多了,定义代码如下(znFAT.c):

```
UINT8 exb_buf[512];
UINT32 exb_sec;
```

其中,exb_buf 是用于存储扇区数据的缓冲区;exb_sec 用于记录当前缓冲区中的数据所属扇区地址,以方便对数据进行回写。

EXB 的具体实现过程相对简单。不过,就像 CCCB 一样,在多文件的情况下,EXB 同样会产生争抢问题,同样会有"共享 EXB"(SEXB)与"独立 EXB"(AEXB)之分,详细参见 znFAT 源代码。

至此,CCCB 与 EXB 就讲完了。最后还有一个很重要的问题我们一定要注意到:这些缓冲机制的引入使得在数据写入操作最终结束之后,可能还会有一部分簇链或者扇区数据驻留于内存之中。因此,我们一定要做最后一次回写。为了防止读者忘记这一重要步骤,振南为 znFAT 引入了文件关闭函数(znFAT_Close_File),以完成最后的回写操作。所以,在实际应用中,当我们完成了所有的文件数据操作之后,一定要记得调用这个函数(函数具体实现请参见 znFAT 源代码)。

本章讲的内容比较多,包括了多扇区、预建簇链、连续扇区优化、CCCB 与 EXB。这些内容每一个部分都是 znFAT 的精华,都是振南经过长期的研究、创造和实践而提出的。不夸张地说,在写此书的过程中,这一章花费的时间是其他章的 4 倍还要多。曾经有读者建议把本章分散扩展成几章来写,但是振南认为它们是一个有机的整体,是一个完整的创新知识体系,互为依存,互相促进,不可分割。

有人问:"你费了这么大劲,搞了这么多的'创新'策略,文件数据的写入效率到底能提升到什么水平?"答:"提高了 4 倍多,如果再加上下一章将要讲到的'非实时模式'方案,数据的写入效率将进一步提升 3~4 倍,最终达到极限,即基本与直接对物理扇区进行写入的效率持平(无文件系统的纯物理层)"。"空口无凭,何以为证?"振南会在后文中用实验来进行验证,敬请翻篇。

## 第 5 章

模式变换,百花争艳:znFAT 与其他 FAT 的全面 PK

通过第 4 章的努力,我们极大地提升了数据的写入效率。但是最后振南提到了"非实时模式"这一概念,还说它可以进一步提升数据写入效率。这是怎么回事?本章将给出解答。随后,znFAT 的数据写入效率将达到极限,振南一直盼望的时刻终于到来了—"数据写速大比拼",znFAT 将与现有优秀方案(FATFS 与 EFSL)进行"较量",看看谁的数据写入速度更快!接下来,振南还将继续介绍 znFAT 的工作模式,包括其配置方法以及各种工作模式的特点。不同工作模式在资源占用量、数据读写效率等方面均有不同,从而使 znFAT 可以适用于不同的硬件平台,满足不同的应用需求。最后,振南将对不同工作模式下的数据写入效率进行对比,让大家明确各种工作模式的性能水平。

5.1 登顶效率之峰

1. 非实时模式

在向文件写入一次数据之后,有两个操作是我们必须要做的,即更新 FSINFO 与文件大小。但是,如果是进行频繁数据写入的话,它将会产生大量的扇区读/写操作。而且它们每次都是对固定某个扇区进行操作,那么对同一扇区频繁读/写将会越来越慢,对整体的数据写入效率造成不小的影响,如图 5.1 所示。

图 5.1　向文件频繁写入数据时对 FSINFO 与文件大小实时更新

实际上,完全没有必要这样做。我们可以省去中间的若干次更新操作,而只在最后一次数据写完之后更新一次即可,如图 5.2 所示。这就是"非实时模式",与之相对的便是"实时模式",即前面的那种做法。

图 5.2　以非实时模式向文件频繁写入数据

这样,数据的写入效率就进一步得到了提升,从而达到极限。但是此时,有一个很重要的问题一定要意识到:在使用非实时模式向文件写入数据时,如果出现中途断电或 CPU 死机等异常情况,就可能会因为来不及更新 FSINFO 与文件大小(主要是文件大小)而造成数据的丢失。其实这一问题也存在于 CCCB 与 EXB 这些缓冲机制中,因为它们同样也来不及进行回写操作。但是,实时模式却可以在很大程度上避免这种情况的发生,它可以保证从一开始直到异常发生前最后一次写入的数据的完整性。当然,牺牲的是数据的写入效率与扇区的使用寿命。

2. 模式宏配置

实际使用哪种模式,"实时"还是"非实时",这要由使用者来决定。到底是追求更高的数据写入速度,还是更看重数据的安全性。为了方便使用者根据自身需要在这两种模式之间进行选择,我们使用条件编译来进行处理,代码如下(znFAT.c):

```
# ifdef RT_UPDATE_FILESIZE
Update_File_Size(pfi); //更新文件大小
# endif
# ifdef RT_UPDATE_FSINFO
Update_FSINFO(); //更新 FSINFO 扇区
# endif
```

还记得第 4 章中的硬件多扇区与软件多扇区吗? 为了便于对其进行选择,我们也用的是条件编译的方法。根据特定宏是否被定义,从而决定了某个代码段是否参与编译,比如前面的 USE_MULTISEC_W、USE_MULTISEC_R 以及这里的 RT_UPDATE_FILESIZE、RT_UPDATE_FSINFO。振南将这些宏统一归类到一个头文件之中,它就是 znFAT 中的"配置文件"(config.h)。

5.2　与强者竞速

既然 znFAT 的数据写入速度号称已经"飙到极限",那就有必要把它跟国际上现有的主流优秀方案做个"较量"了,看看相差多少或者超越多少。

现在比较有名的优秀方案有 FATFS、EFSL、UCFS、TFFS、DOSFS、ZLG/FS、沁恒 FAT 等。其实有很多人都对 FAT 很感兴趣,这些兴趣可能来自于对 FAT 及其相关算法、思想、编程技巧的好奇,或者是项目和产品的需求。其中一些高手也写出了自己的 FAT 方案,比如在 amoBBS(原 OurAVR)上用 AVR 单片机 DIY MP3 的

BoZai，再如许乐达同学作的 xldFAT，还有号称中国第一的 cnFAT 等。对于这些方案，我们首先进行一个简介。

5.2.1　国内外优秀 FAT 方案简介

1. FATFS

这里直接引用 chaN（FATFS 的作者，身在日本）在其发布网站上对 FATFS 的简介：FATFS 是一个通用的文件系统模块，用于在小型嵌入式系统中实现 FAT 文件系统。FATFS 的编写遵循 ANSI C，因此不依赖于硬件平台。它可以嵌入到各种价格低廉的微控制器中，如 8051、PIC、AVR、SH、Z80、H8、ARM 等（这里面有很多是日系 CPU），而不需要做任何修改。

对于 FATFS，振南要说：它确实很牛！无论在功能的完善程度上，还是在代码的运行效率以及可移植性上都可称得上是众多现有优秀方案中的佼佼者（到底有多优秀，读者到后面就能看到了）。FATFS 一度是振南研发和推广 znFAT 道路上的最大劲敌（其实现在也是）。

起初，振南认为 FATFS 的作者是个绝顶聪明的人。但是，在看了他代码中的研发编年史之后改变了这种想法：他在把 FAT 当作毕生事业来做，FATFS 的研发始于 2006 年，一直到现在还在不断更新和改进。真可谓十年磨一剑了！但是，经过对 FATFS 的深入研究之后发现，它并非像想像中的那么完美，仍然存在着很多问题，其中有一些可谓"硬伤"：

① 它最低需要 1 300 字节左右的内存，所以在一些低端处理器上无法使用（其根源在于其数据缓冲的实现策略）；

② 它没有实时模式，始终会有数据暂存于内存中，如果突然断电或 CPU 死机，必然造成数据丢失；

③ 物理层接口比较复杂，而且必须由使用者提供多扇区读写驱动的实现；

④ 代码可读性不强，使用者很难了解其内部实现，所以一旦出现 Bug，很难立即解决；

⑤ 纯开源软件，因此缺乏原作者的相关技术支持与指导，只能靠使用者自行领悟。

2. EFSL

EFSL 的全称是 Embeded File System Library，即嵌入式文件系统库。它是来自 sourceforge 的、由比利时的一个研究小组发起的开源项目，此项目正在持续更新，源码中也有很多注释，研读起来比较容易，潜力不错。EFSL 兼容 FAT32，支持多设备及多文件操作。使用每个设备的驱动程序时，只需要提供扇区写和扇区读两个函数即可。

据说，EFSL 的效率是非常高的。但是它的物理层接口只支持单扇区读/写，并没有多扇区的接口。同时,还要看它所占用的内存量。就算它的效率确实很高,但是若以较高的内存消耗为代价,也不足为取。不过,一切还是要以实测结果为准。

3. UCFS

对于 UCFS 可能有些人并不熟悉,但是提起 UCOS 一定有所耳闻,它们都来自于 Micrium 公司。出身"名门",其代码质量、稳定性及可移植性自然无可挑剔。不过它并非开源项目,而是商用软件。从性能和执行效率上来说,振南并不认为 UCFS 会有多好,因为它的物理层驱动接口也只支持单扇区读/写,而无多扇区。

4. TFFS

对于 TFFS 可能很多人都没听说过。但是如果提起 Vxworks,大家就会耳熟能详。TFFS 就是专门服务于 Vxworks 的文件系统,全称为 True Flash File System。TFFS 可以在 Flash 存储设备上构建一个基于 DOS 的文件系统(即 FAT),用于存放操作系统镜像以及应用程序,以便于程序的更新和升级。因为振南本人长期从事 Vxworks 的相关研发工作,因此对于 TFFS 所带来的便捷深有感触。不过,TFFS 基本上是与 Vxworks 绑定的,想要把它从中提取出来为我们所用,难度较大。而且,它也不是免费软件,不能私自使用。

5. DOSFS

DOSFS 是由美国一个叫 Lewin A. R. W. Edwards 的人研发的(这个人好像还出了一本书叫《嵌入式工程师必知必会》,有兴趣的读者可以看看)。从它的名字上可以看出来,Lewin 是想在嵌入式微处理器上实现一个类似 DOS 的系统,其实质就是 FAT 文件系统。从它的代码来看,也只是一个雏形,功能还比较少,配套的文档资料也不够齐全。关于 DOSFS,振南没有实际用过,不过曾见过有人把它用在了产品里,似乎还比较稳定。

上面介绍的几种比较流行而知名的嵌入式 FAT 文件系统方案均来自国外,下面就是国内的方案了。

6. ZLG /FS

ZLG/FS,顾名思义,就是周立功公司研发的文件系统方案,说得更准确一些应该是周立功公司的 ARM 研发小组的成果。它是以 UCOS 嵌入式操作系统的一个中间件方式出现的,也就是说,可以与 μC/OS 很好地进行协同工作。它也是一个开源的软件,在国内嵌入式平台上,尤其在 ARM 平台上得到了较为广泛的应用。但是,ZLG/FS 的数据读/写速度实在让人堪忧。仔细研读它的源代码就会发现,它在实现上使用的一些策略导致了它的效率低下。

7. 沁恒 FAT

南京沁恒公司的 FAT 方案做得就很不错。提起沁恒,似乎有点耳闻。那振南再提醒一下:CH375 芯片。对,它是专门用于读写 U 盘等 USB 存储设备的控制器芯片,沁恒 FAT 文件系统就是与这个芯片配套绑定的,用于实现 U 盘上的文件操作。CH375 已经算是一个经典芯片,凡是有 U 盘读/写需求的中低端项目估计有一半以上都在用这个芯片。可以说,沁恒 FAT 是嵌入式 FAT 文件系统商业化的一个典范。不过遗憾的是,沁恒 FAT 是纯商业软件,我们是看不到半点源代码的。振南感觉,FAT 文件系统业已成为沁恒公司的一大产品和技术支柱,这也揭示了嵌入式 FAT 文件系统在功能需求以及市场价值上的巨大潜力。

总体来说,国内在嵌入式文件系统方面的研究仍然起步较晚,而且在原创开源与创新意识上远远落后于国外。国内的很多开发者一直秉承着"拿来主义",但是这样我们不会有任何发展。让我们真正动起来,做出属于我们自己的东西。

列举了这么多的方案,是不是感觉 znFAT 其实很渺小。尽管如此,znFAT 还是要向它们发起挑战。也许,它可以像"兵临城下"中的瓦西里一样将敌人个个秒杀,你看到硝烟了吗?

5.2.2　速度的"较量"

下面就从诸多方案中选取两个最具代表性的方案(FATFS 与 EFSL)来与 znFAT 进行较量,同时还要兼顾它们在空间方面的占用情况。在这场较量之中,我们会让各个方案均运行在最高速的极限状态下。它们所占用的内存资源量同样也是一个很重要的指标。谁能做到既省内存,速度又快,谁才是真正的胜者。这也算是一种"时空平衡"吧。

测试方法很简单:用各个方案向文件中写入相同数据量的数据,看看它们分别会花费多少时间。但是在具体测试方法的细节上,我们分为以下 4 种情况:

ⓐ 向文件写入 10 000 次数据,每次数据量 512 字节;

ⓑ 向文件写入 10 000 次数据,每次数据量 578 字节;

ⓒ 向文件写入 1 000 次数据,每次数据量 5 678 字节(不使用硬件多扇区);

ⓓ 向文件写入 1 000 次数据,每次数据量 5 678 字节(使用硬件多扇区)。

有人可能会问:"为什么要分这 4 种情况? 它们各有什么意义呢?"前两项可以测出小数据量频繁写入时的效率表现(ⓑ比ⓐ多出了 55 个字节的不足扇区数据,看看 znFAT 中的 EXB 能发挥多大作用);后两项则可以用于测试在频繁大数据量写入时,尤其是使用软硬两种多扇区实现方式的情况下,文件系统方案的效率表现(看看 znFAT 中的 CCCB 以及基于连续簇链段的硬件多扇区优化能将数据写入效率提升多少)。表 5.1 列出了在 ZN‐X 开发板(51 平台)上测出的上述 4 种情况下各方案的实际结果。

从表 5.1 可以看到,在以整扇区(即 512 字节,不涉及不足扇区数据的处理)或者以较大数据量(使用软件多扇区,CCCB 机制发挥作用)进行数据写入时,数据的平均写入速度已经很接近物理层直接写单扇区的速度。我们要明白一点,文件系统层面上的数据写入速度再快也不可能比物理层快,最多与之持平。所以,振南说 znFAT

的数据写入效率已经达到极限。另一方面,在使用硬件多扇区的情况下,znFAT 把数据写入速度从 126 KB/s 提升到了 162 KB/s,而 FATFS 从 123 KB/s 提升到了 150 KB/s,分别提升了 36 和 27 个单位。很显然,znFAT 对硬件多扇区优势的利用更加充分。说白了就是,znFAT 比 FATFS 找到了更多的连续扇区。也许我们基于连续簇链段思想的硬件多扇区优化比 FATFS 中使用的多扇区策略更加优越、更加强劲。最后,不要忽略更重要的一点:znFAT 比 FATFS 还少用了 500 多字节的内存资源。

表 5.1 FATFS、EFSL 与 znFAT 在 51 平台的数据写入效率比较

内核	文件系统方案	RAM 使用量/字节	ROM 使用量/KB	每次数据量/B	写入次数	总数据量/KB	用时/s	数据写入速度/(KB/s)	多扇区
51 单片机(主频 22 MHz)、物理单扇区写入速度 144 KB/s、硬件多扇区写入速度 168 KB/s	znFAT(最大模式)	1 348(不计数据缓冲)	35	512	10 000	5 000	37	135	
				578	10 000	5 645	86	66	
				5 678	1 000	5 545	44	126	软多
				5 678	1 000	5 545	34	162	硬多
	FATFS(非 Tiny 模式)	1 856(不计数据缓冲)	31	512	10 000	5 000	37	135	
				578	10 000	5 645	85	66	
				5 678	1 000	5 545	45	123	软多
				5 678	1 000	5 545	38	150	硬多
	EFSL	3 286	40	未在 51 上移植成功					

曾经有人指着上面的测试结果向振南质疑:"我觉得你这个测试实验还不太具有代表性,也许 FATFS 在 51 平台上确实表现不给力,但这并不能说明它在其他 CPU 平台上也不敌 znFAT!"确实是这么回事,不过振南要说:水涨船高,随着 CPU 性能的提升,znFAT 的效率表现也会更加出色。为了证明这一点,振南已经把 znFAT 移植到了很多其他的 CPU 上来进行测试,包括 Cortex - M3、ColdFire、AVR、MSP430 等,实际测试结果如表 5.2～表 5.4 所列。

相信上面的这些测试数据已经足够说明问题了。说实话,为了制作上面的这些表格及其相关测试数据,振南花了近 1 个月的时间,主要原因在于:

① 测试中涉及的 CPU 平台比较多,很多芯片振南也是第一次使用,所以基本都是现学现用。当然,这里面也有一些网友和爱好者的协助(限于篇幅很多 CPU 上的测试结果并没有列举出来);

② 将 znFAT 移植到这些 CPU 上也要花费大量的时间和精力。"对哦? znFAT 具体该如何移植呢?主要步骤有哪些?都要注意些什么?能不能详细全面地介绍一下。"这确实很有必要,如果我们要在某个 CPU 平台上使用 znFAT,那就必须先让它在这个平台上正确地运行起来,具体的移植方法请参见上册的《znFAT 移植与应用》。

表 5.2　FATFS、EFSL 与 znFAT 在 Cortex - M3 平台上的数据写入速率比较

内核	方案	RAM 用量/字节	ROM 用量/KB	数据量/字节	写入次数	总数据量/KB	用时/s	数据写入速率/(KB/s)	多扇区
Cortex - M3（主频 70 MHz）、物理单扇区写入速度 360 KB/s、硬件多扇区写入速度 426 KB/s	znFAT（最大模式）	1 760（不计数据缓冲）	12	512	10 000	5 000	15	336	
				578	10 000	5 645	17	328	
				5678	1 000	5 545	16	334	软多
				5678	1 000	5 545	13	412	硬多
	FATFS（非 Tiny 模式）	1 740（不计数据缓冲）	12	512	10 000	5 000	15	336	
				578	10 000	5 645	19	298	
				5678	1 000	5 545	17	329	软多
				5678	1 000	5 545	14	398	硬多
	EFSL	1 514（不计数据缓冲）	14	512	10 000	5 000	19	266	
				578	10 000	5 645	36	156	
				5 678	1 000	5 545	27	209	软多

表 5.3　FATFS、EFSL 与 znFAT 在 AVR 平台上的数据写入速率比较

内核	方案	RAM 用量/字节	ROM 用量/KB	数据量/字节	写入次数	总数据量/KB	用时/s	数据写入速率/(KB/s)	多扇区
AVR 单片机（主频 16 MHz）、物理单扇区写入速度 243 KB/s、硬件多扇区写入速度 267 KB/s	znFAT（最大模式）	1 630（不计数据缓冲）	26	512	10 000	5 000	22	223	
				578	10 000	5 645	26	212	
				5 678	1 000	5 545	24	229	软多
				5 678	1 000	5 545	21	261	硬多
	FATFS（非 Tiny 模式）	1 710（不计数据缓冲）	25	512	10 000	5 000	22	223	
				578	10 000	5 645	28	198	
				5678	1 000	5 545	26	213	软多
				5678	1 000	5 545	22	256	硬多
	EFSL	2 320（不计数据缓冲）	31	512	10 000	5 000	30	162	
				578	10 000	5 645	46	121	
				5 678	1 000	5 545	38	144	软多

表 5.4　FATFS、EFSL 与 znFAT 在 ColdFile V2 平台上的数据写入速率比较

内核	方案	RAM 用量/字节	ROM 用量/KB	数据量/字节	写入次数	总数据量/KB	用时/s	数据写入速率/(KB/s)	多扇区
CF V2（主频 80 MHz）、物理单扇区写入速度 418 KB/s、硬件多扇区写入速度 467 KB/s	znFAT（最大模式）	1 787（不计数据缓冲）	12	512	10 000	5 000	12	402	
				578	10 000	5 645	14	392	
				5 678	1 000	5 545	14	398	软多
				5 678	1 000	5 545	12	446	硬多
	FATFS（非 Tiny 模式）	1 710（不计数据缓冲）	12	512	10 000	5 000	12	403	
				578	10 000	5 645	14	400	
				5 678	1 000	5 545	14	401	软多
				5 678	1 000	5 545	13	418	硬多
	EFSL	1 623（不计数缓冲）	14	512	10 000	5 000	14	356	
				578	10 000	5 645	29	195	
				5 678	1 000	5 545	21	266	软多

5.3　znFAT 的工作模式

前面介绍了实时与非实时模式,它们各有特点及其适用的场合。其实 znFAT 中还有更多的工作模式。

5.3.1　缓冲工作模式

CCCB 与 EXB 的提出使得数据的写入效率得到了大幅度的提升,但是也必须为此付出代价:它们在本质上都是缓冲机制,所以必然会消耗更多的内存资源。其实 CCCB 还好,主要是 EXB,一个扇区缓冲就要占用 512 字节的内存,更不用说独立方式了(第 4 章讲过独立方式会给每个文件都分配一个专属的 CCCB 与 EXB 缓冲区,这种情况下对内存的需求将是巨大的)。在实际应用中,目标平台的硬件资源也许并不足以让我们能够使用这些缓冲机制,或者实际项目指标根本就不要求多高的数据写入速度。所以,应该让开发者自己来决定是否使用这些缓冲机制,而不能把它们固定化。因此,我们引入了下面的这些宏,代码如下(config.h):

```
//CCCB 是 znFAT 中所使用的独特的簇链缓冲算法,可以极大地提升数据的写入速度
#define RT_UPDATE_CLUSTER_CHAIN    //是否实时更新物理 FAT 簇链
                                   //若不实时更新,则使用 CCCB 簇链缓冲
#define USE_ALONE_CCCB    //是否使用独立 CCCB,这种方式下 znFAT 将给每个文件分配一个
                          //独立的专属簇链缓冲,与之相对的是共享 CCCB,多个文件共享
```

//一个簇链缓冲,这会涉及簇链缓冲的争抢问题,效率较前者低

`#define CCCB_LEN (8)` //簇链缓冲的长度,必须为偶数,且不小于 4

//EXB,即扇区交换缓冲,是 znFAT 中针对不足整扇区数据的专用缓冲区

//可较大程度上改善因数据拼接而导致的效率低下

`#define USE_EXCHANGE_BUFFER` //是否使用 EXB 缓冲机制

`#define USE_ALONE_EXB` //是否使用独立 EXB,这种方式下每个文件都有

//它单独的扇区交换缓冲,否则使用共享 EXB

在 znFAT 的代码中,我们通过大量的 #ifdef...#else...#endif 或 #ifndef...#else...#endif 条件预编译语句来对代码进行选择性的编译,从而实现多种工作模式的切换。示例如下(具体实现请参见 znFAT 源代码)(znFAT.c):

```
#ifndef  RT_UPDATE_CLUSTER_CHAIN //不实时更新物理 FAT,即使用 CCCB 机制
 //将簇链暂存入 CCCB 中
#else //实时更新物理 FAT,即不使用 CCCB
 //将簇链直接写入物理 FAT
#endif
#ifdef  USE_EXCHANGE_BUFFER //使用 EXB 缓冲机制
 //将不足扇区数据暂存入 EXB 中
#else //不使用 EXB 缓冲机制
 //将不足扇区数据直接写入物理扇区
#endif
```

5.3.2　自身模式较量

工作模式的提出自然会让人们产生这样的疑问:"在各种工作模式下,znFAT 分别会占用多少内存? 数据的写入速度都能达到什么样的水平?"明确了这一点将有助于实际开发过程中在硬件资源与速度需求这两个方面寻求一个最佳平衡点。下面就针对 znFAT 的各种工作模式来进行一个比较(使用数据写入的⑤方案),如表 5.6～表 5.8 所列。

如果说 znFAT 与 FATFS、EFSL 的较量是"横向较量"的话,那上面我们所做的就是针对于 znFAT 自身各种工作模式之间的"纵向较量"。可以看到,在各种 CPU 平台上,实时+无缓冲模式(即最原始的全实时模式,没有任何优化与加速机制)所占用的内存资源是最少的,但是它的数据写入速度也是最低的(下降到了全速模式下速度的 10％～30％)。这再一次印证了"时空平衡"的基本原理。其他模式对资源占用量与数据写入速度也都有不同程度的影响,希望可以为读者的实际应用提供参考。

另外,我们还留意到:znFAT 的内存使用量可以最低降到 819 字节这个水平。即使是把 CCCB 用上,也只不过是 867 字节而已(仅仅多占用了几十个字节,但是数

据的写入速度却提升了 20%～30%，基本已达到全速的一半，这也充分说明了 CCCB 确实是一种巧妙而实用的策略）。这也许是一项突破，象征着 znFAT 可以应用到像 51、AVR、PIC 这种内存资源相对较少的 CPU 上，而且速度也不会有太多损失（FATFS 最少需要 1 300 字节左右的内存资源，虽然它有精简的 Tiny 版，但在功能和速度上有较大程度的裁减和损失）。

表 5.5　znFAT 在 51 平台上各种工作模式下的数据写入速度表现

内核	工作模式	RAM 用量/字节	数据量/字节	写入次数	用时/s	数据写入速度/(KB/s)	与全速的比率
8051 (22 MHz) 物理单扇区写速率 144 KB/s 全速模式下的数据写入速度 66 KB/s	实时更新文件大小与 FSINFO	1 386 (不计数据缓冲)	578	10 000	165	34.3	52%
	不使用 CCCB 缓冲机制	1 386 (不计数据缓冲)	578	10 000	110	51.4	78%
	不使用 EXB 缓冲机制	867 (不计数据缓冲)	578	10 000	182	31	47%
	实时模式＋不使用任何缓冲机制(全实时)	819 (不计数据缓冲)	578	10 000	285	19.8	30%

表 5.6　znFAT 在 Cortex - M3 平台上各种工作模式下的数据写入速度表现

内核	工作模式	RAM 用量/字节	数据量/B 字节	写入次数	用时/s	数据写入速度/(KB/s)	与全速的比率
Cortex - M3 (70 MHz) 物理单扇区写入速度 360 KB/s 全速模式下的数据写入速度 328 KB/s	实时更新文件大小与 FSINFO	1 774 (不计数据缓冲)	578	10 000	57	98.4	30%
	不使用 CCCB 缓冲机制	1 734 (不计数据缓冲)	578	10 000	31	180.4	55%
	不使用 EXB 缓冲机制	1 258 (不计数据缓冲)	578	10 000	48	118	36%
	实时模式＋不使用任何缓冲机制(全实时)	1 218 (不计数据缓冲)	578	10 000	123	45.9	14%

表 5.7　znFAT 在 AVR 平台上各种工作模式下的数据写入速度表现

内核	工作模式	RAM 用量/字节	数据量/字节	写入次数	用时/s	数据写入速度/(KB/s)	与全速的比率
AVR (16 MHz) 物理单扇区写入速度 243 KB/s	实时更新文件大小与 FSINFO	1 623 (不计数据缓冲)	578	10 000	57	81.2	33%
	不使用 CCCB 缓冲机制	1 595 (不计数据缓冲)	578	10 000	31	123.9	51%
全速模式下的数据写入速度 212 KB/s	不使用 EXB 缓冲机制	1 051 (不计数据缓冲)	578	10 000	48	92.3	38%
	实时模式＋不使用任何缓冲机制(全实时)	1 021 (不计数据缓冲)	578	10 000	123	38.8	16%

表 5.8　znFAT 在 ColdFile V2 平台上各种工作模式下的数据写入速度表现

内核	工作模式	RAM 用量/字节	数据量/字节	写入次数	用时/s	数据写入速度/(KB/s)	与全速的比率
CF V2 (80 MHz) 物理单扇区写入速度 418 KB/s	实时更新文件大小与 FSINFO	1 787 (不计数据缓冲)	578	10 000	40	141.1	36%
	不使用 CCCB 缓冲机制	1 747 (不计数据缓冲)	578	10 000	24	239.1	61%
全速模式下的数据写入速度 392 KB/s	不使用 EXB 缓冲机制	1 230 (不计数据缓冲)	578	10 000	35	160.7	41%
	实时模式＋不使用任何缓冲机制(全实时)	1 190 (不计数据缓冲)	578	10 000	90	62.7	16%

　　也许,有个问题一直萦绕在读者心中:"为什么只比较数据写入速度,而对数据读取速度丝毫不提呢? 难道数据读取速度就不重要吗?"不是,数据读取速度依然极为重要,但它并不是最主要的矛盾! 扇区读操作比扇区写操作花费的时间要短得多(这主要是因为写操作会涉及存储设备内部介质的烧录或编程,而这一过程通常是比较长的),这使得数据读取的速度并不会太多地牵制于物理操作。我们按照常规方法去实现,那么数据的读取速度也慢不到哪去。如果在数据读取上也使用诸如 CCCB 或

EXB 之类的缓冲机制,整体速度可能会有所上升,但并不会像数据写入那样明显,最多提高 5%~10%。我们引入一套复杂的机制或算法,但实际上却收效甚微,真是很不值得。振南可以告诉读者,使用 znFAT 中的 znFAT_ReadData 函数进行数据读取,其速度基本与 FATFS 持平。一般来说,数据读取速度是写入速度的 3 倍左右,希望这能给读者提供一个定性的参考。

5.4 znFAT 的功能裁减

到现在为止我们介绍的所有功能函数如下:znFAT_Init、znFAT_Open_File、zn-FAT_ReadData、znFAT_Create_File、znFAT_WriteData、znFAT_Create_Dir、zn-FAT_Close_File、znFAT_Flush_FS,但是在实际的开发过程中通常并不会用到所有函数,那没有用到的函数该如何处置呢? 有人可能会说:"不用管它,编译器会自动将没用到的函数剔除的。"确实,但是不能完全依赖编译器,因为不是所有编译器都那么友好而聪明的。比如 Keil 中的 C51 编译器:如果我们定义了一个函数,并且对其进行了实现,但实际上并没有对它进行调用,那么,它仍会占用很多的内存。反之,如果我们调用了它,内存占用量又会骤减。另一方面,就算这些闲置的代码不占用内存,它们也可能会占用 CPU 芯片的 ROM 资源。这似乎是一个棘手的问题,唯一的方法只有对这些没有用到的函数进行彻底剔除,让编译器根本不去编译它们。这如何实现? 请看下文。

5.4.1 功能裁减宏

无一例外,我们还是要用条件编译的方法来进行实现。引入更多的宏,代码如下(config.h):

```
#define ZNFAT_OPEN_FILE
//#define ZNFAT_READDATA        //如果将宏注释掉,则相应函数不参与编译
#define ZNFAT_CREATE_FILE
#define ZNFAT_CREATE_DIR
#define ZNFAT_WRITEDATA
#define ZNFAT_CLOSE_FILE
#define ZNFAT_FLUSH_FS
```

在功能函数的代码前后加上条件编译语句,具体实现如下(znFAT.c):

```
#ifdef ZNFAT_READDATA
UINT32 znFAT_ReadData(struct FileInfo * pfi,UINT32 offset,
                                      UINT32 len,UINT8 * app_Buffer)
{
//函数的实现代码
}
```

```
#endif
```

这样，我们只要把宏注释掉，相应的函数便不会再参与编译了。所以，振南称这些宏为"功能裁减宏"。

5.4.2 裁减宏的嵌套

功能裁减宏在实现上其实并不像上面所说的这么简单，还有更为深层的问题——"宏的嵌套"。我们在功能函数开头与结束加上了"#ifdef...#endif"语句，

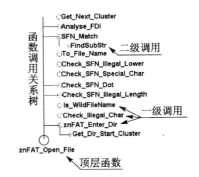

图 5.3 znFAT_Open_File 函数调用关系树示意图

从而可以控制其是否参与编译。但是不要忘了，功能函数中还会去调用一些中间函数，而这些中间函数可能又会去调用更低一级的函数。这种调用关系就像是一棵树，枝叶蔓延，生生不息。如果我们要裁掉某一个功能函数，那么这就不单单是一个函数的问题，而会波及这棵"函数调用关系树"上的所有函数。拿 znFAT_Open_File 函数来举例说明，如图 5.3 所示。

我们首先给 znFAT 中的所有函数都加上条件编译宏控制语句，然后再根据调用关系编写下面的"嵌套宏"（ccmacro.h）：

```
#ifdef  ZNFAT_OPEN_FILE //如果此宏有定义，那么下面所有的宏定义均有效
#define ZNFAT_ENTER_DIR
#define GET_DIR_START_CLUSTER
#define CHECK_ILLEGAL_CHAR
#define IS_WILDFILENAME
#define CHECK_SFN_ILLEGAL_LENGTH
#define CHECK_SFN_DOT
#define CHECK_SFN_SPECIAL_CHAR
#define CHECK_SFN_ILLEGAL_LOWER
#define TO_FILE_NAME
#define SFN_MATCH
#define FINDSUBSTR
#define ANALYSE_FDI
#define GET_NEXT_CLUSTER
#endif
```

这样一来，只要功能函数对应的裁减宏（比如上例中的 ZNFAT_OPEN_FILE）未被定义，那么此函数及其相关的中间函数就都不会参与编译了。不过，要理清每一个功能函数的"函数调用关系树"也不是一件轻松的事，可以借助于一些代码分析软件来帮我们完成这项工作，比如 SVN 等。

当然,znFAT 中的功能裁减机制主要是针对那些内存资源比较"贫瘠"、对代码体积比较敏感的硬件平台,振南希望通过它尽量降低 znFAT 对硬件资源的需求,从而为项目和产品节省成本。

好,通过上面的内容相信读者已经对 znFAT 的数据读/写效率、工作模式以及相关的宏配置方法有了一个更加明确的认识。对于本章中所出现的较量、对比和评价,振南绝无褒贬之意,只是想通过一些客观的数据说明事实。

第 **6** 章

创新功能，思维拓展：多元化功能 特性与数据重定向的实现

到这里，所有的基本功能均已实现，包括文件的打开、数据的读取、文件与目录的创建、数据的写入等，而且我们还提出了一些原创性的核心机制和算法。现在，zn-FAT 的功能与运行效率已经不可小觑。不过，这些也只是一个文件系统方案本应包含的最基本的功能。实际的应用需求是多样而复杂的，这就要求我们要继续实现一些创新性、拓展性的功能。从某种意义上来说，这些功能或许更具有亮点，这不光表现在实现的技巧上，更多的是在设计思想上。你会发现，这些创新功能在代码实现上也许非常简单，但重点在于我们是否能想得到。在长期的应用与项目实践的过程中，在与广大使用者、爱好者的交流切磋中，振南总结了一些常用的扩展功能，如多文件、多设备、数据重定向等，本章就进行一一介绍。

6.1 多元化文件操作

多元化文件操作就是可以对一个存储设备或多个不同存储设备上的多个文件同时进行操作的属性或者功能。也许这样说有些抽象，来看看下面的具体内容。

6.1.1 多文件

关于多文件这一概念，其实前面就已经提过，并且还在很多实验中应用过。回忆一下，在上册的音乐数码相框实验中，我们是如何同时读取 MP3 文件与图片文件，最终完成音频播放与图像显示的？在后面的汉字电子书实验中，文本数据和汉字字模数据分别位于 TXT 文件与 HZK16 文件中，我们又是如何实现它们的同时读取的呢？像这种同时操作多个文件的应用其实已经多次出现在我们的实验中了。这种应用的实现就得益于 znFAT 对多文件的支持，如图 6.1 所示。

在 znFAT 的应用程序中可以定义多个文件信息体，它们相对独立地记录着各自对应文件的相关信息。调用文件操作函数时，我们向它传入谁的文件信息体，函数所操作的文件就是谁。所以，多个文件可以同时进行操作，而且互不影响。znFAT 中的多文件特性并不需要我们专门编程来实现，它是伴随着文件信息体的提出应运而

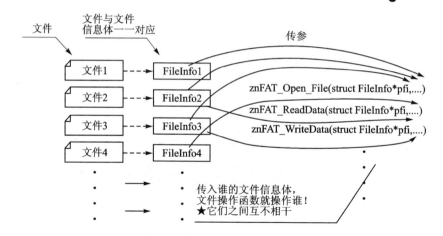

图 6.1　znFAT 中多文件操作示意图

生的。文件信息体(Struct FileInfo)对文件参数进行了封装,实现了对其集中化、独立化的管理,这一点是多文件的重要基础。

6.1.2　多设备

在实际的应用中,振南发现很多人都在用 znFAT 的多文件特性做一件事情——文件的复制。也就是把一个文件的数据全部或部分地转存到另一个文件中,这应该算是多文件的典型应用了。有些人提出了更深层的功能需求:"能不能在多个存储设备之间传输文件数据? 比如将 SD 卡上的文件复制到另一张 SD 卡上。"如果要对多个存储设备上的文件同时进行操作的话,就必须让 znFAT 具有管理和调用多种存储设备扇区读写驱动的能力。能够让多套驱动程序并存,而且还要能够适时地、准确地在它们之间进行切换。要实现这一点,我们就要对 znFAT 的底层抽象驱动接口进行改进。代码如下(deviceio.c):

```
UINT8 Dev_No; //设备号
UINT8 znFAT_Device_Read_Sector(UINT32 addr,UINT8 * buffer)
{
UINT8 res = 0;
switch(Dev_No) //依设备号不同,调用相应驱动函数
{
  case 0:
        res = Device0_Read_Sector(addr,buffer);
        break;
  case 1:
        res = Device1_Read_Sector(addr,buffer));
        break;
  case 2:
        res = Device2_Read_Sector(addr,buffer);
```

```
          break;
    case 3:
          res = Device3_Read_Sector(addr,buffer));
          break;
    ....
  }
    return res;
  }
  //注:znFAT_Device_Write_Sector、znFAT_Device_Read_nSector、
      znFAT_Device_Write_nSector 与上面同理
```

这段程序中引入了一个变量 Dev_No(设备号)。同时将抽象驱动接口函数的实现由直接调用一个驱动改为使用 switch...case... 分支结构来间接地、选择性地调用多个驱动,而选择的依据就是 Dev_No。如果把原来的抽象驱动接口函数比喻为"路标",那此时它就变成了一个"罗盘"。此为何意? 请看图 6.2。

路标:只指向一个驱动　　　　　罗盘:可以指向多个驱动

图 6.2　抽象设备驱动接口由路标变成了罗盘

适时更改 Dev_No 的值就可以在多种设备驱动之间随意切换,但是要实现多设备文件操作,光有这一点还不够。还记得文件系统初始化参数集合(Init_Args)吗?它是用于记录文件系统相关参数的载体,对一个存储设备上的文件进行操作的过程中使用到的所有重要参数均源自此。现在,我们既然加入了多设备的支持,那文件系统初始化参数集合也必然要有多个来与各个存储设备对应。而且,还要保证在切换到某一设备时所使用的初始化参数集合必须是与之配套的,否则就可能产生极为严重的错误,请看图 6.3。

我们将 znFAT 中的结构体变量 Init_Args 改为指针 pInit_Args,以便指向不同的初始化参数集合,通过 pInit_Args→... 的方式来间接地对其参数进行访问。所以设备的切换其实包含了两部分:设备号的更改(它决定了使用哪一套驱动),将 pInit_Args 指向相应的初始参数集合。我们使用 znFAT_Select_Device 函数来完成这一操作,这个函数就是"拨动罗盘的金手指",代码如下(znFAT.c):

```
UINT8 znFAT_Select_Device(UINT8 devno,struct znFAT_Init_Args * pinitargs)
                                        //对设备进行选择
```

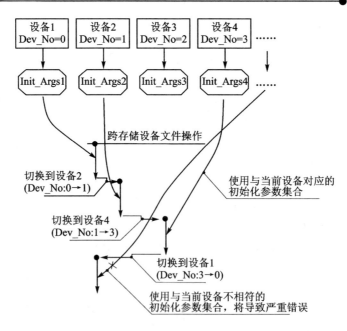

图 6.3   多设备之间的相互切换

```
{
    pInit_Args = pinitargs; //将初始化参数集合指针指向设备的初始化参数集合
    Dev_No = devno; //修改设备号
    return 0;
}
```

多设备看似还比较简单,但实际上会牵扯很多其他东西。比如 CCCB 与 EXB 的回写,就要考虑向哪个设备进行回写;再比如在更新文件的大小与 FSINFO 扇区时,也要考虑它们是属于哪个设备的……其实在做一个系统方案或者是较为庞杂的程序的过程中通常会发现:改动一点而牵扯全身,加入一个新东西,往往会波及很多部分。所以这就要求我们不光要有较高的编程水平,还要有统筹全局的设计思想。

"说了这么多,到底如何实现跨设备的文件复制呢?"别急,振南下面就用实例来进行说明:将一张 SD 卡上的文件复制到另一张 SD 卡上。(这里就要用到 ZN-X 开发板上的第二个 SD 卡模块接口,大家也就知道为什么 ZN-X 开发板上要有两个 SD 卡模块接口了。)实际硬件平台如图 6.4 所示。代码的具体实现如下(deviceio.c):

```
UINT8 znFAT_Device_Read_Sector(UINT32 addr,UINT8 * buffer)
{
    switch(Dev_No) //依设备号调用相应的驱动函数
    {
        case 0:
            SD1_Read_Sector(addr,buffer); //SD 卡 1 的读扇区函数
            break;
```

图 6.4   配备两个 SD 卡模块的 ZN - X 开发板

```
case 1：
    SD2_Read_Sector(addr,buffer)；//SD 卡 2 的读扇区函数
    break；
}
return 0；
}
```

//注：znFAT_Device_Write_Sector、znFAT_Device_Read_nSector、
    znFAT_Device_Write_nSector 与上面同理

_main. c 代码如下：

```
struct znFAT_Init_Args Init_Args1,Init_Args2；//初始化参数集合
struct FileInfo fileinfo1,fileinfo2；//文件信息集合
struct DateTime dt；//用于记录时间
unsigned char data_buf[1024]；//数据缓冲区
void main(void)
{
int res = 0,len = 0；
znFAT_Device_Init()；//存储设备初始化
znFAT_Select_Device(0,&Init_Args1)；//选择 SD 卡 1
res = znFAT_Init()；//SD 卡 1 文件系统初始化
if(!res)//文件系统初始化成功
{
//打印 SD 卡 1 文件系统相关参数
}
else //文件系统初始化失败
{
//打印错误信息
```

```
   while(1);
 }
 znFAT_Select_Device(1,&Init_Args2);//选择 SD 卡 2
 res = znFAT_Init();//SD 卡 2 文件系统初始化
 if(!res) //文件系统初始化成功
 {
   //打印 SD 卡 2 文件系统相关参数
 }
 else //文件系统初始化失败
 {
   //打印错误信息
   while(1);
 }
 //以上代码用于完成两张 SD 卡的文件系统初始化
 //将文件系统相关参数装入到 Init_Args1 与 Init_Args2 中
 znFAT_Select_Device(0,&Init_Args1);//选择 SD 卡 1
 res = znFAT_Open_File(&fileinfo1,"/source.txt",0,1);//打开源文件
 if(!res) //如果打开文件成功
 {
   //打印文件相关信息
 }
 else
 {
   //打印错误信息
   while(1);
 }
 znFAT_Select_Device(1,&Init_Args2);//选择 SD 卡 2
 //向 dt 装入时间信息
 res = znFAT_Create_File(&fileinfo2,"/target.txt",&dt);//创建目标文件
 if(!res) //创建文件成功
 {
   //打印文件相关信息
 }
 else
 {
   //打印错误信息
   while(1);
 }
 //以下开始进行数据的复制
 while(1)
 {
   znFAT_Select_Device(0,&Init_Args1);//选择 SD 卡 1
   len = znFAT_ReadData(&fileinfo1,fileinfo1.File_CurOffset,1024,data_buf);
                                //读取 SD 卡 1 上的源文件数据
```

```
    if(len == 0) break；//如果数据已经读完，则跳出循环
    znFAT_Select_Device(1,&Init_Args2)；//选择 SD 卡 2
    znFAT_WriteData(&fileinfo2,len,data_len)；//将数据写入到 SD 卡 2 的目标文件中
}
znFAT_Select_Device(0,&Init_Args1)；//选择 SD 卡 1
znFAT_Close_File(&fileinfo1)；//关闭文件
znFAT_Select_Device(1,&Init_Args2)；//选择 SD 卡 2
znFAT_Close_File(&fileinfo2)；//关闭文件
znFAT_Flush_FS()；//刷新文件系统
while(1)；
}
```

从这段代码中可以看到，多设备的文件操作其实也很简单，与单一存储设备上的文件操作的不同点在于操作文件之前要先选择设备。

6.2　数据重定向

6.2.1　数据重定向的提出

数据重定向（Data Redirection）是 znFAT 中引入的又一个新概念，目的是减少内存的使用量。我们想想，数据读取函数从文件中读到的数据放到了哪里？对，应用数据缓冲区。随后，再按照数据的用途将其从应用缓冲区送到相应的地方去。比如上面的文件复制实验中，数据先被读到 data_buf 中，然后再进一步写入到目标文件中；再比如上册中的 MP3 数码相框实验中，数据也是先被读到一个用户缓冲区中，然后再依数据的不同（音频或者图像数据）分别写入 MP3 解码器和 TFT 液晶中。所以，这就告诉我们要想读数据，则必须要有足够的内存来进行中转。对于一些内存资源比较匮乏的平台，要开辟出一个足够大的应用数据缓冲区其实并不容易，甚至是不可能的。难道内存不够，就不能完成数据读取的操作了吗？也不尽然。我们是否可以绕过应用数据缓冲区，而直接将数据送至其应用之处呢？答案是肯定的，请看图 6.5。

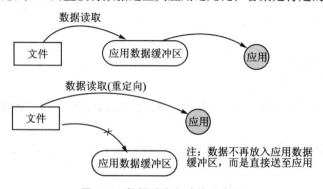

图 6.5　数据重定向功能示意图

6.2.2 数据重定向的实现

数据重定向是对数据读取函数的改造,它将数据装入应用数据缓冲区改为直接调用数据处理函数进行处理。这个数据处理函数其实就是图 6.5 中的"应用",它由使用者自行定义及实现。为了便于与实际的数据处理函数相接驳,振南在 znFAT 中引入这样一个宏,代码如下:

```
#define Data_Redirect USER_FUNCTION //"数据重定向"中的"单字节"处理函数
```

Data_Redirect 函数用来对从文件中读取的每一个字节进行处理。比如我们从文件的某个扇区中读取了 512 字节的数据,按照常规的作法,实现代码是这样的(可以参见 znFAT_ReadData 函数的源代码):

```
znFAT_Device_Read_Sector(pfi->File_CurSec,app_Buffer+have_read);
//读取文件当前扇区,将其数据拼入应用数据缓冲区
```

但如果是数据重定向,则会这样做:

```
znFAT_Device_Read_Sector(pfi->File_CurSec,znFAT_Buffer);
                        //将数据先读入 znFAT 的内部数据缓冲区
for(i=0;i<512;i++)
{
 Data_Redirect(znFAT_Buffer[i]);
                        //将数据直接使用单字节处理函数进行处理
}
```

因为不再使用外部的应用数据缓冲区,而是用内部数据缓冲区来充当临时性的数据载体,因此数据重定向是无法使用多扇区读/写驱动的,这就注定了它的数据操作速度和效率并不会太高。

Data_Redirect 的实体其实是用户函数 USER_FUNCTION,既然它是一个单字节处理函数,那么它在形式上必定是这样的:

```
void USER_FUNCTION(unsigned char byte)
{
 //字节数据处理程序
}
```

比如#define Data_Redirect UART_Send_Byte,就可以实现将文件数据直接从串口输出。

带有数据重定向功能的数据读取函数,我们给它起名为 znFAT_ReadDataX,函数定义如下:

```
UINT32 znFAT_ReadDataX(struct FileInfo * pfi,UINT32 offset,UINT32 len)
```

它的形参与 znFAT_ReadData 的不同之处就在于少了一个指向应用数据缓冲区的指针。

其实,起初振南在实现数据重定向的时候字节处理函数并不是以宏的形式来实现的,而是使用形如 void (* pfun)(UINT8)的函数指针。它作为 znFAT_ReadD-ataX 函数的形参,通过指向实际的字节处理函数来间接地对其进行调用,示例如下(znFAT.c):

```
UINT32 znFAT_ReadDataX(struct FileInfo * pfi,UINT32 offset,
                                    UINT32 len,void ( * pfun)(UINT8))
{
 //其他实现代码
 znFAT_Device_Read_Sector(pfi - >File_CurSec,znFAT_Buffer);
                     //将数据先读入 znFAT 的内部数据缓冲区
 for(i = 0;i<512;i + + )
 {
  * pfun(znFAT_Buffer[i]); //使用函数指针指向的函数对字节进行处理
 }
 //....
}
```

其实这种方式就是传说中的回调(CallBack),pfun 指向的就是回调函数。不过,很多人反映对函数指针不太熟悉,在理解上有一些困难。所以,振南才将其改为了函数名宏定义的方式。

6.2.3 数据重定向实现 MP3 播放

有了数据重定向之后,SD 卡 MP3 播放器实验就又多了一种实现方式,比上册讲过的多步式实现方式更省内存(这里跨度有点大,请大家好好回忆一下),示意如图 6.6 所示。具体实现代码如下(config.h):

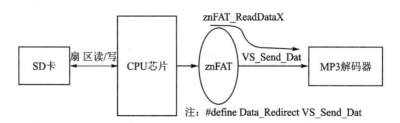

图 6.6 使用数据重定向实现 MP3 播放

\#define Data_Redirect　　VS_Send_Dat

_main.c 代码如下:

struct znFAT_Init_Args Init_Args;

```
struct FileInfo fileinfo;
void main(void)
{
 //相关器件初始化
 znFAT_Select_Device(0,&Init_Args);//选择设备
 znFAT_Init(); //文件系统初始化
 znFAT_Open_File(&fileinfo,"/test.mp3",0,1); //打开 MP3 文件
 SET_VS_XDCS(0); //使能 VS1003 芯片的数据片选
 znFAT_ReadDataX(&fileinfo,0,fileinfo.File_Size);
                    //读取文件全部数据直接送至 MP3 解码器
 SET_VS_XDCS(1);
 while(1);
}
```

在这个程序中 MP3 文件的数据被一次性全部读出,并直接送至 MP3 解码器,期间不再经过缓冲区中转,这就是数据重定向了。

好,上面就是本章的全部内容。我们介绍了 znFAT 的一些创新性的概念和功能,它们在实际开发过程中也确实得到了较为广泛的应用。这些内容是 znFAT 中的亮点,同样也是本书的精华。后面仍然有更多的精彩在等待着大家,敬请翻篇。

第 **7** 章

层递删截，通盘格空：文件、目录的删除及磁盘格式化

使用 znFAT 实现一些定时周期性的数据存储功能时，有人又提出了这样一个问题："SD 卡的容量终归是有限的，文件数据写满之后，能不能把前面的数据或文件删掉，再继续写入数据呢？"这一问题揭示了 znFAT 在功能上的欠缺。我们还需要实现数据、文件和目录的删除功能，其中目录的删除较有难度。此时，振南要问一个问题："如何清空磁盘上的所有数据？"有人会说："znFAT 不是有通配功能吗？挨个删除就行了！"非也。这种情况下，格式化将比删除来得更直接、更便捷。其实格式化不光可以清空磁盘，它还是我们基于 FAT32 进行各种文件操作的重要前提。它的工作就如同在磁盘上"画格子"，使其符合 FAT32 协议标准。但是现在对磁盘的格式化，我们都是借助计算机来完成的，znFAT 本身并没有格式化功能。因此，格式化功能的实现将标志其在功能上进一步完备，自成体系。好，请看本章正文。

7.1　文件数据的倾倒

7.1.1　何为数据倾倒

如果把一个存有数据的文件看作是一桶水的话，那么对文件数据的删除就如同倾倒桶中之水，如图 7.1 所示。"倒水"有一个显著的特点，即我们永远都只能倒出水上方到液面的部分，不可能直接倒出中间的部分。我们这里要实现的数据删除功能，也有此意，如图 7.2 所示。

我们要按照图 7.2 中的第一种情况来实现数据删除功能，为什么呢？我们可以看到，第二种情况删除的是文件中间的一段数据，这将引发"数据的迁移"，即把后面的数据全部复制拼接到前面来，工作量较大，效率也比较低下，而且还要耗费更多的内存资源。另一方面的原因是在实际

图 7.1　删除文件数据如同
倾倒桶中之水

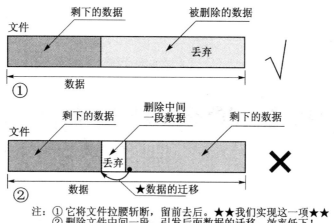

注：① 它将文件拉腰斩断，留前去后。★★我们实现这一项★★
② 删除文件中间一段，引发后面数据的迁移，效率低下！

图 7.2　znFAT 中的数据删除只实现第一种情况

应用过程中我们基本上都不会只删除文件中间的一段数据，大多都是如第一种情况那样删除文件中间某一位置后面的所有数据，从而解决磁盘写满的问题，誊出空间以便继续向文件写入数据。既然我们要实现的数据删除功能有"倾倒"之意，那就把它对应的函数起名为 znFAT_Dump_Data（dump 意为抛弃、倾倒）。

7.1.2　数据倾倒的实现

前面我们说过，FAT 表及簇链基本贯穿于所有的文件操作中，数据的删除也不例外，其实质就是簇链的销毁。一个完整的系统，要有收有放，有入有出。文件创建及数据写入时对簇链的构造就是"收入"，此处要讲的簇链的销毁就是"放出"。

簇链的销毁在实现上比较简单，就是把簇链上的所有 FAT 簇项都清零即可，代码如下（znFAT.c）：

```
UINT8 Destroy_FAT_Chain(UINT32 cluster)
{
 UINT32 next_cluster = 0;
 do
 {
  next_cluster = Get_Next_Cluster(cluster); //销毁前先将下一簇记录下来
  Modify_FAT(cluster,0); //将簇项清零
  cluster = next_cluster; //将下一簇赋给当前簇
 }while(! IS_END_CLU(cluster)); //如果不是最后一个簇，则继续循环
 return 0;
}
```

上面寥寥几行代码就完成了簇链的销毁，但是就像前面讲预建簇链时候一样，这种频繁调用 Modify_FAT 函数的实现方式效率是很低的，所以改为下面这种实现方

式(znFAT.c)：

```
UINT8 Destroy_FAT_Chain(UINT32 cluster)
{
 UINT32 clu_sec = 0,temp1 = 0,temp2 = 0,old_clu = 0,nclu = 1;
 struct FAT_Sec * pFAT_Sec;
 if(cluster<(pInit_Args ->Free_Cluster))
                //如果要销毁的簇链开始簇比空簇参考值小,则将空簇赋值为它
 {
  pInit_Args ->Free_Cluster = cluster;
 }
 old_clu = cluster;
 znFAT_Device_Read_Sector((old_clu/128) + (pInit_Args ->FirstFATSector),
                          znFAT_Buffer); //计算开始簇项所在的 FAT 扇区
 pFAT_Sec = (struct FAT_Sec * )znFAT_Buffer;
            //将内部缓冲区地址强转为 FAT 扇区结构指针,以便对簇项进行操作
 cluster = Bytes2Value(((pFAT_Sec ->items)[cluster % 128]).Item,4);
                                           //计算开始簇的下一簇
 while(! IS_END_CLU(cluster)) //如果当前簇不是簇链的最后一个簇
 {
  nclu ++ ; //统计簇链包含的总簇数
  clu_sec = cluster/NITEMSINFATSEC; //计算当前簇项所在的 FAT 扇区
  temp2 = old_clu/NITEMSINFATSEC; //计算上一簇项所在的 FAT 扇区
  temp1 = old_clu % NITEMSINFATSEC; //计算上一簇项所在 FAT 扇区内的位置
  ((pFAT_Sec ->items)[temp1]).Item[0] = 0; //将上一簇项清零
  ((pFAT_Sec ->items)[temp1]).Item[1] = 0;
  ((pFAT_Sec ->items)[temp1]).Item[2] = 0;
  ((pFAT_Sec ->items)[temp1]).Item[3] = 0;
  if(temp2! = clu_sec) //如果当前簇项与上一簇项所在的 FAT 扇区不是同一扇区
  {
   znFAT_Device_Write_Sector(temp2 + (pInit_Args ->FirstFATSector),
                             znFAT_Buffer); //回写上一簇项所在 FAT 扇区
   znFAT_Device_Write_Sector(temp2 + (pInit_Args ->FirstFATSector
                             + pInit_Args ->FATsectors),znFAT_Buffer);
   znFAT_Device_Read_Sector(clu_sec + (pInit_Args ->FirstFATSector),
                            znFAT_Buffer); //读取当前簇项所在 FAT 扇区
  }
  old_clu = cluster;
  cluster = Bytes2Value(((pFAT_Sec ->items)[cluster % 128]).Item,4);
 }
 temp2 = old_clu/NITEMSINFATSEC; //计算最后一个簇项所在 FAT 扇区内的位置
 temp1 = old_clu % NITEMSINFATSEC; //计算最后一个簇项所在 FAT 扇区
 ((pFAT_Sec ->items)[temp1]).Item[0] = 0; //将最后一个簇项清零
 ((pFAT_Sec ->items)[temp1]).Item[1] = 0;
```

```
((pFAT_Sec->items)[temp1]).Item[2] = 0;
((pFAT_Sec->items)[temp1]).Item[3] = 0;
znFAT_Device_Write_Sector(temp2 + (pInit_Args->FirstFATSector),
                          znFAT_Buffer); //回写最后一个簇项所在 FAT 扇区
znFAT_Device_Write_Sector(temp2 + (pInit_Args->FirstFATSector
                          + pInit_Args->FATsectors),znFAT_Buffer);
pInit_Args->Free_nCluster + = nclu; //更新剩余空簇数,空簇回收
return 0;
}
```

这种实现方式的效率要比前一种高得多。另外,在上面的程序中还有一些额外的操作。一是对空簇参考值进行更新。如果要销毁的簇链的开始簇小于当前的空簇参考值,那么就将空簇参考值更新为这个开始簇。因为我们使用的空簇搜索算法是"接力式搜索",即从当前空簇开始继续向后搜索下一空簇。所以,这样做是为了使空簇尽量靠前,否则被清空的簇链无法再得到重新利用。二是对剩余空簇数的更新。簇链的销毁将释放更多的空簇,剩余空簇数自然随之增加。关于这些操作,请看图 7.3。

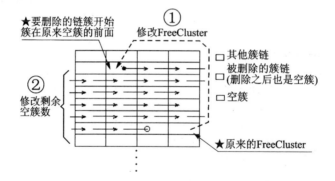

图 7.3　簇链销毁过程中对空簇参考值及剩余空簇数的修改

关于簇链的销毁似乎就这么多内容,但实际上还有一些更为深层的问题。这些问题仍然主要来自于 CCCB。如果使用了 CCCB 机制的话,那么一个文件的簇链就可能不光存在于 FAT 扇区中了。所以,要重新考虑簇链销毁的实现方法。关于这部分内容不再赘述,读者可以参见 znFAT 源代码。

有了簇链的销毁,数据的倾倒(删除)就很简单了,请看如下代码(znFAT.c):

```
UINT8 znFAT_Dump_Data(struct FileInfo * pfi,UINT32 offset)
{
if(offset> = (pfi->File_Size)) //目标偏移量超出文件范围
{
  return 1;
}
znFAT_Seek(pfi,offset); //定位到目标位置
Destroy_FAT_Chain(pfi->File_CurClust); //销毁以文件当前簇开始的簇链
```

```
if(offset>0) //如果不是要删除文件所有数据
{
 Modify_FAT(pfi->File_CurClust,0X0FFFFFFF); //簇链封口
}
pfi->File_Size=offset; //更新文件大小
#ifdef RT_UPDATE_FILESIZE
Update_File_Size(pfi); //更新文件大小到物理扇区
#endif
if(0==pfi->File_Size) //如果文件大小为 0
{
 Update_File_sClust(pfi,0); //更新文件开始簇为 0
}
#ifdef RT_UPDATE_FSINFO
Update_FSINFO(); //更新 FSINFO 扇区
#endif
return 0;
}
```

　　这里可能会产生这样的疑问："数据删除难道不用将簇里的数据也清零吗？只是销毁簇链就可以了？"当然不用，一条簇链在被销毁之后，其中的各簇即处于闲置状态，簇中的数据具体是什么其实已无关紧要，直到它们被重新利用，被写入新的有效数据。

　　我们应该听说过，一些公司在处理存有机密文件的磁盘时，都不只是删除那么简单，而是直接进行物理销毁，比如粉碎、消磁、高温等处理。根本原因就是文件被删除后其数据依然存在于簇中，只不过是用于组织这些簇的簇链被销毁了。通过一些很智能的算法是有可能把簇链进行重建的，从而实现数据的恢复，这就是诸如 FinalData、EasyRecovery 等数据恢复软件的基本原理。数据恢复是文件系统技术的另一重要分支，但这不是本书的重点，所以这里不再详述，有兴趣的读者可以参见清华大学出版社出版的《文件系统与数据恢复》一书。

7.2　文件的删除

7.2.1　文件删除的实质

　　如果仍然把文件看作是一桶水，那么文件删除就是先倾倒见底，然后再把桶砸了。前者就是销毁文件的整条簇链，后者就是对文件目录项进行处理。为了揭示文件删除的实质，我们来做一个实验。向 SD 卡中放入一个名为 test.txt 的文件，并向其写入一些数据，如图 7.4 及图 7.5 所示。接下来将这个文件删除，再看看图 7.5 所示的这些参数和数据有何变化，请看图 7.6。

文件对应的文件目录项

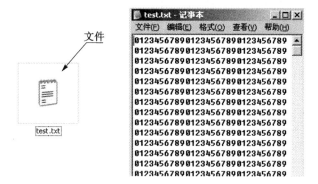

图 7.4　test. txt 文件的内容与文件目录项

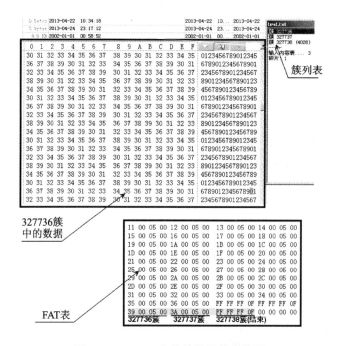

图 7.5　test. txt 文件簇链及簇内数据

　　可以看到,文件删除之后簇链已经被全部清零,但是簇内的数据却依然如故。这与我们前面所说的是一致的。同时我们发现,文件目录项并没有被清零,而是在原来的基础上有所改动,如图 7.7 所示。很显然,文件删除后文件目录项有两处变化:① 文件名字段的第一个字节被改成了 0XE5;② 文件开始簇的高字被清零。这就进一步为数据的恢复提供了更多的依据。

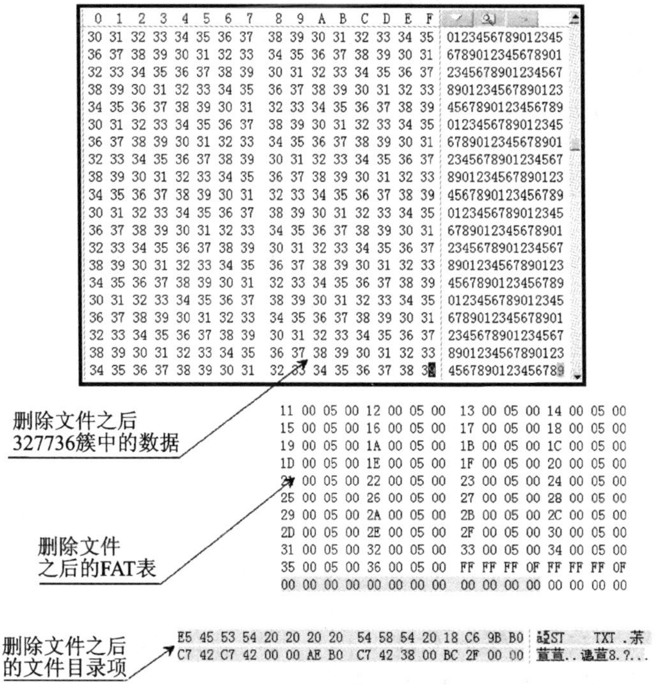

删除文件之后
327736簇中的数据

删除文件
之后的FAT表

删除文件之后
的文件目录项

图 7.6　test. txt 文件删除之后的簇链、簇内数据及文件目录项

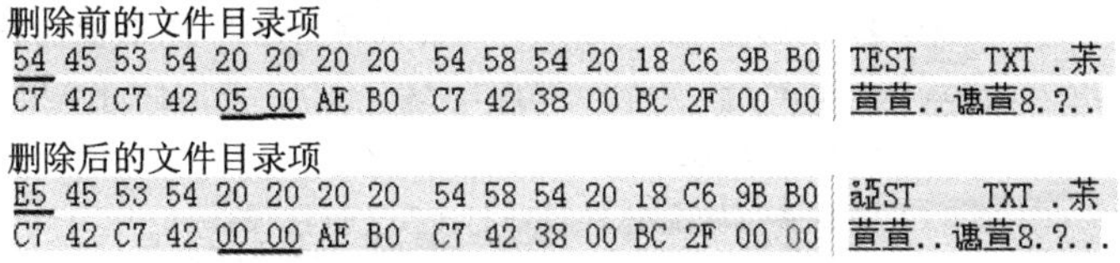

删除前的文件目录项

```
54 45 53 54 20 20 20 20 54 58 54 20 18 C6 9B B0    TEST    TXT .茶
C7 42 C7 42 05 00 AE B0 C7 42 38 00 BC 2F 00 00    萱萱..遄萱8.?..
```

删除后的文件目录项

```
E5 45 53 54 20 20 20 20 54 58 54 20 18 C6 9B B0    錯ST    TXT .茶
C7 42 C7 42 00 00 AE B0 C7 42 38 00 BC 2F 00 00    萱萱..遄萱8.?..
```

图 7.7　文件删除前后文件目录项的变化

7.2.2　文件删除的实现

通过上面的实验,我们已经知道了 FAT32 文件系统中文件删除操作的实质,接下来就可以对文件删除函数(znFAT_Delete_File)进行实现了,请看如下代码(zn-FAT.c):

```
UINT8 znFAT_Delete_File(INT8 * filepath)
{
UINT32 fdi_sec = 0; //用于记录文件目录项所在扇区
UINT8   fdi_pos = 0; //用于记录文件目录项在扇区中的位置
UINT32 start_clu = 0; //用于记录文件开始簇
UINT32 cur_clu = 0; //用于记录当前目录簇
UINT8 err_flag = 1; //用于记录是否删除成功
```

```
INT8 * filename；//用于记录文件名
UINT8 pos = 0；//用于记录文件名在路径中的位置
struct FDIesInSEC * pitems；//指向文件目录项扇区的指针
struct FDI * pitem；//指向文件目录项的指针
pitems = (struct FDIesInSEC * )znFAT_Buffer；
if(!znFAT_Enter_Dir(filepath,&cur_clu,&pos)) //获取文件所在目录的开始簇
{
 filename = filepath + pos；//获取文件名,以便后面进行文件匹配
}
else
{
 return 1；//如果进入目录失败,则直接返回错误
}
do
{
 //在当前簇的所有扇区中对文件进行搜索与匹配(通配)
 {
  //如果匹配成功,err_flag = 0,获取其文件目录项所在扇区
  //及它在扇区中的位置,还有文件开始簇
  {
   if(0! = start_clu) Destroy_FAT_Chain(start_clu)；
            //如果文件开始簇不为 0,即文件数据不为空,则销毁整条簇链
   znFAT_Device_Read_Sector(fdi_sec,znFAT_Buffer)；//读取文件目录项所在扇区
   pitem = (pitems - >FDIes) + fdi_pos；//指向文件目录项
   pitem - >Name[0] = 0XE5；//给文件目录项打上"已删除"的标记
            //即将文件名字段的第一个字节改为 0XE5
   pitem - >HighClust[0] = pitem - >HighClust[1] = 0；//将文件开始簇的高字清零
   znFAT_Device_Write_Sector(fdi_sec,znFAT_Buffer)；//回写扇区
  }
 }
 //获取下一目录簇
}while(不是当前目录簇最后一个簇)；
return err_flag；
}
```

　　程序中首先对文件进行了搜索和匹配,这与前面讲过的打开文件函数(znFAT_Open_File)的实现大体相同。然后是对文件整条簇链的销毁,最后对文件目录项进行修改。而且,还加入了"文件名通配",这使得我们可以一次性删除同一目录下的很多文件,比如 znFAT_Delete_File("/dir1/dir2/ * . txt")。上面的代码对一些重复性的内容进行了精简,使得篇幅不至于过于冗长拖沓。

7.3 目录的删除

7.3.1 目录删除的难处

其实上面所讲的内容都比较好理解，接下面要讲的目录删除就不是那么简单了。到底难处何在？下面振南就让读者来"见识一下"。

目录与文件在存储形式上虽然是相似的，但是目录删除与文件删除在实现上却有着极大的不同。目录有着它所独有的特点：树状结构。删除一个目录并不像销毁簇链、修改文件目录项那么简单。目录下可能还有子目录和文件，而子目录下还可能再有子目录和文件……初遇这一问题，振南也有些犯难。振南第一个念头就是觉得这是一个递归的问题，可以从图 7.8 更加深刻地体会到目录删除的难处。

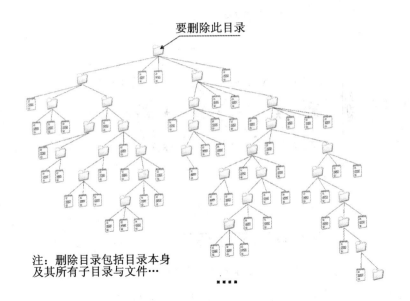

注：删除目录包括目录本身
及其所有子目录与文件…

图 7.8 目录的树状结构

图 7.8 所示的就是目录的树状结构。从顶层目录出发，下面可能会有更为复杂的各种目录分支。目录就如同一扇门，它本身"不起眼"，但推开它里面却是"别有洞天"。毁门容易，"捣洞"却难了。要把顶层目录删除，就要将其下面的各级目录及所有文件全部删除，这是一项较有难度的工作。你可能会说："可以使用递归算法来解决。"不错，这确实是一个递归结构。但是有经验的人都知道，在嵌入式系统中递归是要求代码可重入的（Reentrant）（因为递归调用是一个自身调用自身的过程）。调用次数起决于递归结构的层数与规模（目录的深度），而且一定要有一个结束条件，递归将以它为终点进行回溯。有一句话是这样说的："一个没有结束条件的'递归'，可以

摧毁世界上最强大的计算机!"因为每调用一次函数都必然要占用内存资源,最终造成内存的溢出。实际情况下,目录的深度是不确定的,递归耗费的内存也将无法掌控。因此,目录的删除是不能用递归来实现的。

实际上,目录的删除可繁可简,我们可以先约定要删除的目录必须为空,这样问题立刻就简化了。这就是 FATFS 的做法,它也有删除目录功能,但是只能删除空目录。

7.3.2 目录删除的实现

目录删除的基本思想概括起来其实比较简单:"遇到文件便删除,见到目录就进入。如果无子目录,那就直接销毁目录,返回上级目录,直到顶级目录为止"。这到底是什么意思? 我们来看图 7.9。

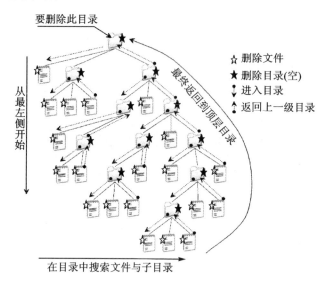

图 7.9 目录删除的非递归实现过程

图 7.9 就是目录删除的具体实现过程,主要有 3 种操作:

① 在当前目录下依次搜索,遇到目录就进入,遇到文件便删除;

② 如果目录为空,则直接返回上一级目录;

③ 直到返回顶层目录(此时它已为空目录),将其删除,目录删除操作完成。

具体的实现代码可以参见 znFAT 源代码,相关函数有 Enter_Deep_Ahead_Dir、Have_Any_SubDir_With_Del_ForeFile、Get_Upper_Dir、znFAT_Delete_Dir。不过这里振南要提一下:"当我们深处 N 级子目录时,如何返回上一级目录,直至顶层目录呢?"前面讲过的特殊文件目录项里面就记录了上一级目录的开始簇,所以振南当时说过没有它后面就会遇到大麻烦。

7.4　格式化

其实我们对格式化都很熟悉：清空磁盘所有数据要用格式化；文件系统出现问题需要重新格式化；一个新的 U 盘或 SD 卡在正常使用之前也要格式化……常用的格式化方法有：Windows 右键"格式化"；DOS 或命令行中的 format 命令；Linux 中的 mkfs 命令；一些嵌入式设备中自带的格式化功能，比如数码相机、手机等。这里要自己动手来实现格式化功能。

7.4.1　格式化的内涵

通过前面各章的学习和研究，我们对 FAT32 已经有了很全面、深入的认识，知道了它有 MBR、DBR、FAT、簇与簇链、文件目录项等功能部分。格式化的实现将涉及所有的内容，为了便于更好地理解，我们再来熟悉一下 FAT32 的整体结构，如图 7.10 所示。

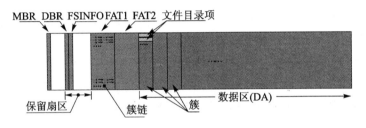

图 7.10　FAT32 的整体结构

格式化要做的事情就是根据磁盘的硬件情况，如容量、属性等，按照 FAT32 文件系统协议对图 7.10 所示的各区域进行填充，这包括了对各功能部分的构造以及对 FAT 表、簇的清空等操作。

7.4.2　格式化的核心工作

格式化的核心工作就是对主要的功能部分进行构造，而构造的核心就在于 DBR（BPB）。我们知道 DBR 中的 BPB 记录了 FAT32 的重要参数，它们构建起了 FAT32 的整个框架，所以对于 DBR 扇区数据的构造将是格式化功能实现过程中的重点。

回想一下 DBR 扇区中都包含了哪些参数？有效总扇区数、每簇扇区数、FAT 表扇区数，主要就这 3 项。其他的参数，如每扇区字节数、FAT 表个数等，通常都不会变动。因此，对 DBR 的构造主要就是对这些参数值的计算。

1. 有效总扇区数

"一个磁盘被格式化以后，它的可用容量总是比实际容量要小一些，这到底是为什么？"确实有这种现象。有人说这是因为存储设备的生产厂家所使用的容量计算单位与我们不同,比如他们把 1000 当 1K,而我们把 1024 当 1K。其实这并不是主要原因,要知道这个问题的答案,我们还要了解一些更底层的知识,如图 7.11 所示。

图 7.11 是硬盘的原始物理结构模型,FAT32 最开始的应用就是基于这样一个模型的,因此格式化过程中的一些参数计算也与之有关。虽然现在 FAT32 的应用已不再局限于硬盘,而是延伸到了更多的存储设备上,比如 SD 卡、U 盘等,但是其参数计算方法却变动不大。

上册介绍 MBR、DBR 的时候,我们曾经接触过诸如柱面、磁头、道等这些概念,不过当时没有深入去讲。从图 7.11 中可以看到,硬盘的盘片是叠在一起的,这样就形成一种类似于"汉诺塔"的结构。如果在每一层盘片上画出一些同心圆(这些同心圆就是道,我们平时所说的"磁盘坏道"就是针对于它来说的),那么各层半径相同的同心圆在立体结构上将形成一个圆柱面,这就是所谓的"柱面"。而如果在同心圆上等分出一些小段(每一小段其实就是一个小的扇形,通常是等分为 63 段),这就是"扇区"了。每一个柱面上都有 255 个磁头。那么,一个柱面有多少个扇区? 很简单,每道扇区数×磁头数=63×255=16 065。

这里再插入两个问题:盘片上,各个道从内圆到外圆的周长是不同的,那为什么每个道的扇区数却都是 63 呢? 其实很好解释:虽然周长不同,但是扇区却并不是按周长来划分的,而是按角度。既然是这样,外圆上的扇区面积必然比内圆要大。那么外圆扇区所能记录的数据量,即扇区容量,也应该比内圆扇区要大,但实际上所有扇区的容量都统一为 512 字节,这是为什么呢? 此问题的描述具体如图 7.12 所示。

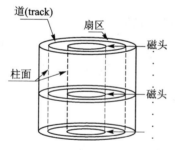

注:每个道有 63 个扇区

每个柱有 255 个磁头

每个柱面有 63×255=16 065 个扇区

图 7.11 硬盘的原始物理结构

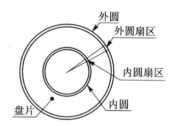

注:外圆扇区容量应该比

内圆扇区容量大?

图 7.12 硬盘盘片上外圆与内圆扇区

容量的问题

从物理面积上来说,外圆扇区确实要比内圆扇区大。把扇区容量定义为固定的 512 字节,其实主要是为了使物理扇区读/写驱动接口更加规范化。换句话说就是,512 字节的扇区容量是人为定义的,外圆扇区上的一部分物理存储面积被浪费掉了。"如果增加盘片上的道数,也就是把同心圆画得更密一些,再把扇区划分得更小一些,那不就可以扩大硬盘容量了吗?"确实是这样,这也是科学家和工程师们为了研制海量硬盘而要考虑的问题,但主要矛盾在于:把扇区面积划分得更小,从理论上来说确实可以提高数据存储的密度,但实际上却很难实现,因为扇区面积越小其磁性就越弱,就可能严重影响数据存储的可靠性,那怎么制造出如此精密而灵敏的磁头? 现在的硬盘动辄几百 G、数十 T,这么大的存储容量又是如何实现的呢?"硬盘之父"费尔、格林贝格尔在 1988 年发现磁性材料在外加磁场的作用下其电阻值将发生巨大变化,这就是著名的"巨磁电阻效应"。它为微弱磁信号的处理提供了强有力的物理学原理依据,从而使得扇区的划分面积大大减小,这才造就了如今袖珍而高容量的硬盘,成就了存储技术革命性的突破。

言归正传,每个柱面的存储容量是一定的,磁盘上的存储空间就是被分配在这些柱面上的。如果给出的存储容量值不能被柱面容量整除,那就说明有一部分数据是不足一个柱面的,这部分数据就被称为"剩余数据",它就是格式化的时候要舍弃的部分(这里所讲的只是最普遍、最原始而且最易懂的数据取舍方案,实际可能与此不同)。

剩余数据扇区数可以这样来计算:物理总扇区数％柱面扇区数,而有效扇区数就是物理总扇区数减去剩余数据扇区数。假如一个磁盘的物理总扇区数为 2 097 152,那么有效总扇区数就为 2 097 152－(2 097 152％16 065)＝2 088 450。

2. 每簇扇区数

我们知道,FAT32 中的"簇"是由若干个扇区组成的,是数据读/写的最基本单位。簇的大小会影响到数据读/写的效率和存储空间的利用率,因此合理地设置簇大小能使二者达到一个较好的平衡。簇大小的选择依据是有效总扇区数,更通俗的说,就是与磁盘容量有关。磁盘容量与簇大小之间的对应关系,不是自己随便定义的,而要尽量遵循 FAT32 文件系统协议的制定者—微软的推荐值而定,如图 7.13 所示(摘自微软官方资料)。

图 7.13 指明了在各种存储容量下推荐的簇大小的取值。其实它也告诉了我们在 WinXP 操作系统下 FAT32 文件系统是不支持容量小于 32 MB 的磁盘的,此时可以使用 FAT12 或 FAT16,不过这种小容量磁盘现在已经非常少见了,这也是振南仅仅研究和实现 FAT32 的主要原因。

套用图 7.13 中的取值,我们可以得到下面这个函数(znFAT.c):

```
UINT8 Get_Recmd_szClu(UINT32 nsec)
{
  if(nsec<(14336)) return 0;
  if((nsec> = (14336)) && (nsec< = (32767))) return 0;
  if((nsec> = (32768)) && (nsec< = (65535))) return 1;
  if((nsec> = (65536)) && (nsec< = (131071))) return 1;
  if((nsec> = (131072)) && (nsec< = (262143))) return 2;
  if((nsec> = (262144)) && (nsec< = (524287))) return 4;
```

Default cluster sizes for FAT32

The following table describes the default cluster sizes for FAT32.

Volume size	Windows NT 3.51	Windows NT 4.0	Windows 7, Windows Server 2008 R2, Windows Server 2008, Windows Vista, Windows Server 2003, Windows XP, Windows 2000
7 MB–16MB	Not supported	Not supported	Not supported
16 MB–32 MB	512 bytes	512 bytes	Not supported
32 MB–64 MB	512 bytes	512 bytes	512 bytes
64 MB–128 MB	1 KB	1 KB	1 KB
128 MB–256 MB	2 KB	2 KB	2 KB
256 MB–8GB	4 KB	4 KB	4 KB
8GB–16GB	8 KB	8 KB	8 KB
16GB–32GB	16 KB	16 KB	16 KB
32GB–2TB	32 KB	Not supported	Not supported
> 2TB	Not supported	Not supported	Not supported

图 7.13   FAT32 文件系统簇大小的默认推荐值

```
if((nsec>=(524288)) && (nsec<=(16777215))) return 8;
if((nsec>=(16777216)) && (nsec<=(33554431))) return 16;
if((nsec>=(33554432)) && (nsec<=(67108863))) return 32;
if((nsec>=(67108864)) && (nsec<=(4294967295UL))) return 64;
return 0;
}
```

实际上,这些推荐的取值也不是一定非要遵循的。簇大小其实是可以自行定义的,只不过是在数据读/写效率与存储空间利用率之间达到不到较好的平衡罢了。

3. FAT 表所占扇区数

接下来要计算的是 FAT 表所占用的扇区数,取决于数据区中包含的总簇数。上面计算得到的有效总扇区数并不都是用来存储数据的,其中有一部分扇区用来当作 DBR、FAT 等功能扇区。所以,实际数据区中的扇区数是要减掉这部分扇区的,如图 7.14 所示。

通过图 7.14 可以得出这样一组方程组:

$$
\begin{cases}
\dfrac{\dfrac{da\_sec}{SecPerClust}+2}{128} = FATsz \\
da\_sec = tt\_sec - 32 - 2 \times FATsz
\end{cases}
$$

化简之后为:

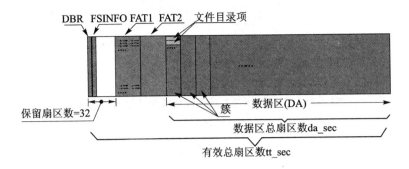

图 7.14 磁盘上扇区的分配情况

$$FATsz = \frac{tt\_sec + 2 \times SecPerClust - 32}{128 \times SecPerClust + 2}$$

至此，DBR 扇区的 3 大参数就已经计算完了。举一个实例：如果一个磁盘的物理扇区总数为 2 097 152，那么它的有效扇区总数为 2 088 450，簇大小设置为 8 个扇区（即 4 096 B），FAT 表所占扇区数为 2 036。

DBR 构造完成之后，格式化的工作就已经完成了 60% 了，剩下就是对 FSINFO 扇区、首目录的填充以及对 FAT 表的清零了。后者将把 FAT 表的所有扇区全部清零，这也许花费较多的时间。

到这里会发现一个问题：难道 MBR 就不需要构造吗？答：对 MBR 的构造并不是必须的，取决于使用的格式化策略。FAT32 中的格式化策略有两种：SFD 与 FDISK。SFD 主要针对移动存储设备，而 FDISK 则主要针对硬盘等设备。SFD 策略下的格式化操作是不对 MBR 进行构造的，即物理 0 扇区就直接是 DBR，它没有多分区的概念，而是把整个磁盘当成了单独一个"大分区"来进行操作。与之相对的 FDISK 则对 MBR 进行了构造，依实际分区数及分区大小对分区表 DPT 进行相应的设置。正是因为格式化有 SFD 与 FDISK 这两种策略之分，所以才会看到在一些 U 盘或 SD 卡上并不存在 MBR。

这里选用 SFD 策略，主要是因为它比较简单，不用考虑 MBR。MBR 的构造过程中会涉及很多更为底层的概念，比如柱面、磁头、扇区、CHS 寻址等，与之相关的计算也会更加复杂。

7.4.3 格式化的实现

格式化功能在具体的编程实现上还是使用了"移花接木"的思想。我们把一张 SD 卡格式化为 FAT32 格式，提取它的各功能扇区中的数据，修改其中一些必要的参数，然后直接依原样写入到目标存储设备的相应扇区中去。这种方法被振南称为"模板"（template），如图 7.15 所示。具体实现如下：

1. 模板的建立

如何将功能扇区中的数据提取出来，形成模板，"为我所用"呢？这就用到 Win-

图 7.15 使用模板的方法实现格式化功能的示意图

Hex 软件,具体操作如图 7.16 所示。图中使用 WinHex 软件将整个 DBR 扇区中 512 个字节的数据转为了 C 语言数组的形式,并存在剪切板中。我们将这个数组粘出来看一下,如图 7.17 所示。

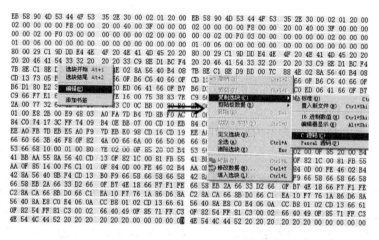

图 7.16 将 DBR 扇区数据提取为 C 语言数组的形式

这个数组就是"模板"了。我们把相应字段按照参数值进行修改,而其他的数据则保持不变。这样,一个为我们定制的 DBR 扇区数据就产生了。这便是振南所说的"移花接木"了。用同样的方法来建立 FSINFO 扇区、FAT 表开始扇区以及首目录簇首扇区的模板(建好的模板可以参见 znFAT 中 template.h 文件中的内容)。

另外,我们注意到,这些提取出来的数组数据量是比较大的,不能驻留在内存中,我们可以把它们固化在 ROM 中,只需要在数组的定义中加入 ROM 类型修饰即可,比如 AVR 中的 __flash、51 中的 code、ARM 中的 const 以及 PIC 中的 const rom 等。为了适应各种不同 CPU 平台和编译器对 ROM 类型的定义,我们引入了 ROM_TYPE 重定义,具体如下(mytype.h):

```
# define ROM_TYPE_UINT8    ..
# define ROM_TYPE_UINT16   ..
# define ROM_TYPE_UINT32   ..
```

需要使用模版的时候,可以通过专门的函数将其复制到 znFAT 的内部缓冲区中(znFAT_Buffer),进而完成字段修改和扇区写入的操作。

```
unsigned char data[512] = {
    0xEB, 0x58, 0x90, 0x4D, 0x53, 0x44, 0x4F, 0x53, 0x35, 0x2E, 0x30, 0x00, 0x02, 0x01, 0x20, 0x00,
    0x02, 0x00, 0x00, 0x00, 0x00, 0xF8, 0x00, 0x00, 0x00, 0x20, 0x00, 0x40, 0x00, 0x3F, 0x00, 0x00, 0x00,
    0x00, 0x00, 0x02, 0x00, 0xF0, 0x03, 0x00, 0x00, 0x00, 0x00, 0x00, 0x00, 0x02, 0x00, 0x00, 0x00,
    0x01, 0x00, 0x06, 0x00, 0x00, 0x00, 0x00, 0x00, 0x00, 0x00, 0x00, 0x00, 0x00, 0x00, 0x00, 0x00,
    0x80, 0x00, 0x29, 0xC1, 0x9D, 0xDD, 0xE4, 0x4E, 0x4F, 0x20, 0x4E, 0x41, 0x4D, 0x45, 0x20, 0x20,
    0x20, 0x20, 0x46, 0x41, 0x54, 0x33, 0x32, 0x20, 0x20, 0x20, 0x33, 0xC9, 0x8E, 0xD1, 0xBC, 0xF4,
    0x7B, 0x8E, 0xC1, 0x8E, 0xC1, 0x00, 0xD9, 0xBD, 0x00, 0x7C, 0x88, 0x4E, 0x02, 0x8A, 0x56, 0x40, 0xB4, 0x08,
    0xCD, 0x13, 0x73, 0x05, 0xB9, 0xFF, 0xFF, 0x8A, 0xF1, 0x66, 0x0F, 0xB6, 0xC6, 0x40, 0x66, 0x0F,
    0xB6, 0xD1, 0x80, 0xE2, 0x3F, 0xF7, 0xE2, 0x86, 0xCD, 0xC0, 0xED, 0x06, 0x41, 0x66, 0x0F, 0xB7,
    0xC9, 0x66, 0xF7, 0xE1, 0x66, 0x89, 0x46, 0xF8, 0x83, 0x7E, 0x16, 0x00, 0x75, 0x38, 0x83, 0x7E,
    0x2A, 0x00, 0x77, 0x32, 0x66, 0x8B, 0x46, 0x1C, 0x66, 0x83, 0xC0, 0x0C, 0xBB, 0x00, 0x80, 0xB9,
    0x01, 0x00, 0xE8, 0x2B, 0x00, 0xE9, 0x48, 0x03, 0xA0, 0xFA, 0x7D, 0xB4, 0x7D, 0x8B, 0xF0, 0xAC,
    0x84, 0xC0, 0x74, 0x17, 0x3C, 0xFF, 0x74, 0x09, 0xBB, 0x0E, 0x00, 0xCD, 0x10, 0xEB,
    0xEE, 0x00, 0xFB, 0x7D, 0xEB, 0xE5, 0xA0, 0xF9, 0x7D, 0xEB, 0xE0, 0x98, 0xCD, 0x16, 0xCD, 0x19,
    0x66, 0x60, 0x66, 0x3B, 0x46, 0xF8, 0x0F, 0x82, 0x4A, 0x00, 0x66, 0x6A, 0x00, 0x66, 0x50, 0x06,
    0x53, 0x66, 0x68, 0x10, 0x00, 0x01, 0x00, 0x80, 0x7E, 0x02, 0x00, 0x0F, 0x83, 0x20, 0x00, 0x8A,
    0x41, 0xBB, 0xAA, 0x55, 0x8A, 0x56, 0x40, 0xCD, 0x13, 0x0F, 0x82, 0x1C, 0x00, 0x81, 0xFB, 0x55,
    0xAA, 0x0F, 0x85, 0x14, 0x00, 0xF6, 0xC1, 0x01, 0x0F, 0x84, 0x0D, 0x00, 0xFE, 0x46, 0x02, 0xB4,
    0x42, 0x8A, 0x56, 0x40, 0x8B, 0xF4, 0xCD, 0x13, 0xB0, 0xF9, 0x66, 0x58, 0x66, 0x58, 0x66, 0x58,
    0x66, 0x58, 0xEB, 0x2A, 0x66, 0x33, 0xD2, 0x66, 0x0F, 0xB7, 0x4E, 0x18, 0x66, 0xF7, 0xF1, 0xFE,
    0xC2, 0x8A, 0xCA, 0x66, 0x8B, 0xD0, 0x66, 0xC1, 0xEA, 0x10, 0xF7, 0x76, 0x1A, 0x86, 0xD6, 0x8A,
    0x56, 0x40, 0x8A, 0xE8, 0xC0, 0xE4, 0x06, 0x0A, 0xCC, 0xB8, 0x01, 0x02, 0xCD, 0x13, 0x66, 0x61,
    0x0F, 0x82, 0x54, 0xFF, 0x81, 0xC3, 0x00, 0x02, 0x66, 0x40, 0x49, 0x0F, 0x85, 0x71, 0xFF, 0xC3,
    0x4E, 0x54, 0x4C, 0x44, 0x52, 0x20, 0x20, 0x20, 0x20, 0x20, 0x20, 0x00, 0x00, 0x00, 0x00, 0x00,
    0x00, 0x00, 0x00, 0x00, 0x00, 0x00, 0x00, 0x00, 0x00, 0x00, 0x00, 0x00, 0x00, 0x00, 0x00, 0x00,
    0x00, 0x00, 0x00, 0x00, 0x00, 0x00, 0x00, 0x00, 0x00, 0x00, 0x00, 0x00, 0x0D, 0x0A, 0x52, 0x65,
    0x6D, 0x6F, 0x76, 0x65, 0x20, 0x64, 0x69, 0x73, 0x6B, 0x73, 0x20, 0x6F, 0x72, 0x20, 0x6F, 0x74,
    0x68, 0x65, 0x72, 0x20, 0x6D, 0x65, 0x64, 0x69, 0x61, 0x2E, 0xFF, 0x0D, 0x0A, 0x44, 0x69, 0x73,
    0x6B, 0x20, 0x65, 0x72, 0x72, 0x6F, 0x72, 0xFF, 0x0D, 0x0A, 0x50, 0x72, 0x65, 0x73, 0x73, 0x20,
    0x61, 0x6E, 0x79, 0x20, 0x6B, 0x65, 0x79, 0x20, 0x74, 0x6F, 0x20, 0x72, 0x65, 0x73, 0x74, 0x61,
    0x72, 0x74, 0x0D, 0x0A, 0x00, 0x00, 0x00, 0x00, 0x00, 0xAC, 0xCB, 0xD8, 0x00, 0x00, 0x55, 0xAA
};
```

图 7.17　转为 C 语言数组形式的 DBR 数据

2. 格式化的代码实现

最终的格式化功能函数(znFAT_Make_FS)实现代码如下(znFAT.h)：

```
#define NSECPERTRACK    (63)    //每道扇区数
#define NHEADER         (255)   //磁头数
#define NSECPERCYLINDER (((UINT32)NSECPERTRACK) * ((UINT32)NHEADER))//柱面总扇区数
```

znFAT.c 代码如下：

```
UINT8 znFAT_Make_FS(UINT32 tt_sec,UINT16 clu_sz)
{
    struct DBR      * pdbr;
    struct FSInfo   * pfsinfo;
    UINT32 temp = 0,temp1 = 0,temp2 = 0;
    //以下代码完成对 DBR 扇区的数据合成与写入
    tt_sec/ = (UINT32)(NSECPERCYLINDER);
    tt_sec * = (UINT32)(NSECPERCYLINDER);//舍去"剩余数据"所占扇区数
    PGM2RAM(znFAT_Buffer,_dbr,512); //从模版数组中把数据搬到内部缓冲区
    pdbr = (struct DBR * )znFAT_Buffer;
    pdbr - >BPB_SecPerClus = (UINT8)(clu_sz/512); //每簇扇区数
    if(0 == pdbr - >BPB_SecPerClus)
    {
```

```
        pdbr->BPB_SecPerClus = Get_Recmd_szClu(tt_sec);//若 clu_sz 为 0 则簇大小取推荐值
    }
    if(0 == pdbr->BPB_SecPerClus) return 1; //容量太小,不能用 FAT32 进行格式化
    temp1 = pdbr->BPB_SecPerClus;
    pdbr->BPB_TotSec32[0] = tt_sec;      //有效总扇区数
    pdbr->BPB_TotSec32[1] = tt_sec>>8;
    pdbr->BPB_TotSec32[2] = tt_sec>>16;
    pdbr->BPB_TotSec32[3] = tt_sec>>24;
    //计算 FAT 表扇区数
    temp = (tt_sec-32)/(128 * pdbr->BPB_SecPerClus);
    if((tt_sec-32) % (128 * (pdbr->BPB_SecPerClus)))
     temp++;
    temp2 = temp;
    pdbr->BPB_FATSz32[0] = temp;      //FAT 表的扇区数
    pdbr->BPB_FATSz32[1] = temp>>8;
    pdbr->BPB_FATSz32[2] = temp>>16;
    pdbr->BPB_FATSz32[3] = temp>>24;
    znFAT_Device_Write_Sector(0,znFAT_Buffer); //将合成好的 DBR 数据写入到 0 扇区
    //以下代码完成对 FSINFO 扇区数据的合成与写入
    Memory_Set(znFAT_Buffer,512,0); //将内部缓冲区清零
    PGM2RAM(znFAT_Buffer,_fsinfo_1,4); //将 FSINFO 模板数据的第一部分搬过来
    PGM2RAM(znFAT_Buffer + 484,_fsinfo_2,28); //将 FSINFO 模板数据第二部分搬过来
                        //注:FSINFO 模板数据分为两部分,主要是因为 FSINFO 扇
                        //区数据中有绝大部分是 0,为了节省固化数据量,减少 ROM
                        //空间的使用量,只取了其中非 0 的头尾两部分数据
    pfsinfo = (struct FSInfo * )znFAT_Buffer;
    temp = ((tt_sec-32-2 * temp)/temp1)-1; //总簇数-1,因为第 2 簇为首目录,已被卷标占用
    pfsinfo->Free_Cluster[0] = temp;      //剩余空簇数
    pfsinfo->Free_Cluster[1] = temp>>8;
    pfsinfo->Free_Cluster[2] = temp>>16;
    pfsinfo->Free_Cluster[3] = temp>>24;
    znFAT_Device_Write_Sector(1,znFAT_Buffer); //将修改好的 FSINFO 数据写入扇区
    znFAT_Device_Clear_nSector(temp1,32 + 2 * temp2); //对首目录簇所有扇区进行清零
    //以下代码完成对 FAT 表的初始化
    znFAT_Device_Clear_nSector(temp2-1,33); //对 FAT1 所有扇区清零
    znFAT_Device_Clear_nSector(temp2-1,33 + temp2); //对 FAT2 所有扇区清零
    PGM2RAM(znFAT_Buffer,_fatsec,12); //将 FAT 表模版数据搬到内部缓冲区
    znFAT_Device_Write_Sector(32,znFAT_Buffer); //向 FAT 表 1 中写入 0
    znFAT_Device_Write_Sector(32 + temp2,znFAT_Buffer); //向 FAT 表 2 中写入 0
    //以下代码对首目录簇首扇区进行初始化,写入卷标
    PGM2RAM(znFAT_Buffer,_1stsec,26); //将卷标数据模板读入内部缓冲区
    znFAT_Device_Write_Sector(32 + 2 * temp2,znFAT_Buffer); //向首目录首扇区写入数据
```

```
    return 0;
}
```

　　上面程序中的 znFAT_Device_Clear_nSector 函数源于 znFAT 的物理层，用于完成连续多个扇区的清零；PGM2RAM 函数用于完成从 ROM 到 RAM 的数据复制（具体实现请详见 znFAT 源代码）。

　　至此，我们就实现了格式化功能，加上前面的数据、文件和目录删除功能，zn-FAT 的功能已可谓"完备"了。

第 8 章

突破短名，搞定长名：突破 8·3 短名限制，全面地实现长文件名

起初 znFAT 是不支持长文件名的，其主要原因是因为振南觉得它并没有多么重要，而认为文件名只是一个象征性的代号，文件的重点应该在于数据。但后来发现，很多人都对长文件名很感兴趣，一方面想知道 FAT32 的长文件名是如何实现的，另一方面也希望在自己的产品中加入对长文件名的支持。于是振南继续努力，最终实现了 znFAT 的长文件名功能。说实话，振南在本书的写作过程中，长文件名这一章的去留曾经是一个问题。因为 FAT32 中的长文件名微软是有专利的。所以，本章的内容在技术上将有所保留，并用一些被开源界承认的巧妙方法来对一些敏感的技术点进行避让。到底是如何做的？请看正文。

8.1　FAT32 的长文件名

长文件名(LFN)是与短文件名(SFN)相对的，它允许文件名所包含的字符更多，表达的意义更为丰富，命名的方法也更为灵活。但是在 FAT32 中对长文件名的实现是比较繁琐的，同时也会牵扯到很多新的知识和技术。

8.1.1　何为长文件名

什么样的文件名才算是长文件名呢？有人说："这还不简单，比短文件名长的文件名就是长文件名呗。"没错，但不全面。长度超过 8·3 格式的文件名，必定是长文件名，但是长文件名却并不一定都长于 8·3 格式。举一个例子：

abcd.txt	短文件名	abcdefghi.txt	长文件名	abcD.TXT	长文件名
a[cd.txt	长文件名	你好再见.TXT	短文件名	abcd.Txt	长文件名

可以看到，有一些文件名长度符合 8·3 格式，但是也被认为是长文件名。这到底是为什么呢？长文件名具体而确切的定义到底是怎样的？请看下面这几条：

➢ 文件名长于 8·3 格式，即主文件名长于 8 字节或扩展名长于 3 字节如 abcdefghi.txt；

> 文件名的主文件名或扩展名中含有大小写混排，如 abcD. TXT 或 abcd. Txt；
> 文件名中包含特殊字符"＋[]，；＝"与空格（空格在末尾例外），如 a[cd. txt 或 a　b. txt；
> 文件名中包含两个或两个以上的"."（"."在末尾例外），如 a. b. c. txt。

这 4 条基本涵盖了长文件名的所有情况，归结起来就一句话："一切不能由 8·3 格式短名来表达的合法文件名都是长名。"因此，我们不要被长文件名这个名称所迷惑，长文件名不一定"长"。

8.1.2　长文件名的存储机理

如同短文件名是由文件目录项来记录一样，长名也必然以某种形式存储于某个功能单元的一些字段之中。那它到底是存在哪里？具体又是如何存储的呢？为了回答这一问题，我们来做下面的实验。

首先将 SD 卡格式化，然后在首目录下创建一个长名文件，如图 8.1 所示。接下来使用 WinHex 软件来看一下这张 SD 卡的首目录扇区，如图 8.2 所示。

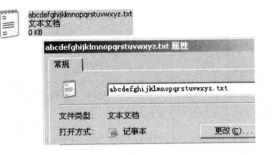

图 8.1　在 SD 卡首目录下创建长名文件

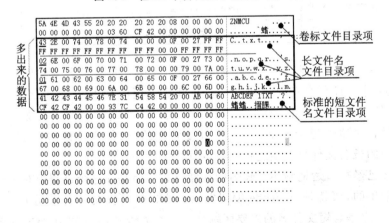

图 8.2　SD 卡首目录扇区中的数据

因为 SD 卡是刚被格式化的，所以首目录扇区中除了原本卷标文件目录项以外的数据应该全部是 0。图 8.2 中那些多出来的数据应该都是属于新创建的这个长名文件的。从这些数据的内容上来看,确实好像与 abcdefghijklmnopqrstuvwxyz.txt 这个文件名有些关联。其实,这些数据就是长名文件的长文件名文件目录项及其相应的短文件名文件目录项。为什么一个文件会有这么多的文件目录项?其中怎么又涉及了短名文件目录项?这些问题的答案就将揭示长文件名实现的核心机理。

为了便于理解,振南先介绍一下长名文件目录项的具体定义。如图 8.2 所示,长名文件目录项同样也是 32 字节,但是它的字段和功能却有新的划分和定义,具体如表 8.1 所列。

表 8.1　长名文件的文件目录项结构定义

字节偏移	字节数	定　义		
0X00	1	属性字节位定义	7	保留未用
			6	1 表示长名文件最后一个文件目录项
			5	保留未用
			4	文件目录项序号
			3	
			2	
			1	
			0	
0X01~0X0A	10	长文件名 unicode 码　①		
0X0B	1	长名文件目录项标志,取值为 0X0F		
0X0C	1	系统保留		
0X0D	1	与短名文件目录项的绑定检验值		
0X0E~0X19	12	长文件名 unicode 码　②		
0X1A~0X1B	2	0X00		
0X1C~0X1F	4	长文件名 unicode　③		

我们发现其中有一项叫"文件目录项序号",这说明长文件名的文件目录项不只一个,而是多个。还可以发现每一个长名文件目录项中都以 unicode 编码形式记录了 13 个字符(unicode 编码是双字节编码),如表 8.1 中的①②③。长文件名就是由这多个文件目录项中记录的 unicode 码拼接而成的,这使它可以包含更多的字符。对图 8.2 中的长名文件目录项进行解析,如图 8.3 所示。

图 8.3 已经很清楚地阐明了长名的存储方式。但是在这个过程中有一个概念是我们比较陌生的,那就是"unicode 编码"。FAT32 中的长文件名采用 unicode 编码来记录,这一点是与短文件名的主要区别之一。有人说:"FAT32 在长文件名中引入了 unicode 编码,是一个突破性的进步和创举!"振南觉得这话并不为过,为什么?我们还是先来详细介绍一下 unicode 编码吧。

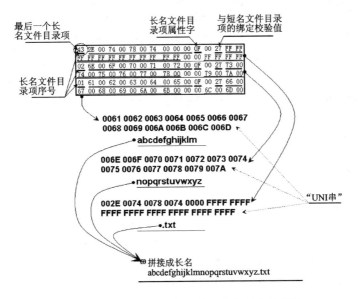

图 8.3　对长名文件目录项的解析与长名的拼接

8.2　UNICODE 编码

振南称 UNICODE 编码为"全世界文字符号大团结",是现在唯一一个最通用、涵盖文字符号最广、最全面的编码方案(据说包含了迄今为止人类使用的所有文字,并且具有极强的可扩展性,比如哪天火星人入驻地球,可以很方便地把火星文纳入其中)。可以说,FAT32 的长名中使用了 unicode 编码,象征着 FAT32 向通用化、标准化迈出了重要的一步。

8.2.1　"各自为战"的 DBCS

计算机里表示字符通常使用 ASCII 编码,它定义每个字符占用一个字节,因此在程序里通常把字符类型变量定义为 char。对于西方国家,它们的文字均由字母和有限的一些符号组成,因此 ASCII 编码对他们已经够用了。但是,对于亚洲、非洲乃至所有使用象形文字的地区来说,这是远远不够用的。那怎么办? 最直接的办法就是增加用于表达文字编码的字节长度,因此双字节字符集 DBCS(Double Byte Character Set)应运而生,后来还产生了 MBCS,即多字节字符集,这里主要还是针对前者来进行讲解。

起初,关于 DBCS 编码并没有一个标准,通常都是由某个语言区域自行定义的。其实这些各自定义的编码体系都是一些映射表,确定了当地使用的每个文字与其双字节编码之间的对应关系。而且这些映射表通过固化到相应版本的操作系统中,从而实现对此区域文字的兼容。被本地化之后的文字编码通常称为 OEM 编码(OEM

一般是指通过生产商专门订制过的产品)。正是因为有了各种各样的 OEM 编码,才使得操作系统依语言不同产生了不同的版本,如 Windows 就有简/繁体中文版、韩文版、俄文版等多个版本。在中国大陆普遍使用 GB2312、GBK 等编码体系(平时编程的时候可能会定义一些含有中文的字符串,其实它就是用 GB2312 来进行编码的)。其实我们对它们并不陌生,还记得当年填写报名单或是图像采集单上的姓名时的情形吗(如图 8.4 所示)? 不光要写上汉字,还要为每个字配上一个区位码,这个区位码其实就是由 GB2312 编码通过简单计算而得到的,为的是能够方便、快速地把我们的名字录入到计算机中。

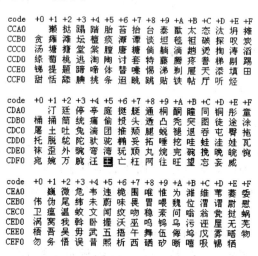

图 8.4   某报名单上对姓名及其区位码的填写

图 8.4 中"王"字的区位码是 4585,前两位为区码,后两位为位码。把 45 和 85 转为十六进制分别为 2D 和 55,然后加上 A0,就得到了 CDF5,它就是汉字"王"的 GB2312 编码(其实这个计算过程在上册的汉字电子书实验中就碰到过),可以到编码表中找到其所在,如图 8.5 所示。

```
code  +0 +1 +2 +3 +4 +5 +6 +7 +8 +9 +A +B +C +D +E +F
CCA0  獭 挞 蹋 踏 胎 苔 抬 台 泰 歆 太 态 汰 坍 摊
CCB0  贪 瘫 滩 坛 檀 痰 谭 谈 坦 毯 袒 碳 探 叹 炭 滔
CCC0  汤 塘 搪 堂 棠 膛 唐 糖 傥 套 特 藤 腾 疼 誊 梯 剔
CCD0  绦 萄 桃 逃 淘 陶 讨 套 特 藤 腾 疼 誊 梯 剔 踢 田
CCE0  锑 提 题 蹄 啼 体 替 嚏 惕 涕 剃 屉 天 添 填
CCF0  甜 恬 舔 腆 挑 条 迢 眺 跳 贴 铁 帖 厅 听 烃

code  +0 +1 +2 +3 +4 +5 +6 +7 +8 +9 +A +B +C +D +E +F
CDA0  汀 廷 停 亭 庭 挺 艇 通 桐 酮 瞳 同 铜 彤 童
CDB0  桶 捅 筒 统 痛 偷 投 头 透 凸 秃 突 图 徒 途 拖
CDC0  屠 土 吐 兔 湍 团 推 颓 腿 蜕 褪 退 吞 屯 臀 拖 瓦
CDD0  托 脱 鸵 陀 驮 驼 椭 妥 拓 唾 挖 哇 蛙 洼 娃 皖
CDE0  袜 歪 外 豌 弯 湾 玩 顽 丸 烷 完 碗 挽 晚 皖 惋
CDF0  宛 婉 万 腕 汪 【王】 亡 枉 网 往

code  +0 +1 +2 +3 +4 +5 +6 +7 +8 +9 +A +B +C +D +E +F
CEA0  巍 微 危 韦 违 桅 围 唯 惟 为 潍 维 苇 萎 委
CEB0  伟 伪 尾 纬 未 蔚 味 畏 胃 喂 魏 位 渭 谓 尉 慰
CEC0  卫 瘟 温 蚊 文 闻 纹 吻 稳 紊 问 嗡 翁 瓮 挝 蜗
CED0  涡 窝 我 斡 卧 握 沃 巫 呜 钨 乌 污 诬 屋 无
CEE0  梧 吾 务 悟 误 昊 武 悟 熙 析 西 硒 矽 晰 嘻 吸 锡 牺
CEF0  梧 吾 务 悟 误 昊 析 西 硒 矽 晰 嘻 吸 锡 牺
```

图 8.5   根据 GB2312 编码找到编码表中对应的汉字

一些较为生僻的字查不到相应的区位码,可见 GB2312 的编码表中并非涵盖了所有的中文字符。因此,后来出现了 GBK 编码,是对 GB2312 的扩展,包含的字符数量从 7 000 多个增加到了 20 000 多个或者更多。

当然,GB2312 和 GBK 都是仅限在中国大陆使用的。如果把一份在中国大陆编写的文档发送到其他国家,那可能看到的就是一堆乱码,这就是因为它们使用的是另一套编码体系,比如日本的 JIS、韩国的 ks_c_5601 等。

8.2.2　UNICODE 带来的问题

各种编码体系"各自为战"的局面促使人们发明了 UNICODE,它集所有文字于一身,通过它可以实现文字编码的全球统一。但是这一过程必然是任重而道远的,因为现有的编码体系不可能短时间内被废除。所以,UNICODE 与现有的各编码体系之间的相互转换常常成为我们应用中的一道难题,这里讲的 FAT32 的长文件名就是一个最典型的例子。

前面解析长名文件目录项时最终拼接得到了一个双字节数据序列,其实它就是长文件名的 UNICODE 编码串,振南称之为 UNI 串。UNICODE 是对现有 ASCII 编码的扩展,对于原 ASCII 字符编码只是扩展为了双字节,即高字节补 0。想一想,如果要用一个长文件名来打开文件,比如"abcdefghijklnmopqrstuvwxyz. txt",该如何实现呢?首先要从长名文件目录项中提取并拼接得到长名的 UNI 串,然后再将它与长文件名匹配。但是我们在程序中所写的长文件名字符串其实并不是由 UNI-CODE 来编码的,因此这就将涉及字符编码转换的问题,如图 8.6 所示。

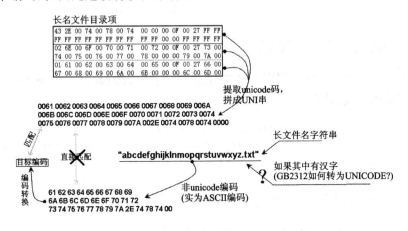

图 8.6　FAT32 的长名匹配产生的编码转换问题

有人说:"把长名字符串中的每个字符编码补了'00'就可以。"对于 ASCII 字符确实如此,但如果长文件名中有汉字该如何转呢? 比如当年财务报表. txt 或设备图纸 final. doc 等。这些字符串中的汉字是以 GB2312 的编码方式来存储的,如何将它们转为 unicode 编码的 UNI 串,进而进行文件名的匹配呢?有人会想:"这两种编码体系之间可能有一种换算关系,可以相互转换。"但它们确实毫无关系,这也是振南在实现 znFAT 的长文件名功能之初所遇到的第一个难题。最终的解决方案是：建立一张 UNICODE – GB2312 的映射表，通过查表来完成转换。振南通过专门的工具生成了这张映射表，如图 8.7 所示。

图 8.7 是映射表的 C 语言二维数组格式的具体实现，每个单元的第 2 个数为 GB2312 码值，第 1 个数就是其对应的 UNICODE 码值。它可以完成 6 768 个汉字的转换，大多数情况下是够用的了。（这个映射表通常以数组的形式固化在 ROM 中，因此要使用长文件名功能，所使用的 CPU 芯片一定是要有足够的 ROM 资源才行。当然，也可以把它放在外部的存储器上，比如 FlashROM 或 EEPROM 上，不过这就需要开发者自行实现数据访问接口及查表操作了。）

```
#define MAX_UNI_INDEX   6768

ROM_TYPE UINT16 oem_uni[MAX_UNI_INDEX][2]= {
{0x554A,0xB0A1},//GB2312:啊
{0x963F,0xB0A2},//GB2312:阿
{0x57C3,0xB0A3},//GB2312:挨
{0x6328,0xB0A4},//GB2312:挨
{0x54CE,0xB0A5},//GB2312:哎
{0x5509,0xB0A6},//GB2312:唉
{0x54C0,0xB0A7},//GB2312:哀
{0x7691,0xB0A8},//GB2312:皑
{0x764C,0xB0A9},//GB2312:癌
{0x853C,0xB0AA},//GB2312:蔼
{0x77EE,0xB0AB},//GB2312:矮
{0x827E,0xB0AC},//GB2312:艾
{0x788D,0xB0AD},//GB2312:碍
{0x7231,0xB0AE},//GB2312:爱

. . . . . .

{0x9EE2,0xF7F1},//GB2312:黢
{0x9EE9,0xF7F2},//GB2312:黩
{0x9EE7,0xF7F3},//GB2312:黥
{0x9EE5,0xF7F4},//GB2312:黪
{0x9EEA,0xF7F5},//GB2312:黷
{0x9EEF,0xF7F6},//GB2312:黯
{0x9F22,0xF7F7},//GB2312:黼
{0x9F2C,0xF7F8},//GB2312:黜
{0x9F2F,0xF7F9},//GB2312:黢
{0x9F39,0xF7FA},//GB2312:黢
{0x9F37,0xF7FB},//GB2312:黢
{0x9F3D,0xF7FC},//GB2312:黢
{0x9F3E,0xF7FD},//GB2312:黢
{0x9F44,0xF7FE} //GB2312:黢
};
```

图 8.7   GB2312 编码到 UNICODE
编码的映射表

8.2.3   编码转换的实现

有了 GB2312 到 UNICODE 的转换表，接下来要做的就是一个查表的工作了。可以顺序遍历查找，代码如下：

```
UINT8 OEM2UNI(UINT16 oem_code,UINT16 * uni_code)
                    //本地字符编码(汉字就是 GB2312)转换为 UNICODE 编码
{
 UINT32 i = 0;
 for(i = 0;i<MAX_UNI_INDEX;i ++ ) //遍历编码转换表中的所有单元
 {
  if(oem_code == oem_uni[i][1]) //如果 GB2312 编码一致
  {
   * uni_code = oem_uni[i][0]; //取其对应的 UNICODE 编码
   return 0; //返回成功
  }
 }
 return 1; //返回失败
}
```

很显然,这种方法的查询效率不高。这里介绍一种简单、高效的查询算法——"二分搜索"。其实它是一种很常用的算法,用来在一个具有线性、有序的数据序列中对某一元素进行快速查找。我们先抛开字符编码转换的问题,专门来说说"二分搜索"算法。举一个例子:在递增序列{2,5,8,10,16,19,23,28,34,56,78,88,89,101,123,134,165,178,199,201}中如何查找某一元素的位置? 使用"二分搜索"来解决这一问题是最恰当不过的,请看以下程序:

```
unsigned char BinarySearch(unsigned char * pdat,unsigned char n,unsigned char m)
                    //pdat 指向序列,n 是序列元素总个数,m 是要查找的目标元素
{
 unsigned char low = 0,high = n - 1,mid;//设定查找区间上下限的初值
 while(low< = high) //当前查找区间[low..high]非空
 {
  mid = low + (high - low)/2;
  if(m == pdat[mid])
  {
   return mid; //查找成功返回
  }
  if(pdat[mid]>m)
  {
   high = mid - 1;   //继续在[low..mid - 1]中查找
  }
  else
  {
   low = mid + 1; //继续在[mid + 1..high]中查找
  }
 }
 return -1; //当 low>high 时表示查找区间为空,查找失败
}
```

实际验证一下:查找 89 在序列中的位置,如图 8.8 所示。

验证结果很显然是正确的。那二分搜索算法的原理和实现过程到底是怎么样的呢? 其实非常简单,可以通过图 8.9 来说明。图中描述的实现过程其实就是一个不断"折叠"的过程,折叠之后判断选择哪一半,然后再继续折叠,直到找到目标元素为止。所以,二分搜索又形象地称为"折半查找"。它的查找速度是呈现指数级规律的,因此执行效率比较高。

GB2312 到 UNICODE 的转换就可以使用这种算法。不过,我们要注意到二分搜索应用的前提是数据序列必须是线性有序的,也就是要么递增,要么递减,而不能是杂乱无章的。仔细观察图 8.7 中的字符编码映射表可以发现,表中 GB2312 编码其实已经是以递增的方式进行排序了(其实这个映射表是振南为了使用二分搜索算

```
void main()
{
 unsigned char array[20]=
            {2,5,8,10,16,19,23,28,34,56,78,88,89,101,123,134,165,178,199,201};
 unsigned char i=0;

 printf("index:%d\n",BinarySearch(array,20,89));
 getchar();
}
```

图 8.8　对二分搜索算法的验证

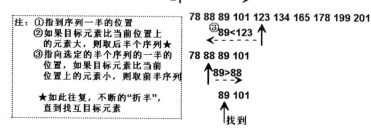

图 8.9　二分搜索算法的具体实现过程

法而专门设计的)。接下来就来对函数 OEM2UNI 进行实现,代码如下(znFAT. c):

```
UINT8 OEM2UNI(UINT16 oem_code,UINT16 * uni_code)
                //获取 OEM 字符编码(汉字即为 GB2312)所对应的 unicode 编码
{
UINT32 low = 0,high = MAX_UNI_INDEX - 1,mid;  //设定查找区间上下限的初值
if(oem_code<oem_uni[0][1]) return 1;
if(oem_code>oem_uni[MAX_UNI_INDEX - 1][1]) return 1;
                //如果输入的 oem_code 不是表中,则直接返回
while(low< = high) //当前查找区间[low..high]非空
{
mid = low + (high - low)/2;
if(oem_code == oem_uni[mid][1]) //如果找到目标 OEM 编码(GB2312)
{
 * uni_code = oem_uni[mid][0];  //将其对应的 unicode 编码赋给 uni_code 指向的变量
 return 0;  //查找成功
}
if(oem_uni[mid][1]>oem_code)
```

```
  {
   high = mid - 1; //继续在[low..mid-1]中查找
  }
  else
  {
   low = mid + 1; //继续在[mid+1..high]中查找
  }
 }
 return 1; //当 low>high 时表示查找区间为空,查找失败
}
```

　　这个函数就可以完成单个汉字的 GB2312 编码向 unicode 编码的转换。有了它,我们进一步实现长名字符串向 UNI 串的转换就变得简单了。请看下面这个函数(znFAT.c):

```
UINT8 oemstr2unistr(INT8 * oemstr,UINT16 * unistr)
{
 UINT32 len = StringLen(oemstr),i = 0,pos = 0;
 UINT8 res = 0;
 for(i = 0;i<len;i++)
 {
  if(IS_ASC(oemstr[i])) //检查是否是 ASCII 码(ASCII 码值范围 0X00~0X7F)
  {
   unistr[pos] = (UINT16)oemstr[i]; //ASCII 字符编码直接扩展为双字节,即高字节补 0
   pos++;
  }
  else //不是 ASCII 码(OEM 编码,其值通常大于 0X80,对于汉字来说就是 GB2312)
  {
   res = OEM2UNI((((UINT16)oemstr[i])<<8)|((UINT16)oemstr[i+1]),unistr + pos);
                                    //将 OEM 编码转为 unicode 编码
   if(res) //编码转换出现错误
   {
    unistr[0] = 0;
    return 1; //返回错误
   }
   pos++;i++;
  }
  if(pos>MAX_LFN_LEN) //如果超过了 znFAT 中定义的长名缓冲区最大长度
  {
   unistr[0] = 0;
   return 1;  //返回错误
  }
 }
```

```
unistr[pos] = 0;
return 0;
}
```

这个函数中对 ASCII 与 OEM 编码分别进行了处理,这主要是考虑到长文件名有可能出现中英文混排的情况,比如"重要文档 abc. txt"。

8.2.4 长名的提取与匹配

oemstr2unistr 函数实现了长名字符串向 UNI 串的转换,再将长名文件目录项中的 UNI 串提取出来即可对它们进行匹配。下面就来编程实现长名的提取。根据表 8.1 中对长名文件目录项结构的定义,有下面这个结构体(znFAT.c):

```
struct LFN_FDI         //长名文件目录项结构定义
{
UINT8 AttrByte[1];//属性字节,序号
UINT8 Name1[10];  //第一部分长名(unicode 编码)
UINT8 LFNSign[1]; //长名项标志
UINT8 Resv[1];    //保留
UINT8 ChkVal[1];  //检验值,与 SFN 的绑定校验
UINT8 Name2[12];  //第二部分长名
UINT8 StartClu[2];//取 0
UINT8 Name3[4];   //第三部分长名
};
```

长名 UNI 子串提取函数的具体定义如下:

```
UINT8 Get_Part_Name(UINT16 * lfn_buf,struct LFN_FDI * plfndi,UINT8 n)
```

形参中的 lfn_buf 是指向用于存储长名 UNI 串的缓冲区的指针;plfndi 是指向长名文件目录项的指针;n 是当前长名文件目录项中的 UNI 子串要放到 lfn_buf 中的起始偏移量(函数的详细代码参见 znFAT 源代码)。此函数的详细描述如图 8.10 所示。

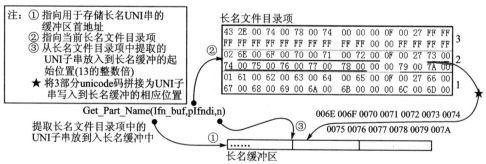

图 8.10　Get_Part_Name 函数的功能示意图

在进行文件目录项遍历搜索的过程中，每遇到长名文件目录项便调用一次此函数，最终将得到一个完整的 UNI 串。接下来就是对长名 UNI 串的匹配，其实它与我们前面实现文件打开功能时所讲的短名匹配很相似，只不过这里将字符编码扩展成了双字节。短名匹配使用的是 SFN_Match，长名匹配也有相应的函数 LFN_Match，振南同样为它加入了通配功能，具体实现参见 znFAT 源代码。

有人会有这样的疑问："长文件名的存储与实现方式我已经明白了，但最重要的是文件的相关信息存在哪？"答："在文件目录项里。"还记得前面看到的那个紧跟在长名文件目录项后面的标准短名文件目录项吗？对，文件信息就存在它里面。到底是怎么回事？它与长名文件目录项有着何种联系？请继续向下看。

8.3　长名的核心是短名

实际上，长名与短名之间有着非常紧密的联系。可以说，如果没有短名，长名也将不复存在，它们唇齿相依，不可分离。

8.3.1　微软长名专利风波

我们知道，早期的 DOS 或 Windows 操作系统是不支持长文件名的，使用的文件名只能是 8·3 格式的短名。显然，这对使用者造成了很大的不便。因此微软试图在 Windows 95 中引入长文件名，但是这将产生一个很大的问题：我们在磁盘上创建一个长名文件，比如名为"abcdefghijklmnopqrstuvwxyz.txt"。把磁盘放到一个老版本的 DOS 系统中去，它是不支持长文件名的，那么将无法识别或者说访问到这个长名文件。这是一个非常严重的兼容性问题，微软针对这一点进行了专门的改进：为每个长名文件都配上一个与之对应的 8·3 格式的短名。所以，我们在前面才看到在长名文件目录项后面跟着一个短名文件目录项，这样就使得那些不支持长文件名的系统也可以通过这个短名来访问文件了。为了验证长文件名的这种兼容性，我们做一个实验，如图 8.11 所示。

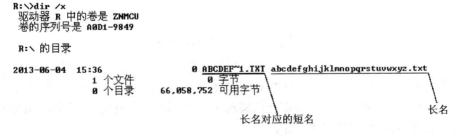

图 8.11　用 DIR /x 命令列出文件的长名与短名

当使用 DIR /X 命令列举出目录下的文件时可以发现，与长名相对应的还有一个短名，如图 8.11 中的 ABCDEF～1. TXT。

微软将长文件名的这种兼容性设计称为"公用的命名空间",并在 1997 年 1 月 28 日进行了专利备案。此后,这项专利一度成为人们质疑与挑战的焦点。人们认为这种长短名并存的实现方式根本就够不上是一项专利,它严重影响了 FAT32 在开源软件、嵌入式存储等方面应用的合法性,并且波及面极广。因为使用 FAT32 的设备实在太多了,比如数码相机、手机、摄像机等。经过美国专利局漫长地审议和多次驳回,最终在 2006 年美国专利局正式通过了微软的这项专利,注册号为 5579517。2010 年,德国联邦专利法院再一次对其进行了肯定,从而进一步巩固了此专利的合法性。图 8.12 是 FAT32 中长名专利的专利描述。

, abandoned.

506F 17/30

5; 395/500;
1; 364/254;
364/DIG. 2
15/425, 600,
395/500

..... 395/600
..... 395/600

[57]　　　　　　　　　**ABSTRACT**

An operating system provides a common name space for both long filenames and short filenames. In this common namespace, a long filename and a short filename are provided for each file. Each file has a short filename directory entry and may have at least one long filename directory entry associated with it. The number of long filename directory entries that are associated with a file depends on the number of characters in the long filename of the file. The long filename directory entries are configured to minimize compatibility problems with existing installed program bases.

4 Claims, 8 Drawing Sheets

图 8.12　FAT32 的长名专利描述

　　Linux 也支持 FAT32,难道它也侵犯专利了? 那谁还敢用 Linux 啊?"不错。2009 年 2 月,微软对一家名为 TomTom 的公司进行了起诉,因为其部分 GPS 产品中安装了基于 FAT32 的 Linux 操作系统。3 月份,TomTom 被迫在自己的产品中移除了与 FAT32 相关的内容。这一事件对那些使用 FAT32 和 Linux 操作系统的企业而言非常头疼。Linux 基金组织宣称最好的方法是放弃 FAT32 文件系统,自己单独开发一套新的文件系统,但这在短期内显然是不现实的。为了解决这一问题,Linux 在内核中进行了修改,从而对专利进行了巧妙规避(具体方法后面会有讲解),这样就对广大的 Linux 用户进行了保护,使其免于陷入与此专利相关的官司旋涡中。

　　正是因为微软在长文件名方面的专利,所以振南才在本章开篇的时候说本章的去留曾经是一个问题。本章对相关专利和技术进行描述和讲解其实都不会有问题,但如果 znFAT 中按照 FAT32 协议标准去实现长名功能,同样也会侵犯到这一专利。因此振南在 znFAT 中对这部分的实现学习了 Linux 的做法,对长名的相关内容进行了改造,同时又不失其兼容性。

8.3.2　长短名的绑定

　　振南问一个问题:"若干个长名文件目录项与其对应的短名文件目录项是如何配

对的?"可能你会说:"上面说过了,短名文件目录项在位置上紧随长名文件目录项之后。"表面上确实如此,但它们之间的联系绝非仅凭这单纯的位置关系。那还有什么?一种"绑定"算法的维系。

前面在长名文件目录项的结构定义中有一个字段叫作"绑定校验值"(第 13 个字节),它就是用来做长名与短名配对的。可以来做一个实验,使用 WinHex 软件对这个校验值进行篡改,看看会对文件名造成什么影响如图 8.13 所示。

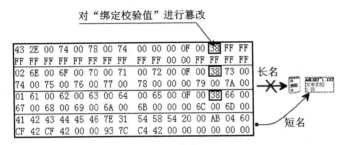

图 8.13　长名文件目录项中绑定校验值的篡改对文件名的影响

可以看到,显示出来的文件名已不再是长名了,而是短名,这就是因为绑定校验值的篡改破坏了长名与短名之间的关联,FAT32 认为这个文件根本就没有长名。这个校验值就是通过短名计算得到的,具体的计算方法看下面的程序(znFAT.c)(此校验值生成算法由 FAT32 制定者微软提出并发布):

```
UINT8 Get_Binding_SumChk(struct FDI * pdi)
                      //pdi 是指向短名文件目录项的指针,返回值是计算得到的校验值
{
 UINT8 i = 0,c = 0;
 for(i = 0;i<11;i++)
 {
  c = ((c&0X01)? 0X80:0) + (c>>1) + ((pdi->Name)[i]);
 }
 return c;
}
```

很显然,这个算法是对短名文件目录项前 11 个字节(即短名项中的文件名字段)的一种加和计算,是维系长名与短名的无形纽带,就如同一根绳子将一堆零散的稻草捆在一起一样。

8.3.3　用长名打开文件

到这里,我们已了解了长文件名的存储方式、提取与拼接、编码转换与匹配,以及这里所讲的长短名的关联与绑定。这样我们就可以对打开文件函数(znFAT_Open_File)进行改进,使其可以支持对长名文件的操作,具体代码参见 znFAT 源代码。既

然引入了长文件名,那就要随之对文件信息体进行扩展,代码如下(znFAT.h):

```
struct FileInfo
{
//其他文件信息参数
UINT8 have_lfn; //用于指示此文件是否有长名
UINT16 longname[MAX_LFN_LEN+1]; //用于存储长名 UNI 串的缓冲区
};
```

上面代码中,MAX_LFN_LEN 可由使用者自行定义,用于限定长名缓冲区的长度。注意:长文件名必然会耗费较多的内存,但有些应用场合其实并不需要长文件名功能,所以长文件名是否被使用应该由使用者自己决定。如何实现? 这就同前几章讲到的实时模式、缓冲模式的选择一样,也可以通过宏配置的方式来实现。我们引入一个新的宏,代码如下(config.h):

```
#define USE_LFN //开启 znFAT 的长文件名功能
```

znFAT 中所有与长文件名相关的代码均受控于此宏。只需将此宏注释掉,长文件名功能也会随之被剔除,从而减少内存的消耗。

振南原以为这个宏已经让 znFAT 中的长文件名功能足够灵活了,但是又有人提出了更加细致的需求:"长文件名功能我是需要的,但是在我的文件名里并不会出现中文,那个编码转换表根本就用不到,但它依然占用着 ROM 资源,能不能把它去掉?"这确实是个问题,于是振南又引入了一个宏,如下(config.h):

```
#define USE_OEM_CHAR //是否会使用 OEM 字符
```

让编码转换表的定义及相关代码受控于此宏即可决定长文件名功能是否支持中文了。下面来对加入长文件名功能的文件打开函数进行一个简单的测试,测试代码如下:

```
struct znFAT_Init_Args Init_Args;
struct FileInfo fileinfo;
int main(void)
{
UINT8 i = 0;
znFAT_Device_Init(); //存储设备初始化
znFAT_Select_Device(0,&Init_Args); //选择设备
if(!znFAT_Init()) //文件系统初始化
{
printf("znFAT init OK\n");
}
else
{
printf("znFAT init Fail\n");
```

```
}
//输出文件系统相关信息
if(!znFAT_Open_File(&fileinfo,"/abcdefghijklmnopqrstuvwxyz.txt",0,1))
{
 printf("suc to open file\n");
 //输出文件相关信息
 printf("have_lfn:% d\n",fileinfo.have_lfn); //have_lfn 为 1,说明此文件有长名
 while(fileinfo.longname[i]) //输出长名 UNI 串
 {
  printf(" % 04X ",fileinfo.longname[i]);
  i + + ;
 }
}
else
{
 printf("fail to open file\n");
}
 return 0;
}
```

测试结果如图 8.14 所示。

```
suc to open file
File_Name:ABCDEF~1.TXT
File_Size:0(bytes)
File_CDate:2012年7月6日22时7分41秒
File_StartClust:0
File_CurSec:0
File_CurPos:0
File_CurOffset:0
have_lfn:1
0061 0062 0063 0064 0065 0066 0067 0068 0069 006A 006B 006C 006D 006E 006F 0070
0071 0072 0073 0074 0075 0076 0077 0078 0079 007A 002E 0074 0078 0074
```

图 8.14　加入长文件名功能的打开文件函数测试结果

可见,测试成功。接下来继续讲解长名文件的创建方法,这其中会接触到一些新的算法,同时振南还会介绍我们是如何绕过微软的长名专利的。

8.3.4　创建长名文件

回忆一下前面是如何实现短名文件的创建的? 基本包含两个步骤:短名文件目录项的构造及其落定(Fill_FDI 与 Settle_FDI)。长名文件的创建其实是在前者的基础上进行了扩展,增加的内容包括:长名文件目录项的构造与落定、长名对应的短名的生成、长短名文件目录项之间的绑定。

1. 长名文件目录项的构造

由一个长文件名来构造与其对应的若干个长名文件目录项的实现过程如

图 8.15 所示。znFAT 中使用函数 Fill_LFN_FDI 来完成图 8.15 所示的操作。此函数的具体定义如下：

长名
"abcdefghijklmnopqrstuvwxyz.txt"

编码转换↓

0061 0062 0063 0064 0065 0066 0067 0068 0069 006A
006B 006C 006D 006E 006F 0070 0071 0072 0073 0074
0075 0076 0077 0078 0079 007A 002E 0074 0078 0074 0000
UNI串(每13个字为一部分)

构造长名
文件目录项

长名文件目录项

3	43	2E	00	74	00	78	00	74	00	00	00	0F	00	27	FF	FF
	FF	FF	FF	FF	FF	FF	FF	FF	FF	FF	00	00	FF	FF	FF	FF
2	02	6E	00	6F	00	70	00	71	00	72	00	0F	00	27	73	00
	74	00	75	00	76	00	77	00	78	00	00	00	79	00	7A	00
1	01	61	00	62	00	63	00	64	00	65	00	0F	00	27	66	00
	67	00	68	00	69	00	6A	00	6B	00	00	00	6C	00	6D	00

图 8.15 由长文件名构造长名文件目录项

```
UINT8 Fill_LFN_FDI(UINT16 * unifn,struct LFN_FDI * plfni, UINT8 ChkSum,UINT8 n)
```

其中，形参中的 unifn 指向长名 UNI 串的指针；plflni 指向用于存储长名文件目录项的结构体变量的指针；ChkSum 是由长名对应的短名计算得到的绑定校验值；n 用于指示当前构造的是长名的第几个文件目录项。函数具体实现请参见 znFAT 源代码。

2. 长名对应的短名的生成

我们已经知道，长名文件目录项中的绑定校验值是由其对应的短名计算得到的，那这个短名又是如何得到的呢？ abcdefghijklmnopqrstuvwxyz. txt 的短名为 ABC-DEF~1. TXT，它似乎就是保留了长文件名的前 6 个字符（大写），后面替换为～1，扩展名不变（大写）。难道这就是短名的生成规则吗？ 显然不是。试想一下，abcdefghijklmnopqrstuvwxyz. txt 的短名是 ABCDEF ～ 1. TXT，那么 abcdefghiaaaaaabbbbcccccc. txt 的短名难道也是 ABCDEF~1. TXT 吗？ 那岂不是重名了。我们来看看 Windows 中是如何做的，如图 8.16 所示。

```
R:\>dir /x
驱动器 R 中的卷是 ZNMCU
卷的序列号是 A0D1-9849

R:\ 的目录

2013-06-04  15:36          0 ABCDEF~1.TXT abcdefghijklmnopqrstuvwxyz.txt
2013-06-23  23:06          0 ABCDEF~2.TXT abcdefghiaaaaaabbbbcccccc.txt
                2 个文件          0 字节
                0 个目录  66,058,752 可用字节    短名末尾序号递增 ~N?
```

图 8.16 FAT32 中对长名对应的短名的生成方法

可以看到，abcdefghiaaaaaabbbbcccccc. txt 的短名为 ABCDEF ～ 2. TXT。FAT32 中对于如何由长名生成其对应的短名的原则有着明确的说明：

① 取长文件名前 6 个字符加上～1 形成短文件名，扩展名不变；

② 如果已存在这个文件名，则符号～后的数据递增，一直到 5；

③ 如果文件名中～后面的数字已达到 5，则短文件名只使用长文件名的前两个字母。通过数学算法由文件名的剩余字符生成短文件名的后 4 个字母，然后加后缀～1，直到最后；

④ 如果存在老操作系统或程序无法读取的字符，则一律换以“_”。

前两条都比较好理解，只是第 3 条中提到了序号在达到 5 之后将使用一种“数学算法”去生成短名，通过实验来看看这个操作。继续在根目录下创建 3 个 abcdef 开头的长名文件，如图 8.17 所示。

名称
大小
类型
文本文档
abcdefghijklmnopqrstuvwxyz.txt　0 KB　文本文档
abcdefghiaaaaaabbbbcccccc.txt　0 KB　文本文档
abcdefghijklmnopqrstuvwxyzzf.txt　0 KB　文本文档
abcdefghiaaaaaabbbbccccccx.txt　0 KB　文本文档
abcdefghijklmnopqrstuvwxyzz.txt　0 KB　文本文档
第5个abcdef
开头的长名文件

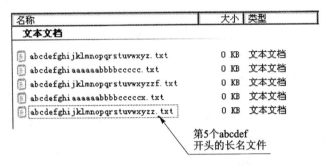

图 8.17　在根目录下创建 5 个以 abcdef 开头的长名文件

再来看看第 5 个长名文件的短名是什么，如图 8.18 所示。

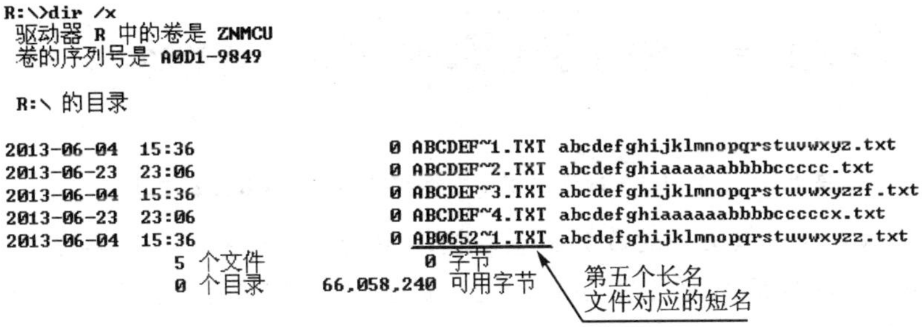

R:\>dir /x
驱动器 R 中的卷是 ZNMCU
卷的序列号是 A0D1-9849
R:\ 的目录
2013-06-04　15:36　0 ABCDEF~1.TXT abcdefghijklmnopqrstuvwxyz.txt
2013-06-23　23:06　0 ABCDEF~2.TXT abcdefghiaaaaaabbbbcccccc.txt
2013-06-04　15:36　0 ABCDEF~3.TXT abcdefghijklmnopqrstuvwxyzzf.txt
2013-06-23　23:06　0 ABCDEF~4.TXT abcdefghiaaaaaabbbbccccccx.txt
2013-06-04　15:36　0 AB0652~1.TXT abcdefghijklmnopqrstuvwxyzz.txt
5 个文件　0 字节
0 个目录　66,058,240 可用字节
第五个长名
文件对应的短名

图 8.18　序号到 5 之后由数学算法来生成短名

第 5 个文件对应的短名不再是 ABCDEF～5.TXT，而是 AB0652～1.TXT。这个“0625”是如何算出来的？上面第三条中所说的数学算法到底是怎样的？关于短名的生成方法，振南当初也研究了很长时间。这个算出“0625”的“数学算法”微软并没有公布(起码振南尚未见到过)，所以无从知晓其具体计算方法。

有人会说：“使用～N 的方式一直排序下去难道不好吗？”其实，在生成短名的时候，不管是使用～N 的方式，还是使用数学算法，无非都是为了达到一个目的，那就是防止重名。～N 的方式可以解决重名的问题，但是想想它会有什么问题？要给一个短名标上序号，我们必然要去统计目录下的文件序号已经排到了多少。如果只有

三四个,倒是不足为患。但这个序号如果已经排到了几十、几百、几千,这个统计序号的工作就会变得十分繁重了。因此,单纯的依赖序号是不高效的,也是不合理的。是否可以有一种算法,以长名作为输入,以绝不重名的短名为输出呢(长名不同,输出的短名也绝不相同)?数学算法就是一个很好的实现。"不是说这个算法微软没有公开吗?"不错,这使得振南当初实现长名文件创建功能时一度陷入困境。

先暂时抛开这些困惑,听振南讲一个我们可能都经历过的事情——秒传。使用 QQ 传输文件的时候经常发现,如果文件已经存在于服务器上(比如此文件曾经传过),传输将会是转瞬之事。也许你会认为是服务器对文件名进行了检测,从而确认此文件是否已存在。但是,就算把文件名改了,它仍然会"秒传",这到底是为什么?其实这个道理很简单,服务器在每接收到一个新文件的时候会计算一个与此文件数据相关的序列值。不同的文件因其数据不同,此序列值亦不相同。当再一次传输文件的时候,服务器会对其序列值进行匹配,如果有则直接秒传。

再来看一个实例。我们都使用过 WinRAR 软件,对于一个压缩包文件,我们可以通过它来进行解压或者对数据正确性进行校验。在 WinRAR 中,我们可以看到每个文件都有自己的一个称为 CRC32 的序列值,与文件的数据紧密相关,数据不同则此值绝不同,如图 8.19 所示。

图 8.19　WinRAR 软件中每个文件都有各自的 CRC32 序列值

如果 RAR 压缩包文件的数据被意外损坏,哪怕只有一个字节,甚至一个位,也会导致 CRC32 序列值匹配失败,从而向用户提示"文件被破坏",如图 8.20 所示。

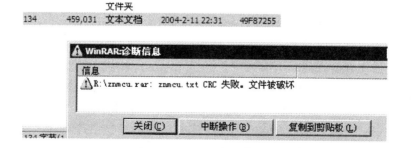

图 8.20　WinRAR 通过 CRC32 序列值校验文件数据正确性

不论是秒传还是 CRC32,其实都是在构造一种数据与序列值之间的唯一、准确可靠的对应关系。我们可以把长文件名中的字符(unicode 编码)当作数据,由它计算出与其唯一对应的序列值,再由这个序列值生成短名。这个序列值由一种被称为"哈希"(Hash)的算法来实现。

　　哈希算法是一种用来产生一些数据片段(例如一个字符串或一个文件)的哈希值的算法。哈希算法并不是指具体某一个算法,而是一系列算法的统称。使用好的哈希算法,在输入的数据发生变化时,其输出的哈希值也会发生相应的变化,因此对于检测数据的差异性十分有用。此外,好的哈希算法使得构造两个相互独立且具有相同哈希值的输入不能通过计算方法实现。典型的哈希算法包括 MD2、MD4、MD5 和 SHA−1 等。

　　针对于字符串,其实有一种很好的常用 Hash 算法——ELFHash,它通过位运算的方式使得字符串中每一个字符都对最后的序列值产生影响,具体实现如下(zn-FAT.c):

```c
UINT32 ELFHash(INT8 * str)
{
 UINT32 hash = 0,x = 0;
 while( * str)
 {
  hash = (hash<<4) + ( * (str ++));
  x = hash&0xF0000000;
  if(0! = x)
  {
   hash ^= (x>>24);
   hash& = (~x);
  }
 }
 return (hash&0X7FFFFFFF);
}
```

　　微软的 FAT32 中使用的数学方法难道就是这个哈希算法?那倒不一定。我们其实根本就不必纠结于微软用什么算法,只要寻求长名与短名之间的一种对应关系即可。我们使用生成的短名对短名文件目录项进行构造,并计算其绑定校验值填入长名文件目录项中,一个长名文件便创建完成了。这是一个正规的做法,但如果真正照此行事,那就会侵犯微软的长名专利。是时候向大家介绍绕开专利的方法了(这一方法由 Linux 首先使用)。

　　我们再一次来仔细研究一下"长名专利"(对照图 8.10):"短名与长名拥有公用的命名空间,即每个长名文件都有一个长名和与其对应的短名。它包括至少一个长名文件目录项以及一个短名文件目录项。"长名文件目录项用来记录长名 UNI 串,基本不太可能动手脚。但是短名文件目录项就有得"发挥"了,可以在它的文件名字段里加入一些非法字符,比如"?"或"＊"等,这样它就不再是合法的短名文件目录项了,自然也就不会对专利造成侵犯了。不过,这样做也会付出代价:它使得 znFAT 与 FAT32 的兼容性有所下降。比如使用 znFAT 创建的长名文件放在老版本的 DOS 上可能是无法打开的。不过还好现在的操作系统大多都已支持长名,这个非法的短名通常只会成为长名纯粹的附属品,并不会暴露在用户面前供人使用。

好,本章的内容就到此为止。振南详细讲解了 FAT32 中长文件名的相关技术与实现方法,其中涉及的各种算法希望能对读者以后的研发工作有所帮助。

第 **9** 章

青涩果实，缤纷再现：套书的第二个实验专题

至此，振南基本上已经把 znFAT 整个系统的所有内部技术、各功能的实现细节讲述完毕。跟上册一样，最后设置一个实验展示专辑。这里的实验比以前的实验更精彩，因为现在的 znFAT 功能已经很强大了。比如高速的数据写入功能可以实现录音笔、数码相机、位图绘制与存储；灵活而高效的数据读取功能可以实现高质量的音视频播放；多文件与多设备可以实现文件复制（备份）器等。本章的实验有振南原创的，其中有基于 ZN－X 开发板的及基于第三方提供的硬件平台，使用的 CPU 也多种多样。也有一些是来源于网友的作品，感谢他们为本书增色。好，接下来请看正文（限于篇幅，本章中的实验原理图省略，详见振南的个人网站及相关发布平台，大多数实验都有视频演示，欢迎观赏）。

9.1　数据采集导入 EXCEL

所需主要硬件：ATMEGA128（Amtel 的 8 位 AVR 单片机，位于 ZN－X 开发板基板）、PCF8563、DS18B20、SD/SDHC 卡（使用 SD 卡模块与基板接驳）。

作者：振南。

实验功能描述：在这个实验中，我们通过 AVR 单片机采集时钟芯片 PCF8563 的年月日时分秒的时间信息、温度传感器 DS18B20 的温度数据以及一路模拟量信号（由 AVR 单片机的片内 ADC 直接采集）。每秒钟采集一次数据，AVR 单片机对获取的这 3 种数据进行处理，转换为 EXCEL 软件可以识别的表格数据格式（CSV 格式），将其存到 SD 卡根目录下的 znmcu.csv 文件中。实验示意如图 9.1 所示。实验硬件平台如图 9.2 所示。实验效果如图 9.3 与图 9.4 所示。

振南点睛

其实这个实验在本书中已经出现过多次了，先是用"偷梁换柱"的方法，然后是用 znFAT 写数据函数的正规方法，这里又对这个实验进行了升级，将它存为 CSV 表格文件，从而可以直接导入到EXCEL中。振南做这个实验主要是因为有很多人问：

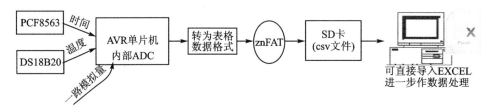

图 9.1 数据采集导入 EXCEL 实验示意图

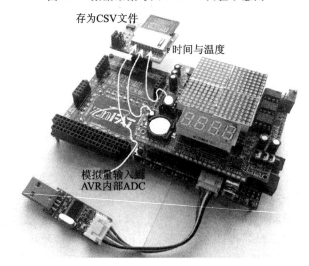

图 9.2 数据采集导入 EXCEL 实验硬件平台

	A	B	C	D	E	F	G	H
1	年	月	日	时	分	秒	ADC	温度
2	12	8	29	23	18	53	429	30.5
3	12	8	29	23	18	54	371	30.5
4	12	8	29	23	18	55	364	30.6
5	12	8	29	23	18	56	319	30.8
6	12	8	29	23	18	57	289	31.5
7	12	8	29	23	18	58	303	31.6
8	12	8	29	23	18	59	405	31.9
9	12	8	29	23	19	0	417	32.1
10	12	8	29	23	19	1	347	32.2
11	12	8	29	23	19	2	251	32.3
12	12	8	29	23	19	3	169	32.3
13	12	8	29	23	19	4	292	32.4
14	12	8	29	23	19	5	341	32.5
15	12	8	29	23	19	6	384	32.5
16	12	8	29	23	19	7	314	32.5
17	12	8	29	23	19	8	252	32.6
18	12	8	29	23	19	9	182	32.6
19	12	8	29	23	19	10	135	32.6
20	12	8	29	23	19	11	95	32.7
21	12	8	29	23	19	12	135	32.7
22	12	8	29	23	19	13	135	32.7
23	12	8	29	23	19	14	136	32.8
24	12	8	29	23	19	15	221	32.8

图 9.3 数据采集存为 CSV 文件直接以表格形式导入到 EXCEL 软件中

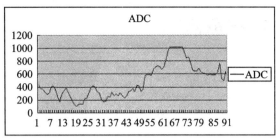

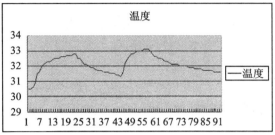

图 9.4　一路模拟量与温度在 EXCEL 中生成的曲线图

"能不能把数据存成 XLS 文件，这样就可以使用 EXCEL 对数据进行一些处理了！"
OFFICE 中的 EXCEL 确实有很强的数据统计和处理功能，文件格式通常是 XLS 文件，但是如果想把数据直接存成 XLS 的形式却有些困难，因为 XLS 文件的结构非常庞杂。针对于这一问题，曾经有很多人产生过这个的疑问："难道 znFAT 没有把数据写成 XLS 格式的功能吗？它不能创建 xxx.xls 文件吗？"振南要说：其实 znFAT 作

为一个嵌入式 FAT32 文件系统方案只负责数据的读写，它根本不管这些数据是什么意义，只知道数据是一堆字节而已。一个特定格式文件的数据必定遵循一定的结构规范，它在文件系统的层面上对数据进行了更为具体的定义。简言之，文件格式是文件系统应用层面上的东西，它的实现取决于使用者以何种结构进行数据的存储。要让 EXCEL 能够识别记录在文件中的数据，不仅仅是创建一个扩展名为 XLS 的文件就可以的，更重要的是我们要知道数据的具体结构和组织方式。如果还是没听懂，那振南问你："难道把一个扩展名为 RMVB 的电影文件改成 MP3 就能听音乐了吗？"EXCEL 还支持一种叫作 CSV 的文件格式，即逗号分隔格式。它使用一种非常简单的表达方法来描述数据的表格结构（在各列数据中间用空格分开即可），具体的文件格式如图 9.5 所示。

图 9.5　CSV 文件的数据格式

9.2 串口文件"窃取器"

所需主要硬件:STC12L2K60S2(STC 出品的增强型 51 单片机,位于 ZN - X 开发板基板)、SD/SDHC 卡。

作者:振南。

实验详细说明:

"串口文件窃取器",顾名思义,是用来"盗取文件"的。一次和朋友的聊天中提到了"如何从一台涉密计算机中盗取文件"的问题。要知道在一些机要单位,办公电脑是绝对封锁的,不管是从软件上,还是硬件上。USB 口和网口可能都被堵上或拆掉了,机箱也加上了锁,阻断了一切文件被非法复制的途径。其实这一"盗取文件"的行为并不一定就是不良行为,有时候为了维权,也许也需要一些特殊手段,比如从封锁的计算机中搞到一些证据等。

经过思考,我们最终敲定了一个方案——串口文件传输,大致包括以下几个部分:

① 电脑端的串口通信和文件发送软件;

② 用于接收串口数据的外部设备;

③ 用于将接收到的数据进行存储的存储介质,并可将数据存为文件;

④ 用于控制数据传输与通信的通信协议。

实验实现示意如图 9.6 所示。

PC 端使用什么软件来发送文件数据呢? 有人说:"用串口助手就可以了!"不错,但是对于一个封锁的计算机来说,串口助手又如何放进去呢? 有人说:"那只能现编了?"如果计算机上有 VC 或 VB 等软件开发环境,我们可以自己去实现一个简易

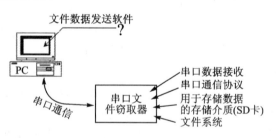

图 9.6 串口文件窃取器的实验示意图

的串口通信软件,但是如果没有任何软件开发环境呢? 又或者没有那么多时间去让你写这样一个软件呢? 那应该如何是好呢? 其实可以使用 Windows 自带的一个串口通信软件——超级终端,如图 9.7 所示。

图 9.7 文件传输使用 Windows 自带的超级终端

　　光有串口通信还不行，还要有文件数据发送功能，并遵循一定的通信协议（用于控制数据的传输），其实在超级终端中都有（选择"传送"→"发送文件"菜单项，单击"发送文件"后，则弹出如图 9.8 所示对话框）。

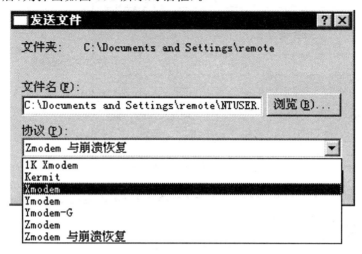

图 9.8　超级终端中的文件发送功能

　　图 9.8 用于选择要发送的文件以及使用的数据传输协议，这里选择 Xmodem。Xmodem 是一种广泛应用的文件传输协议（Xmodem 其实是 FTP 文件传输协议中所使用的一种协议，可用于完成文件数据的传输，详见振南的个人网站）。实验硬件平台如图 9.9 所示。实验效果如图 9.10 所示。

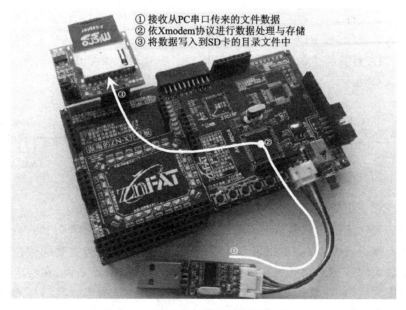

图 9.9　串口文件窃取器实验硬件平台

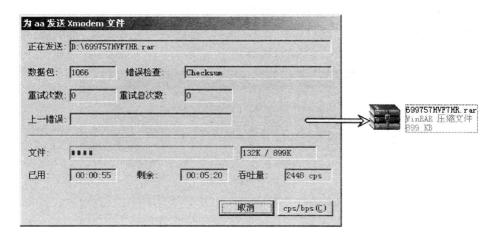

图 9.10　串口文件窃取器的实验效果

9.3　录音笔

所需主要硬件:STC12L2K60S2、VS1003B(MP3 解码器)、SD/SDHC 卡、USB 串口模块(用于输出打印信息)。

作者:振南。

实验功能描述:此实验使用 VS1003B 的录音功能,VS1003B 通过 SPI 接口输出 ADPCM 编码的音频数据。STC51 单片机创建 WAV 文件,将数据存入其中,最终形成波形音频文件。实验中,通过按键来控制录音的启停。可多次录音,每次都会创建新的 WAV 文件,如 REC0. WAV REC1. WAV 等。录制的 WAV 文件可以在 SD 卡上看到,通过计算机上的播放软件进行回放。实验示意如图 9.11 所示。实验硬件平台如图 9.12 所示。此实验视频演示请见振南个人网站。

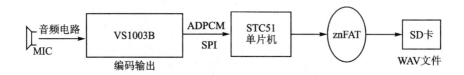

图 9.11　录音笔实验示意图

此实验视频演示请见振南个人网站,实验效果如图 9.13～图 9.15。

振南点睛:VS1003B 在本书以及振南的实验中都占有较为重要的地位。实现录音功能的最大问题在于数据的存储速度。对于音频数据采集来说,在给定一个采样频率与精度之后,它在单位时间内产生的数据量就是一定的了。我们必须要在这段时间内完成数据接收与写入文件的操作,否则必然影响后面音频数据的处理,最终可

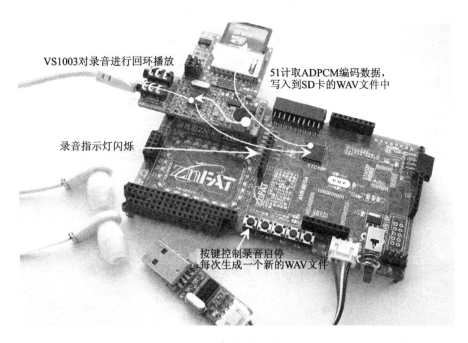

图 9.12 录音笔实验硬件平台

```
按键已按下，结束音频录制
RIFF Header Data is Modified
==========================================
按键已按下，开始音频录制
Suc. to create file.
================================
File_Name(Short 8.3):REC2.WAV
File_Size:0
File_CDate:2012年12月21日15时14分35秒
File_StartClust:0
File_CurClust:0
File_CurSec:0
File_CurPos:0
File_CurOffset:0
================================
Write RIFF Header Data
Start Writing Wav Data....
..........................................
.......................................
按键已按下，结束音频录制
RIFF Header Data is Modified
==========================================
```

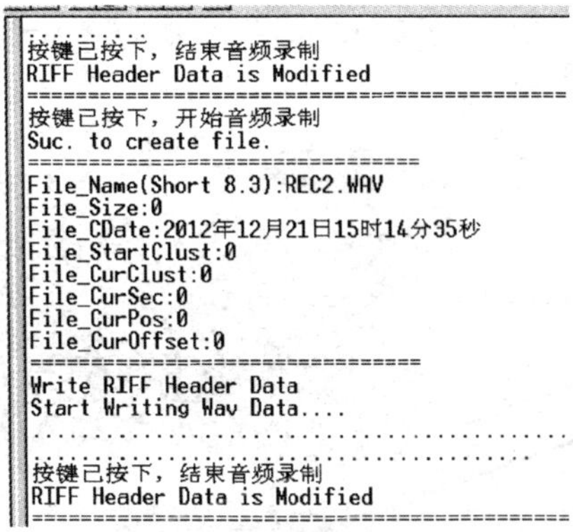

图 9.13 录音笔实验串口信息

能导致音频文件播放的卡顿或失真或者根本放不出声音。比如对于 8 kHz、单通道的 16 位音频来说，它的数据速率为 128 kbps(16 kbps)，这要求 SPI 接口以及 znFAT 向 SD 卡中写入数据的速度一定要能跟得上。所以，此实验使用了硬件 SPI，并开启了 znFAT 的各种缓冲加速机制，这使得音频录制毫无压力。不过，这种低质量的音频就算使用 I/O 模拟 SPI，不开启加速机制，以现在振南的 SD 卡驱动与 znFAT 的性能水平来说也绝对没有问题。而对于高质量音频的录制，比如 48 kHz 采样率、双通道立体声，也许数据读/写速度的关键性就会突显了。

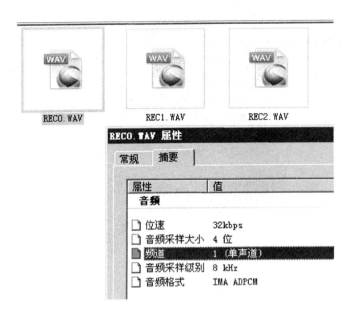

图 9.14　实验中生成的 WAV 文件及其相关信息

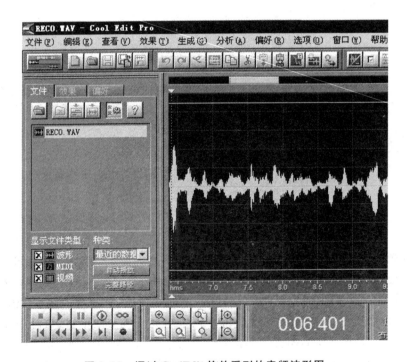

图 9.15　通过 CoolEdit 软件看到的音频波形图

9.4 简易数码相机(51)

所需主要硬件:STC12L2K60S2、OV7670(采用现成的模块,自带容量为384 KB的并行 FIFO,AL422B)、SD/SDHC 卡。

作者:振南。

实验详细介绍:

DIY 一个简易的数码相机的想法由来已久,不需要多么强的功能,只要实现基本的图像采集与存储功能即可。振南一直在关注和研究 OV 公司(OmniVision,豪威)的图像传感器 OV7670,虽然已经比较了解它的驱动方法,但仍然是困难重重,原因主要有两点:一是速度问题,二是数据量比较大。

速度方面,主要是 OV7670 输出像素数据太快。举例说明:假设芯片每秒产生30 帧图像,即帧频为 30 fps。如果图像的分辨率为 320×240(QVGA),像素数据为RGB565,那么每秒就产生 4 500 KB 的数据量。像素数据的每一个字节在 OV7670数据输出端口上的维持时间约为 200 ns。如果用单片机去采集这个数据,就必须在这 200 ns 的时间内完成数据的读入、存储与处理。有人可能说:"200 ns 的时间应该是比较富裕的,足够单片机去完成这些操作了。"确实!但是这需要代码的运行效率很高,也许要使用汇编来完成。用 AVR 这种单指令周期的 CPU 来举个例子:如果将 AVR 超频到 20 MHz(可靠工作主频最高为 16 MHz),那么每执行一条指令的时间为 50 ns,它要在 200 ns 的时间里完成像素数据的读取等操作,最多只能用 4 条指令。而且像素数据在摄像头芯片的数据输出端口上产生也需要一个信号建立的过程,为了保证数据的稳定性,实际上留给我们去读取像素数据的时间也只有 180 ns左右,显然是比较紧张的!

其实,就算真的来得及去读取和处理像素数据,数据量也是一个大问题。像素数据首先要暂存在 RAM 中的。一幅 QVGA、RGB565 的图像的数据量为 150 KB,有多少单片机,乃至于 ARM 或更高端的芯片会有这么多的内置 RAM 资源呢?当然,能够外扩大容量的 RAM 就另当别论了。

数码相机实验中另一方面的问题是:SD 卡的文件操作和数据写入速率问题。假设现在已经得到了一幅完整而正确的图像数据,接下来要把这些数据以文件的形式存入到 SD 卡中,并存成 BMP 位图图片。这一过程仍然是一个极大的挑战,挑战并不在于 SD 卡的驱动或是 BMP 文件格式,这些都比较简单,而是在于文件系统。向SD 卡上的 BMP 文件中写入 150 KB 的像素数据,如果用了半个小时,那这样的数码相机实验还有什么乐趣和实用性可言,简直变成了一种"煎熬"!我们要求每写入一幅图片所花费的时间最好控制在几秒以内,最好能达到毫秒级。znFAT 的性能和执行效率能有这么高吗?这正是上面我们所说的的挑战所在!

针对上面诸多问题,振南的解决方法如下:

① 速度太快的问题通过在 OV7670 芯片的数据输出端口上加一片 FIFO 芯片 AL422B 来解决。同时因为 AL422 有 300 多 KB 的容量,所以数据量大的问题也随之解决。150 KB 的像素数据进入到 FIFO 中后,单片机可以以"多次少取"的方式将数据取走,进而存到 SD 卡的 BMP 文件中,如图 9.16 所示。其实这种数据写入方式就是上册所说的频繁小数据量写入,这种写入方式其实是最考验一个文件系统方案的效率的。

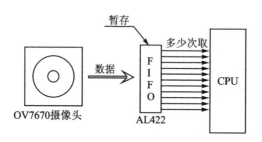

图 9.16 OV7670 图像数据进行 FIFO 后再以多次少取方式取出

② znFAT 中采用了比较优秀的加速算法(基于预建簇链、压缩簇链缓冲以及扇区交换缓冲思想),可以在占用极少内存资源的前提下极大地提高文件数据的写入速度。因此,BMP 文件数据的写入速度问题也就解决了。振南试过在不开启 znFAT 的加速算法的情况下写完一个 BMP 文件,大约需要 6 s 右。然而在开启加速算法之后,只需要不到 1 s,甚至更短(开启与不开启,在 RAM 资源的占用上仅仅多了几十个字节,这也正是 znFAT 所使用的加速算法的独到之处)。实验硬件平台如图 9.17 所示,实验效果如图 9.18 所示。

图 9.17 简易数码相机实验硬件平台

图 9.18　简易数码相机实验效果

9.5　简易数码录像机(AVR)

所需主要硬件:ATMEGA128A、OV7670 摄像头模块、SD/SDHC 卡、TFT液晶。

作者:振南。

实验详细介绍:

简易数码相机每次只能获取并存储一幅静态的图像,如果能够改为获取多幅图像,连起来就是视频了,录像机的原理就是这样,如图 9.19 所示。

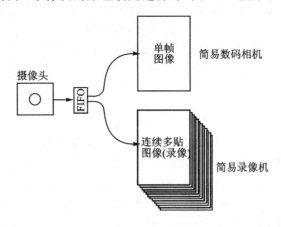

图 9.19　通过获取更多图像使数码相机升级为录像机

与数码相机实验相比,这一实验实现上最大的难点在于如何提高帧速(录像的流畅度),也就是要在单位时间内尽量多地从摄像头模块中获取图像,并将其及时存入到 SD 卡中。从原则上来说,视频的帧速至少要达到 8 fps,这样人眼才会感觉比较流畅。以 RGB565 的 QVGA 图像(320×240 点素)来计算,一帧图像的数据量为150 KB。如果每秒要获取 8 帧图像,那么总数据量约为 1.2 MB,这对于 CPU 芯片的硬件性能及文件系统的数据存储效率都有较高的要求。

这里使用 ATMEGA128A 芯片作为主控制器,它的硬件性能其实达不到上述要求(即使是在使用标称的最高工作频率 16 MHz 的情况下)。因此,这里使用了一些折中的方法,让其基本可以达到录像的实验目的。

OV7670 芯片输出的图像尺寸是可以灵活设置的,这里将其宽与高均缩小一倍,即 160×120(QQVGA),这样一帧图像的数据量就减少了 3 倍,即 37.5 KB。单帧图像数据量的减少将使录像的帧速得以很大的提升,不过这是以牺牲图像质量为代价的。SD 卡以及文件系统部分已比较成熟,直接延用了振南的 SD 卡驱动与 znFAT文件系统方案。使用 ATMEGA128 芯片的硬件 SPI 来驱动,并将 znFAT 的加速缓冲机制全部打开,最终实测的文件数据写入速度大约为 150 bps,即录像的帧速大约能达到 4 fps,也许会看到一个有些卡顿的视频效果,但不至于太严重。实验硬件平台及示意如图 9.20 所示。

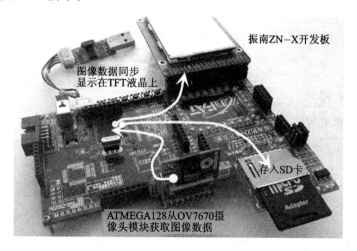

图 9.20　简易数码录像机实验的硬件实验平台

现在又产生了一个新的问题:连续的各帧图像应该以何种方式和格式写入到 SD卡中,以方便我们快速而正确地读取到这些数据从而实现录像的回放? 继续采用上册介绍过的由振南自定义的 ZNV 视频文件。为了使得最终录制得到的 ZNV 文件可以在 PC 上回放,振南还专门编写了一个简单的播放器,如图 9.21 所示。

另外,此实验还实现了 TFT 液晶实时显示的功能,就如同是我们平常使用的摄像机上的取景器,为录像者提供视觉参考,如图 9.22 所示。

按理说,增加这一功能会进一步加重 CPU 的负担,从而影响录像的流畅度,但

图 9.21　通过振南的 znv 文件播放软件实现 PC 上的录像回放

TFT同步显示(图像尺寸16×120)

图 9.22　TFT 液晶同步显示作取景器

实际上是否加入 TFT 液晶显示功能似乎对整体性能影响并不大,根本原因在于振南在硬件电路和程序上使用了技巧,如图 9.23 所示。

其实这种把摄像头芯片与 TFT 液晶的数据端口直接绑在一起,让数据直接灌入 TFT 的方法很多人都在使用。我们说过,OV7670 的像素数据输出速度是非常快的,用单片机直接读取是比较困难的(无 FIFO)。但是网上有一些人却已经实现了图像的实时显示,而且还非常流畅,这似乎已经远远超越了所使用的 CPU 芯片的硬件性能极限。如果打开实验代码仔细研读,我们也根本找不到任何图像读取与写屏的操作,实在是让人费解。其实他们用的就是这种"以彼之道,还之彼身"的方法:既然你很快,那我就拿一个跟你一样快的东西来"对付"你。通过 CPU 芯片将 OV7670 的数据输出配置为 TFT 可直接用于显示的格式(RGB565 格式),再通过一些时序调

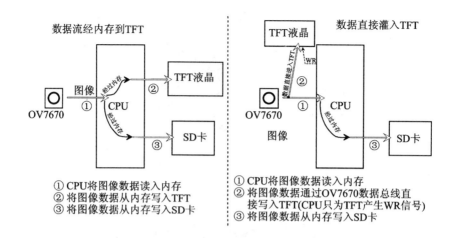

图 9.23　此实验中 TFT 实时图像显示的实现方法

整电路使得 OV7670 的数据输出时序与 TFT 的数据输入时序相匹配,这样 OV7670 与 TFT 液晶就一发一收,配合得很好,俨然就是一个整体。图像被一帧不落地显示出来,帧速高达 30 fps。

　　振南点睛:这个实验是振南诸多原创实验中关注度比较高的一个,常见问题是:① 图像尺寸能不能放大;② 帧速能不能提高;③ 最终的视频文件能不能在 PC 上直接播放,而不用自己编写的专门的播放器,比如使用 AVI 或 MP4 格式;④ 能不能加入音频的录制。图像尺寸与帧速的提高都要依托于更强大的硬件系统以及更高的文件数据写入速度。经过振南的不断优化,再对 CPU 芯片进行更换,要达到更好的录像效果应该不是问题。振南自定义的 ZNV 视频格式最大的好处是简单易行,无需解码,但通用性确实不强,无法被现有的视频播放器直接播放(比如 Windows Media Player、暴风影音等)。如果采用 AVI 这种通用视频格式,主要问题在于文件格式可能比较复杂,而且还需要视频的实时编码,比如 H.263、MPEG4 等。这样,实验的整体难度就上来了,而且也需要性能更高的 CPU 芯片。振南其实一直在寻找一种无需编码、直接使用原始像素数据、很通用、能被直接播放的视频格式,这就是 AVI,详见后面的介绍。

9.6　简易数码录像机升级版(STM32 直接录制 AVI 视频)

　　所需主要硬件:STM32F103RBT6、OV7670 摄像头模块、SD/SDHC 卡、TFT 液晶

　　作者:振南。

　　实验详细介绍:

　　这个实验是简易录像机(AVR)实验的升级版。因为 AVR 单片机在硬件性能上

仍然不够理想，所以在这个升级版的实验中，CPU 芯片换成了 STM32，最高工作频率可以达到 72 MHz(实际可超频到最高 140 MHz)。因此能够达到更高的帧速，而且图像质量也将得到提升，图像尺寸从 QQVGA 升级为 QVGA(160×120 到 320×240)。

这个实验在原理上与 9.5 节实验一样，只不过有两点进行了较大改进：

① SD 卡的底层驱动加入了 STM32 的 DMA 数据传输机制，从而使数据读/写速度达到了更高的水平(实测的写扇区速度由原来的 200 kbps 增到 800 kbps)。DMA 是什么？为何它会让 SD 卡的读/写速度有如此大的提升？请详见第 11 章。其实 SD 卡的读写速度完全可以有更大的提升空间，即使用 SD 模式(尤其是 4 bit 接口模式)。另外就是换用品质与速度等级更高的 SD 卡。加入了 DMA 之后达到的扇区读/写速度基本上已经是 SPI 模式下的极限速度了。

② 视频格式不再使用振南自定义的 ZNV 格式，而是录制得到可直接用于播放的标准 AVI 视频(其中的各帧图像不进行压缩编码，AVI 称之为原始的 RGB 格式，音频部分暂不加入，至于 AVI 格式的详细内容后面会有介绍)。

据说 STM32 是可以超频工作的，于是更换了更高频率的晶振，将 PLL 配置为最高倍，结果发现 STM32 工作不正常。最后实测发现 STM32 的工作频率最大不能超过 140 MHz，这里选择 128 MHz，即晶振使用 8 MHz，PLL 设置为 16 倍。最终录像得到的视频帧速可以达到 5 fps。

此实验最大的亮点与难点仍然是 AVI 视频格式，下面进行详细的介绍。AVI 全称是 Audio Video Interleaved，即音视频交错格式，在这种文件格式中，各帧图像与音频数据是交织在一起的，如图 9.24 所示。

AVI 文件从整体上说主要有两大部分，数据头主要用于记录和描述音视频的一些重要参数，比如总帧数、图像尺寸、编码方式、采样频率等；紧随其后的就是实际用于显示和播放的音视频数

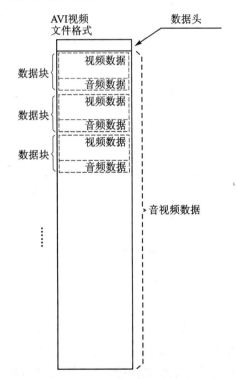

图 9.24　AVI 文件的音视频交错数据格式

据。AVI 格式标准并没有对音视频数据的具体编码算法予以限定。从某种意义上来说，AVI 文件格式只是定义了一个框架，其中的数据到底怎么样，其实它并不关心。这一方面是其灵活之处，但另一方面也使得它可以变得非常复杂而缺乏统一性。

比如同样是 AVI 文件,视频数据有可能是通过 H.263 编码的,也可能是 MPEG4,还可能是 MJPEG、RLE 或者 FFD 等;音频数据的编码也会有很多种,比如 MP3、AD-PCM、OGG、WMA 等。所以,经常遭遇这样的事情:在计算机上一个 AVI 能播放,而另一个却无法播放,根本原因就在于它们可能使用了不同的编码方式,而你又没有安装相应的解码器。

AVI 既然对音视频数据不要求,那么就可以把未经编码的原始 RGB565 像素数据按它规定的格式直接写入其中即可。从实质上来说,这其实就与振南自定义的 ZNV 视频很相似(所以振南还写了一个 ZNV 转 AVI 格式的小软件)。具体的数据组织方式如图 9.25 所示。

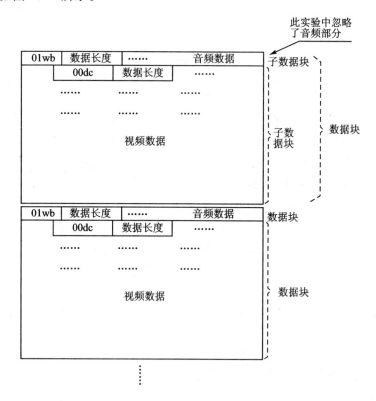

图 9.25　AVI 音视频数据的组织方式

AVI 文件中的各帧图像与音频数据相互交织构成了一个数据块(这就是音视频交错),各个数据块是依次顺序存放的。数据块中的音频与视频子数据块分别以 4 字节标记 01wb 与 00dc(数据块 ID)开始,紧随其后的是当前子数据块中的实际数据长度。在此实验中振南仅实现了视频的录制,而忽略了音频部分。

AVI 文件数据头的具体定义如图 9.26 所示。图 9.26 所示的其实是一种标准的 RIFF 文件结构,看起来有些复杂,这是因为它是一种嵌套结构。顶层的 AVI 列表(RIFF 中一个数据块被称为一个 LIST)里包含了 hdrl 与 strl 两个子列表,其中名为 avih 与 vids 或 auds 的数据块分别记录了 AVI 文件以及音视频流的的相关信息，比如此 AVI 文件中总共有多少帧、每帧的尺寸、某视频或音频流的编码方式、数据长度、帧速、色深、采样率等，这些都是完成视频录制或播放必需的重要参数。

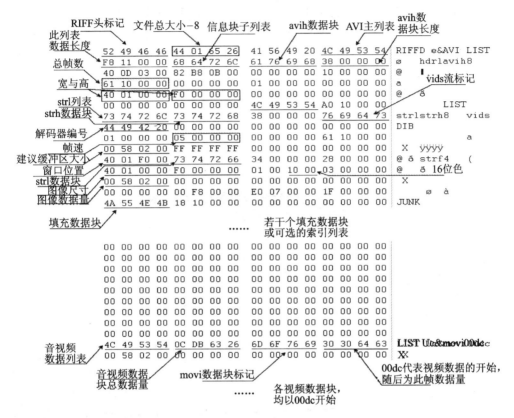

图 9.26 AVI 视频文件的数据头格式

在进行视频录制时，首先按照实际情况对 AVI 文件头中的相关参数进行修改，即图 9.26 中用方框标注的部分（此实验中采用固定的图像尺寸与色深，所以对这部分参数保留其值，不予修改）。图 9.26 中的这些数据采用的还是"移花接木"的方法：在 WinHex 中直接截取现有的 AVI 文件的数据头，并转存为 C 语言数组形式（可截取到第一个 00dc 开始的位置），随后使用 znFAT 将它写入到 AVI 文件中。接下来的工作就和前面是一样的了，采集图像依次地写入到文件之中，只不过在每一帧前面都要加一个 00dc。这样就成功实现了 AVI 视频录制实验。

9.7 文件无线传输实验

所需主要硬件：STC15L2K60S2、STM32F103RBT6、SD/SDHC 卡、NRF24L01模块。

作者:振南。

实验详细介绍:

振南的 ZN－X 开发板上配备了 NRF24L01 射频收发模块的接口,兼容 NOR-
DIC 公司官方公版模块,外观如图 9.27 所示。NRF24L01 是非常经典的 2.4 GHz
射频通信芯片,以高可靠性、高数据传输速率等优点得到广泛应用。此实验中使用
NRF24L01、51 与 STM32(两块 ZN－X 开发板),再配以 SD 卡与振南的 znFAT 文件
系统方案,最终完成文件的无线传输与存储。实验示意如图 9.28 所示。

图 9.27 振南的 ZN－X 开发板所支持的 NRF24L01 模块

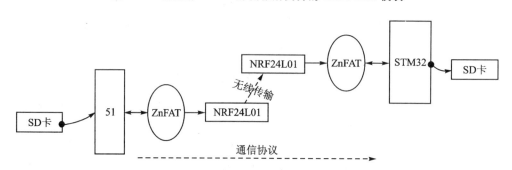

图 9.28 文件无线传输实验示意图

实验中 51 单片机读取 SD 卡中的某一文件,将其数据按一定的通信协议分为多
帧以无线方式传至 STM32,STM32 接收数据解析后将有效数据写入 SD 卡的文件
中。在这个过程中,SD 卡、NRF24L01 等硬件的底层驱动以及 znFAT 文件系统其实
都不是问题,都已经比较成熟了,最重要的是通信协议,它是决定数据传输是否成功
的核心因素。

振南这里使用的是一种自定义的文件传输协议,它简单易行,又能基本上保证数
据的正确性,具体内容如图 9.29 所示。

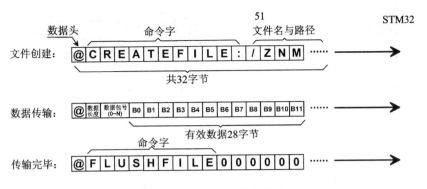

图 9.29　文件无线传输协议

在具体的实现中，首先检测数据头是否为"@"，如果是，则认为它是一个合法的数据包，进而开始对后面的数据进行解析；否则，认为它是一个非法数据包，输出错误提示。由于 NRF24L01 一次最多只能收发 32 字节的数据，所以本协议中数据包总长度为 32 字节。每次传输的最大有效数据长度为 28 字节，其余 4 个字节分别用于记录数据头、有效数据长度与当前数据包的包号(0～N)。有效数据长度用来告诉我们从此包数据中提取多少有效数据，写入到 SD 卡中；数据包号可用于检测是否存在数据包丢失，进而采取相应的措施(比如重传，不过此实验中没有实现重传机制，如果出现包现象则直接将数据补 0；要实现重传可以使用现成的成熟协议，比如 XModem)。实验硬件平台如图 9.30 所示。实验过程中的串口信息如图 9.31 所示。

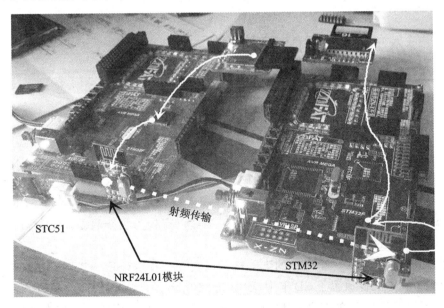

图 9.30　文件无线传输实验平台与功能示意

此实验使用 51 来发送数据(文件打开与数据读取)，STM32 接收数据(文件创建

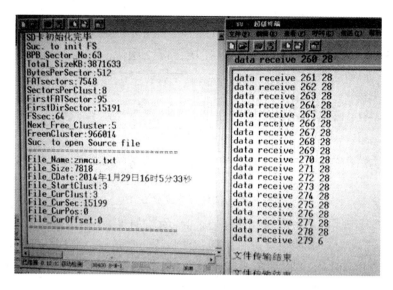

图 9.31　文件无线传输实验中的串口信息

与数据写入),当然也可以反过来。不过振南这样做是展示 znFAT 良好的可移植性,
这也是 ZN - X 开发板上同时配备 3 种 CPU 的最大初衷。

实验完成之后,在数据接收方的 SD 卡中会出现一个与源文件完全相同的文件,
比较以验证数据传输是否正确(可以使用 DOS 中的 FC 命令,也可以使用文件比较
软件,比如 Beyond Compare)。

9.8　嵌入式脚本程序解释器

所需主要硬件:ATMEGA128A、SD/SDHC 卡。

作者:振南。

实验详细介绍:

此实验用于实现一个简单的脚本解释器,即逐行读取 SD 卡脚本文件中的命令
及其参数,经过解释分析后转为相应的硬件动作。脚本是使用一种特定的描述性语
言,依据一定的格式编写的可执行文件,又称作宏或批处理文件。DOS 中的 bat 文
件可以一次性逐行编写很多条 DOS 指令,甚至可以有较为复杂的循环结构,最大好
处就是灵活,而且无须编译,直接解释执行。

此实验中自定义了一个简单的脚本格式以及 3 个指令(SET CLR DELAY),由
它们构成了脚本文件放置于 SD 卡中,如图 9.32 所示。

由 znFAT 读取此文件,逐行取出各条指令,经过解释程序的分析依次产生相应
的硬件动作(AVR 单片机 PORTF 端口各引脚电平变化,如 CLR 1 使 PORTF.1＝
0,SET 2 使 PORTF.2＝1,DELAY 则根据参数延时相应的时间)。此实验整体详细

描述如图 9.33 所示。

振南点睛

　　脚本就是一种用纯文本保存的程序（而非二进制的机器码），是确定的一系列控制计算机进行运算操作或动作的组合。通俗一些说，脚本就是一条条的文字命令，这些文字命令是可以由人直接阅读的（可使用记事本打开查看或编辑）。脚本在执行时由一个解释器将其一条条地翻译成机器可识别的指令，并按脚本指令顺序执行。因为脚本在执行时多了一道翻译的过程，所以比传统的二进制程序执行效率要低。

　　在计算机平台上脚本通常可以由应用程序临时调用并执行。脚本最大的应用领域就是网页设计，比如常见的 HTML、ASP 等，这使得网站开发与维护变得极为灵活。

　　此实验中振南将脚本的思想应用于单片机平台上，从而实现对硬件可随时配置的、在现场摆脱编译器与烧录器的灵活控制。比如在工业现场需要临时产生一个特定的时序，但是没有开发与烧录环境，则可

自定义命令脚本文件

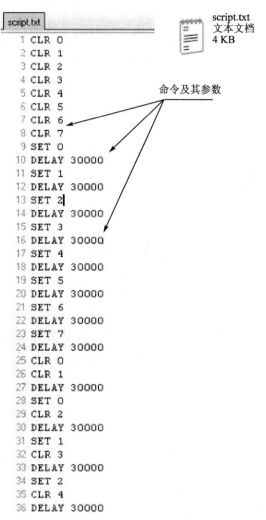

图 9.32　振南定义的脚本文件格式

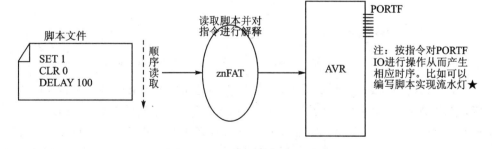

图 9.33　脚本解释执行实验示意

以通过直接撰写脚本来实现。从某种意义上来说,脚本程序可以让单片机实现类似动态加载的机制。我们可以在 SD 卡中放置若干个脚本文件,并根据不同需要通过文件系统对它们进行读取、解释与执行,而在单片机上只需要实现一个解释器即可。其实这就是 JAVA 语言及其虚拟机的工作方式,有人在 ARM 上实现了 JVM,这样原本在 PC 上运行的 JAVA 程序便可以直接移到 ARM 上来运行了,这也是 JAVA 语言超强跨平台特性的核心内容。

9.9 AVI 视频播放器

所需主要硬件:STM32F405RGT6、TFT 液晶、SD/SDHC 卡、VS1003B。

作者:振南。

实验详细介绍:

此实验是对上册中视频播放器实验的延续与升级。当时振南使用的是自定义的 ZNV 视频格式,这里要实现的就是对 AVI 视频的直接播放,同时还加入了同步的音频。为了使视频播放更加流畅,振南将 CPU 芯片由 STM32F103 升级为了 STM32F405,它们同属于 STM32 系列,但硬件性能差异较大,如图 9.34 所示。这一芯片的最高工作频率是 180 MHz,内存为 192 KB,而且兼备 DSP 指令集与浮点处理器,但价格比 STM32F103 要贵 4 倍左右。

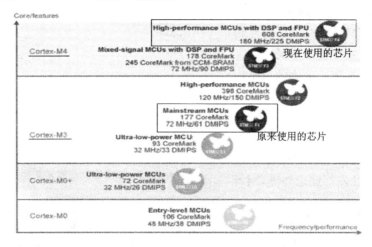

图 9.34 STM32 系列芯片不同内核芯片性能差异比较

ZNV 视频文件最大的好处是无须解码,使用它主要是受限于 CPU 芯片的硬件性能以及对视频解码算法复杂性的一种"畏惧心理"。在原先的实验中,如果加入视频解码,那么一定会使帧速降低,最终使得本来就不尽人意的播放效果更差。为了让这个实验更像是一个真正意义上的播放器,我们还要加入音频的支持,这样就涉及音视频数据流的分离。其实也很简单,只需要分别检测 AVI 文件中的 00dc 与 01wb 两个标记,随之将其后面的数据进行视频解码并送至 TFT 显示,或者送至 VS1003B 进行音频播放即可。具体实现过程如图 9.35 所示。

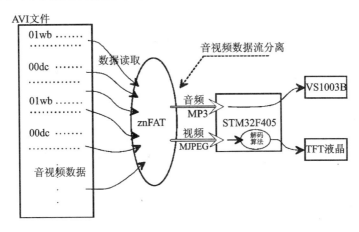

图 9.35　此实验中对音视频数据流的分离与解码

其中,MJPEG 与 JPEG 本质相同(JPEG 即常见的 JPG 图片,比 BMP 位图体积要小得多)。MJPEG 将每一帧图像的原始像素数据都通过 JPEG 进行压缩,使得整个视频文件的体积大幅度降低(一般来说 MJPEG 的压缩率为 20:1~50:1)。所以要实现 MJPEG 解码就只需要把 JPEG 解码研究明白就可以了。

实际上 MJPEG 用得并不多,根本原因还是压缩比仍然不够高。尤其是与流行的 MPEG4、Real、WMV 等视频编码技术相比,MJPEG 就显得更加相形见绌了。当前先进的视频编码方案普遍使用帧间编码技术,即不再只是着眼于某一静态帧的压缩,而是更加关心帧与帧之间连续的变化关系,采用诸如矢量编码等技术对帧间的变化进行描述,大大提高了视频的压缩率,比如常见的 MPEG4 的压缩率就可达到 200:1~500:1(我们经常会看到一种现象,如果视频中的图像变化不大,比如课件录像或定点监控,最终的视频文件体积会出奇得小,根本原因就在于帧间编码技术)。

MJPEG 只是进行单纯的逐帧压缩,于是其视频文件体积仍然比较大(虽然与原始数据相比确实是小了很多)。此实验使用 MJPEG 编码的 AVI 文件,这里需要一个前期的转换工作,将源视频转换为 MJPEG 编码的 AVI 视频(视频转换可以使用 WinMPG 软件。从某种意义上来说,此实验与原先的实验类似,都需要先进行视频文件的转换,只不过这里最终得到的是 MJPEG 编码的 AVI,而前面是直接使用原始数据的 ZNV。想要实现无需转换而直接播放所有视频格式确实是很难。正如本章前面介绍中所说的,AVI 中使用的编码算法并不统一。可以说,MJPEG 只是 AVI 中的一个特例)。

上面说 MJPEG 的每一帧都是一个 JPEG 图片,针对于这一点振南曾经做过这样一个实验来验证:找到 AVI 文件中的 00dc 标记,然后将它后面一定长度的二进制数据另存为一个 JPG 文件,看看图像是否真的能正常显示出来,如图 9.36 所示。

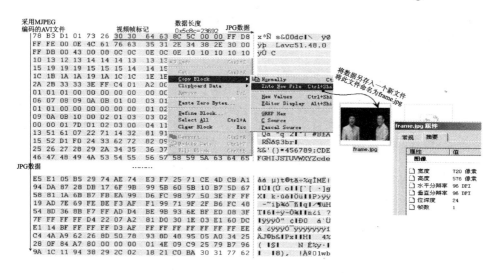

图 9.36　MJPEG 编码的 AVI 视频中每一帧都是一幅 JPG 图片

可以看到,MJPEG 编码的 AVI 文件中的帧确实就是 JPG 图片。我们只需要对 JPG 图片进行解码、显示,视频便播放出来了。JPEG 解码其实是有现成方案的,如日本的 chaN 开发的 Tjpgd 解码库或是著名的 jpeglib(它是源于 IJG 的 JPEG 图像编解码库,主要研发人员有 Thomas G. Lane 与 Guido Vollbeding)。此实验使用了前者,因为占用的资源更少,而且移植和使用更为简单。

9.10　绘图板实验——基于 STM32F4

所需主要硬件:STM32F405RGT6、TFT 液晶、触摸控制器、SD/SDHC 卡。

作者:振南。

实验详细介绍:

绘图板实验基本功能的实现其实很简单,就是在 TFT 触摸屏上按轨迹画点,不过这里它加了更多的内容:触摸按钮,用来实现清屏、改变画点颜色等功能;液晶截屏存为 BMP 图片。

基于触摸的各种功能的实现根本在于对屏上坐标的精准获取。触摸按钮的实现就是将当前的坐标与按钮矩形区域进行比较,看它是否位于其范围内。如果在,则在触摸提起的时候调用相应的处理程序,如图 9.37 所示。

实际上,触摸控制器就是一个多路 ADC,因触摸点位置的不同为我们提供相应的电压值。通过它换算得到的坐标与实际看到的坐标可能并不一致,通常都会有一定的偏差。所以,在使用触摸屏的之前一般都会进行 4 点校准,如图 9.38 所示。

如果直接在计算得到的坐标上画点,则可以发现一个问题:画出来的不是一个点,而是一组点,而且其中有的点会离中心坐标比较远,如图 9.39 所示。根本原因是

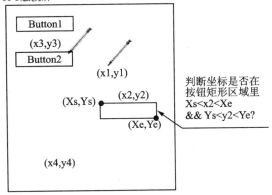

图 9.37　判断当前坐标是否在按钮矩形区域内

图 9.38　使用 4 点校准为触摸屏进行坐标校正

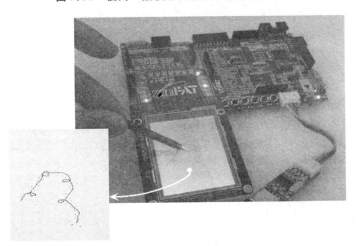

图 9.39　使用触摸触摸坐标直接画点产生的坐标偏移

没有对由触摸计算得到的坐标结果进行处理,比如均值滤波或是取其中点。人手在进行触摸时产生的机械动作是不稳定的,带有较大的抖动(如同按键要去抖一样)。另一方面因为触摸按压会使电阻膜产生形变、改变其原本均匀的电阻率分布,而且这种形变还在不断变化。因此,由触摸控制器采集得到的电压必然不会稳定,通常都需要进行中值滤波。基本原理如图 9.40 所示。

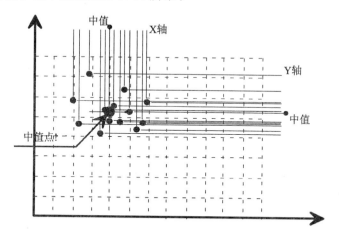

图 9.40 对触摸坐标进行中值滤波处理

此算法分别取出各点的横坐标与纵坐标,并分别进行线性排序取出中值,从而得到中值点。加入此算法之后发现,画点的效果好了很多,绘制的轨迹也比较平滑,如图 9.41 所示。

图 9.41 加入滤波算法之后触摸画点效果变得平滑

下面介绍截屏存为 BMP 图片功能的实现。驱动 TFT 液晶时，很多时候都是在向它的显存中写入像素数据，从而实现显示功能，其实也可以从中进行像素的回读，这就是截屏功能的实现原理。将读到的 RGB565 格式的像素数据加上一个信息头，写到 SD 卡文件中的便是 BMP 图片。信息头的具体定义如图 9.42 所示。最终的实验效果如图 9.43 所示。

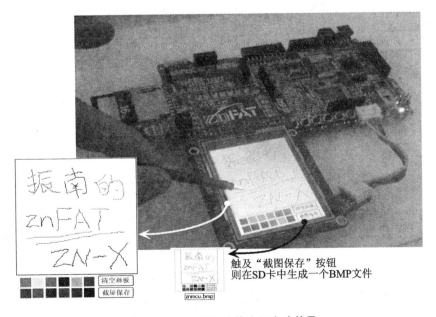

图 9.42　BMP 文件信息头结构具体定义

图 9.43　画图板实验的实际实验效果

9.11 MEMS 声音传感器录音实验

所需主要硬件：STM32F051R8T6、SD/SDHC 卡、ADMP401(由 ADI 公司出品的全向麦克风,模拟信号输出)。

作者:振南。

实验详细介绍:

前面通过 VS1003B 实现了录音笔实验,并没有触及真正的底层。VS1003B 自动完成了音频信号采样、编码处理等工作,最终呈现在我们面前的就是现成的 AD-PCM 数据,我们做的只是数据的组织与存储。振南一直想直接采集原始的声波信号,从而实现录音功能,甚至是声音识别。对于模拟信号的处理通常都是比较麻烦的,振南之前使用驻极体(俗称"咪头")＋处理电路基本实现了音频模拟信号的输出,如图 9.44 所示。

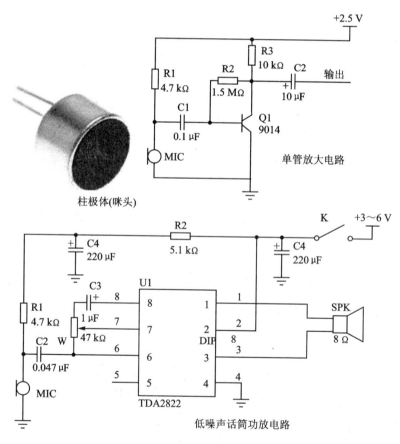

图 9.44 驻极体音频处理电路

　　图中功放电路的效果会比较好。驻极体将采集到的声音信号转换为电信号,经 C2 与 W(电位器)从 TDA2822 的 2 脚引入,放大后,最终产生音频模拟信号。此电路为 BTL 输出,这对于改进音质、降低失真大有好处,同时输出功率也增加了 4 倍,可直接驱动喇叭发音。

　　自己搭建电路的方式还是略显繁琐,而且受到分立元器件质量、焊接等因素的影响较大。振南后来发现了一个更简单的方案,即使用 MEMS 传感器。MEMS,即微机电系统,全称是 Micro‐Electro‐Mechanical System,是一种先进的制造技术平台,是以半导体制造技术为基础发展起来的。MEMS 技术采用了半导体技术中的光刻、腐蚀、薄膜等一系列的现有技术和材料,因此从制造技术本身来讲,MEMS 中基本的制造技术是成熟的,但 MEMS 更侧重于超精密机械加工,并涉及微电子、材料、力学、化学、机械学诸多领域。说白了,MEMS 就是在几厘米甚至更小的空间中封装的、可独立工作的智能传感器系统。此实验中使用的是振南的 ADPM401 模块,如图 9.45 所示。模块电路如图 9.46 所示。

图 9.45　振南的 ADMP401 MEMS 传感器模块

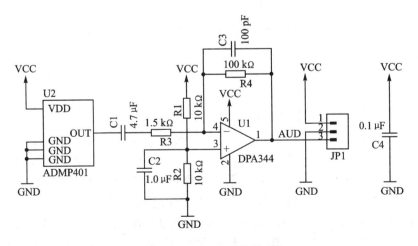

图 9.46　ADMP401 模块电路

此模块输出的是高质量的音频模拟信号,最大幅值可达到供电电压。我们需要使用 ADC 对它进行采集,ADC 芯片的精度以及采样速度决定了最终的音频质量。此实验中振南使用了 TLC549 芯片(位于 ZN‑X 开发板的基础实验资源模块上),采样精度为 8 位,最大转换速率为 40 kHz,即每秒钟可提供 40 000 个 A/D 采样数据。基于这样的硬件性能,我们可实现 8 kHz 或 16 kHz 的 8 位音频(这样的音频质量已经基本可以接受了)。

实验中使用的 CPU 芯片为 STM32F051R8T6(内核为 Cortex‑M0,位于 ZN‑X 开发板上),它是 STM32 系列中内核量级与性能较低的一款,但是用来控制 ADC 进行音频采集并实现录音功能还是足够了。图 9.47 为此实验的实际硬件平台及功能示意。

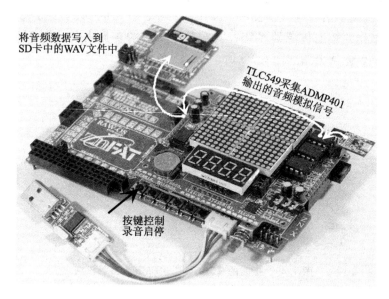

图 9.47　MEMS 声音传感器录音实验平台及其功能示意

顶层功能与前面的实验是类似的:由按键控制录音的启停,每次在 SD 卡中生成一个新的 WAV 文件。不过因为这里使用的是原始的 PCM 数据(即音频模拟信号的直接采样电压值),所以 WAV 文件的 RIFF 头有些差异。另外,播放相同时长的音频数据量较前者要大,因为这里没有进行 ADPCM 编码。

下面振南要讲的是一个很多人在作音频录制或播放时都会遇到的问题,如图 9.48 所示。CPU 控制 ADC 进行定时采样,将 A/D 转换结果存到的数据缓冲区中。当缓冲区存满之后,将其中的数据一并写到 SD 卡的 WAV 文件中。数据的写入是比较耗时的,这个时间很可能比 ADC 采样间隔长,也就是说会造成"信号漏采",从而导致最终的音频数据不连续,还原出来的声音自然是有缺陷的(我们可能听不出来,因为数据写入的速度还是比较快的)。解决这一问题的根本就在于如何让 CPU 同时干两件事情,又如何让数据缓冲区同时服务于两项工作(采集期间要向缓冲区写入数据,而数据写入期间则要从缓冲区中读取数据),前者自然是使用中断机制,针对后者振南提出了"缓冲区折半交换"的思想,具体如图 9.49 所示。

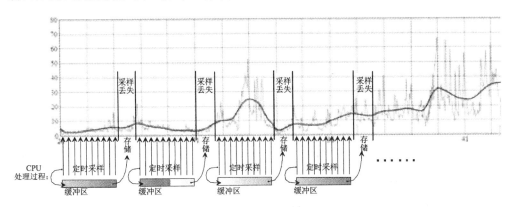

图 9.48 音频录制过程中因"CPU 间歇"造成采样丢失

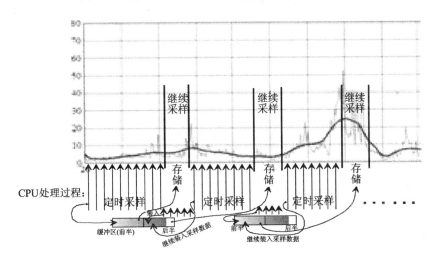

图 9.49 "缓冲区折半交换"思想示意

从图中可以看到,振南将缓冲区从中间分成两半,采样数据首先存到前半部分,存满后便将前半部分的数据进行存储,同时在定时中断作用下,CPU 依然控制 ADC 进行信号采集,并将结果存入到缓冲区后半部分中。在后半部分存满后,存储操作早已完成,此时再对后半部分进行存储,同时采集数据存入前半部分,如此交替,从而解决了"信号漏采"的问题。此思想可广泛应用于各种对信号连续性要求较高的场合。

9.12 各种 CPU 上的实例汇总(基于第三方实验平台)

振南的 ZN-X 开发板支持 3 种 CPU 芯片:51、AVR 与 STM32,其中,STM32 部分又包括 Cortex-M0/M3/M4 多个内核。基于这些硬件资源,振南做了大量的测试、移植以及应用实例,但由于当今流行的 CPU 内核与芯片种类繁多,所以 znFAT 在实际应用过程中所面临的挑战是巨大的。要保证在各种 CPU 上都能正常并且正确地运行,这对代码质量、编程逻辑以及可移植性都有很高的要求。

1. BMP 图片浏览(基于 PIC18F66K22)

此实验使用 PIC18F66K22 作为主 CPU,编译器为 MCC18,IDE 为 MPLAB。使用 znFAT 依次读取 SD 卡中所有的 BMP 文件(24 位 BMP),解析参数,读取其像素数据送到 TFT 液晶显示。实验平台与效果如图 9.50 与图 9.51 所示。

图 9.50 PIC18F66K22 作 BMP 图片显示实验硬件平台

图 9.51 PIC18F66K22 作 BMP 图片显示实验效果

2. VGA 显示 SD 卡中的图片(基于 Nios-II)

接着看文件系统,想短时间内把整个 FAT32 文件系统都搞定,而且很稳定很健壮,是不太容易的。有现成的 znFAT 可以移植,振南兄可是花了不少心思在这上面。我这里没有直接移植他的文件系统,而是参考 znFAT 自己写了个很简单的只能读取文件的"所谓文件系统"。因为此实验只涉及到图片文件的读取,所以我只做了读取的部分,完全与 FAT32 兼容。

网上能搜到的关于数码相框的方案大多是基于液晶屏显示的,而不是 VGA,因为 VGA 显示需要的显存比较大,一般至少 2 MB,成本太高。DE2 上是有 2 MB 的 SRAM 的,而 DE0 上除了 SDRAM 和 FLASH 之外什么都没有,所以只能把图片的尺寸减小到能放在片内 RAM 里才行。DE0 用的是 EP3C16F484C6 的 FPGA(属 Altera Cyclone III 系列),片上只有 56 个 M9KRAM,于是建立了一个 32 KB 的双口 RAM。由 CPU 读取 SD 卡的内容写到 RAM,然后 VGA 以 50M 的时钟读取并显示,VGA 分辨率为 800×600@72 Hz。

先找个测试用的图片,不要太大,160×120 左右。然后用 Image2Lcd 转化成 .bin格式,宽度为 97,高度为 150(这个图像尺寸是为了"将就"32 KB 显存),如图 9.52 所示。然后将 Image2Lcd 生成的 .bin 文件复制到 SD 卡中就可以开始实验了,整个过程不需要使用 WinHex,这就是有文件系统的好处。实验硬件平台与实际效果如

图 9.53 与图 9.54 所示。

图 9.52　使用 Image2Lcd 软件将图片转为 bin 格式

图 9.53　VGA 显示图片实验的硬件平台(FPGA)　　**图 9.54　VGA 显示图片实验效果**

3. 汉字电子书(基于 STM8)

这里实现一个简单的电子书实验。电子书就是读取存储设备(如 SD 卡或 U 盘)中的文本文件(比如 TXT),将其中记录的字符显示在显示器件上(比如液晶)。在这一过程中,文件系统和字库是最重要的两个部分,文件系统用于读取存储设备上的文本文件,字库则记录了字符所对应的字模信息。

这个实验使用 STM8 单片机作为核心,SD 卡作为存储设备,NOKIA5110 液晶模块作为显示器件。字库采用 GBK 16×16 点阵字库,文本文件格式为最简单的TXT 格式。文件系统方案使用振南的 znFAT。

实现过程:STM8 单片机使用 znFAT 文件系统方案读取 SD 卡上的 TXT 文本文件数据(字符的编码数据),依字符编码计算其字模数据在字库文件中的偏移位置,通过对字库文件进行数据定位及读取得到字模数据,将字模写到 NOKIA5110 液晶中从来完成字型的显示。在此期间,还要控制好字符在液晶上显示时的翻页及格式换行等操作,最终使用字符可以正确地展现出来。

可以发现,这个实验中字库文件与 TXT 文本文件均存放在 SD 卡上。我们要对它们同时进行操作,也就是说这两个文件要同时处于打开的状态,并同时进行数据的定位与读取操作。这正是 znFAT 的多文件功能。图 9.55 为实际的实验效果。

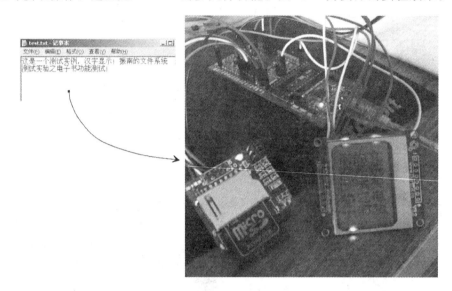

图 9.55　简易汉字电子书实验效果

4. SD 卡 WAV 音频播放器(基于新唐 NUC120 芯片)

此实验要实现 SD 卡 WAV 音频播放,采用新唐的 NUC120 芯片(Cortex – M0 内核)与 16 位音频 DAC HT82V731,DAC 与 CPU 之间通过 I²S 进行数据传输(NUC120 芯片内置硬件 I²S 控制器,是专门用于音频数据传输的通信接口)。

WAV 文件中的音频数据使用最简单的 PCM 格式(不经压缩编码),这样就可以读取 WAV 文件的数据直接送到 DAC 进行播放了。WAV 文件存放在 SD 卡中,使用振南的 znFAT 文件系统方案对其进行操作,读取其数据。此实验示意如图 9.56 所示。实验硬件平台以及串口信息如图 9.57 与图 9.58 所示。

振南点睛

此实验与振南所做的 WAV 播放器实验不同,它通过 I²S 接口进行音频数据的传输,而且使用的是专业的音频 DAC 芯片,所以最终的音频播放效果会比较理想。它在实现上要比振南的实验难一些,根本原因就在于 I²S 一旦启动,它便会产生连续

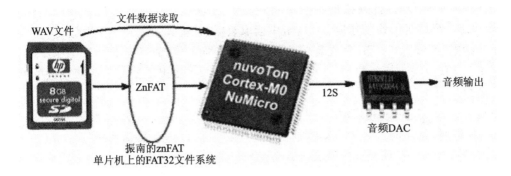

图 9.56　SD 卡 WAV 播放器实验示意图

图 9.57　新唐 NUC120 开发板

图 9.58　SD 卡 WAV 播放器实验串口信息

的同步时钟信号,将音频数据源源不断地写入到 DAC 中,从而实现音频的流畅播放。CPU 要以足够快的速度从 SD 卡中读取数据,并将其写入到 I²S 的 FIFO 中,防止音频的"断流"(I²S FIFO 在即将为空的时候会向 CPU 产生中断,CPU 在中断程序中向 FIFO 写入新的数据)。所以,这个实验中同样使用了振南上面所说过的"缓冲区折半交换"思想。定义一个 2K 的缓冲区,首先向前 1K 中装入数据,用于在 I²S 中断中填充 FIFO,同时读取 SD 卡向后 1K 中装入数据,以备使用。当后 1K 开始填充 FIFO 时,又向前 1K 中装入数据。如此往复,以保证音频数据流畅(图 9.57 中的 "1212121212……"就是在进行缓冲区交换)。

5. SD 卡与 U 盘文件复制实验(基于 LPC1768)

要实现文件的复制(文件数据的搬移),就要求文件系统方案必须要支持多文件,即同时操作多个文件(从文件 1 读数据,同时要向文件 2 写入数据)。znFAT 通过独立的文件信息封装(每一个文件有各自的 FileInfo)实现了多文件功能。因此,使用 znFAT 来完成文件的复制还是比较简单的。

但是,这里所说的文件复制,与上面又有所不同,而是跨越存储设备的文件复制,即源文件与目标文件是不在同一个存储设备上的,比如把 U 盘上的文件复制到 SD 卡上。这对于文件系统来说是一个较大的挑战,要求文件系统必须要支持多设备,即可以同时挂接多种不同的存储设备,并可以同时操作这些存储设备上的文件,如图 9.59 所示。

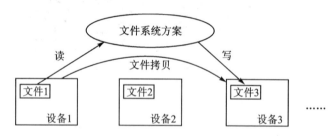

图 9.59 跨设备文件复制实验示意

znFAT 通过分立的存储设备文件系统信息封装,实现了多设备功能,可以同时挂接多种存储设备,并且可以在多种存储设备之间进行随时随意的灵活切换。振南以前做过跨存储设备的文件复制实验,当时是使用 51 单片机,U 盘读/写使用的是 CH375B。这里就使用 LPC1768 来完成这个实验,因为 LPC1768 内置有 USB-HOST,可以直接读/写 U 盘,如图 9.60 所示。实验硬件平台如图 9.61 所示。

6. MP3 播放器(基于 LPC2103 或 PIC18F4620)

SD 卡 MP3 播放器实验是振南最常做的一个实验,一开始用的是 STC51+VS1003(MP3 音频解码器),文件系统方案使用的是 znFAT。本实验使用 ARM7(LPC2103)与 PIC18F4620。在功能上就是单纯地对 VS1003B 进行控制,从而实现

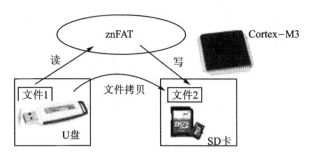

图 9.60　通过 LPC1768 芯片实现 U 盘与 SD 卡文件拷贝

图 9.61　LPC1768 实现跨设备文件拷贝实验平台

基本的 MP3 播放，主要目的在于验证在这两种 CPU 上的移植效果。实验硬件平台如图 9.62 所示。

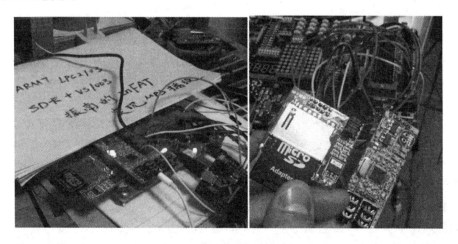

图 9.62　LPC2103 与 PIC18F4620 实现 MP3 播放实验平台

7. 文本语音合成实验(基于 NUC120)

全称为 Text‑To‑Speech,即文字转为语音。在一些高级的 MP3、MP4、电子书或手机上可能会有这样的功能,即把文本,比如小说、短信、网页等,通过语音读出来。这种技术就叫作 TTS。

在这里就要实现一个简单的 TTS 功能,将一个 TXT 文件中的文字转为相应的语音通过喇叭播放出来。此实验中使用 Nuvoton 的 NUC120 芯片(Cortex‑M0 内核)作为核心 CPU;TTS 功能使用专门的 TTS 芯片——SYN6288,它可以支持中文与英文,而且还支持多种编码方式,如 GB2312、GBK 和 UNICODE 等。TXT 文本文件存放在 SD 卡中,文件系统使用振南的 znFAT,从而可以轻松实现对文件的打开及其数据的读取操作。实验示意如图 9.63 所示。

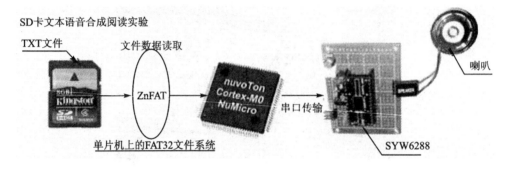

图 9.63　TTS 语音合成实验示意

分多次读取 SD 卡上的 TXT 文件的数据(SYN6288 的接收缓冲区最大为 200 字节,因此要分多次向其发送文本编码数据),SYN6288 采用标准串口方式进行数据通信,NUC120 只须使用 znFAT 读取 TXT 数据,通过 UART 发送给 SYN6288 即可。此实验硬件平台如图 9.64 所示。

8. 图像文字叠加实验(基于 S3C2440)

我们经常看到图像与文字叠加的效果,比如数码相机拍摄的照片中加入了日期与时间、在论坛中上传的图片被加上了水印或者是叠加在电视画面上的 OSD 界面等,如图 9.65 所示。

这样的叠加效果是如何实现的呢? 其实原理很简单:依照文字的点阵或像素信息修改图像相应位置上的像素颜色即可。此实验实现的功能就是读取 SD 卡中的 TXT 文本文件,将其中的汉字或英文字符叠加到一个 BMP 图像中,并生成一个新的 BMP 文件(汉字点阵数据仍然使用 HZK16,同样存放在 SD 卡中),最终使用 TFT 液晶对叠加前后两个 BMP 图像进行显示,详细示意如图 9.66 所示。最终的显示效果就如同以图像为背景,在上面写字一样,如图 9.67 所示。

实验中,文字的大小取 16×16,每个点对应于点阵数据的一个位,即字模数据为 32 个字节,这些位的 0 和 1 描述了字符的字型。在与图像进行迭加的时候,点阵中

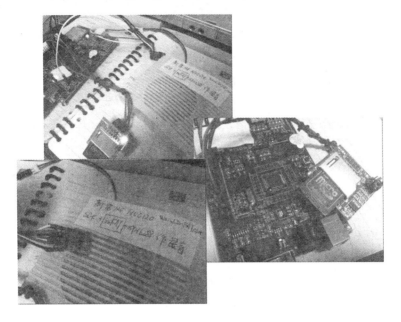

图 9.64　TTS 语音合成实验硬件平台

图 9.65　图像与文字有叠加效果

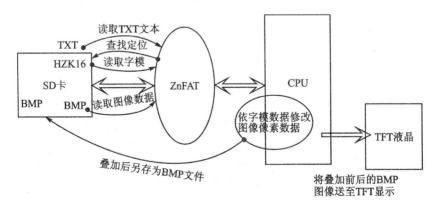

图 9.66　图像文字叠加实验的功能示意

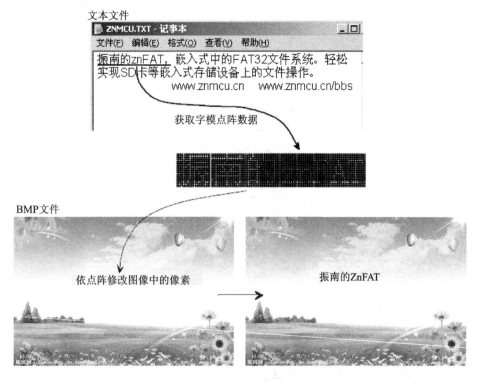

图 9.67　图像文字叠加实验的实现过程

的每一个点对应图像的一个像素,点为 1 则将相应像素修改为某种颜色,点为 0 则保持像素不变。这样,文字就被迭加进图像中去了。实验硬件平台如图 9.68 所示。

图 9.68　图像文字叠加实验硬件平台

振南点睛

此实验在实现上主要使用了 znFAT 中的数据修改功能(znFAT_Modify_Data)。这个函数是 znFAT 后期加入的一个新的功能函数,用来对已有文件中任意位置开始的一定长度的数据进行修改,即用新的数据覆盖旧的数据(详见最新的 znFAT 源码)。

9. 数据采集存储实验(基于 C8051F340)

此实验使用 C8051F340 芯片及其片内 ADC(10 位精度)实现简易的数据采集与存储。数据以 TXT 文件的方式记录到 SD 卡中,文件系统使用振南的 znFAT。实验示意如图 9.69 所示。

此实验中只是单纯地采集了一路电压信号,图 9.70 是在 SD 卡中生成的 TXT 文件。实验硬件平台如图 9.71 所示。

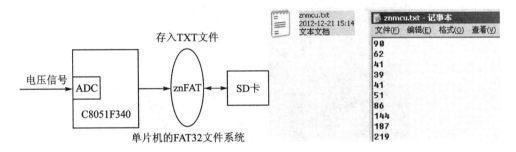

图 9.69　C8051F340 数据采集
存储实验示意

图 9.70　实验中生成的记录了
电压值的 TXT 文件

图 9.71　C8051F340 数据采集存储实验平台

10.《跳跃的小猫》经典动画播放

这一实验振南以前做过,是一个小猫跳跃的动画播放,是基于 51 和 OLED 来进行实现的。这里将其移植到了 FPGA 上,基于 Nios 软核来实现(芯片为 EP2C5Q208)。在振南的开发板上外扩了一片 32 MB 的 SDRAM,因为程序中是将整个 ZNV 文件读到 RAM,然后再送到 LCD12864 显示播放。一开始有一个 loading 的过程,就是在读文件。(Nios II 上的代码必须依赖于具体订制的 Nios CPU,实验中有大量与 CPU 相关的内容。Nios II 的开发使用 Nios II IDE,如图 9.72 所示。)实验效果如图 9.73 所示。

图 9.72　此实验中使用 NIOSII IDE 进行程序开发

图 9.73　动画播放实验效果

第 **10** 章

存储设备，闪存解惑：主流存储设备及闪存技术详解

下一章的 SD 卡物理驱动调试与原理将对 SD 卡进行全面而细致地剖析，振南的所有实验似乎也都是使用 SD 卡来完成的，这主要是因为 SD 卡在当今的嵌入式存储应用中具有非常典型的代表意义。但是物理层绝非仅仅是 SD 卡而已，在深度和广度上都有着极大的内涵和扩展。它包含了各种形态的物理存储设备驱动，比如 CF 卡、硬盘、U 盘、NOR/NAND FlashROM 等；针对于某一存储设备，又会继续地延伸下去，甚至演化出嵌入式文件系统的另一个分支（或者说学科），比如 NOR/NAND FlashROM。本章首先简要介绍几种流行的存储设备，然后对很多人提出的关于 NOR/NAND FlashROM 在文件系统中应用的问题进行详细的讲解。

10.1　当前主流存储设备

可以说，这是一个存储技术高速发展，甚至爆炸的时代，先进的技术与工艺催生出了各式各样不同形态的存储设备，它们不断地被发明、演化、落后、淘汰……时至今日，仍流行在市面上的各种存储设备，可谓各据一方、各有特色，在不同的应用领域发挥着其独特的优势。从某种程度上说，存储设备象征了计算机的发展水平，（还记得 386、486 的 DOS 时代使用的 3.5 寸软盘吗？记得当时还把弹片拨开看日食。）如图 10.1 所示。

图 10.1　曾经及当前主流的存储设备

10.1.1 主流存储设备简介

1. IDE 硬盘

IDE(Integrated‐Drive‐Electronics,即电子集成驱动器)是现在普遍使用的外部接口,主要接硬盘和光驱。采用 16 位数据并行传送方式,体积小,数据传输快。一个 IDE 接口只能接两个外部设备,一般用于 PC 机,最高转速 7 200 转,俗称 PATA。IDE 接口技术从诞生至今就一直在不断发展,性能也在不断地提高,其拥有价格低廉、兼容性强的特点,所以造就了其他类型硬盘无法替代的地位。IDE 硬盘及其接口如图 10.2 所示。

图 10.2　IDE 硬盘及其接口实物图示

2. U 盘(USB)

U 盘,全称 USB 闪存驱动器(USB flash disk),是一种使用 USB 接口的无需物理驱动器的微型高容量移动存储产品,通过 USB 接口与计算机连接,即插即用。U 盘的称呼最早来源于朗科科技生产的一种新型存储设备,名曰"优盘",使用 USB 接口进行连接。U 盘连接到计算机的 USB 接口后,资料可与计算机交换。而之后生产的类似技术的设备由于朗科已进行专利注册,所以改称谐音的"U 盘",后来这个称呼因其简单易记而广为人知。

U 盘使用 USB 大容量存储设备协议标准,在近代的操作系统,如 Linux、Mac OS X、Unix 与 Windows2000、XP、Win7 等中皆有内置支持。随着嵌入式 CPU 的不断发展,U 盘已经在嵌入式领域有了广泛的应用。

一般来说,U 盘在硬件上包括 PCB、USB 主控、USB 接口与 NAND Flash 芯片。大多数闪存盘支持 USB2.0 标准。然而,因为 NAND 闪存技术上的限制,其读/写速度目前还无法达到 USB2.0 标准所支持的最高传输速度 480 Mbps。目前最快的闪存盘已使用了双通道的控制器,但是比起硬盘,或是 USB2.0 能提供的最大传输速率来说,仍然差一截。目前最高的传输速率为 20～40 Mbps,而一般的文件传输速度大约为 10 Mbps。

U 盘及其接口如图 10.3 所示。

图 10.3 U 盘接口实物图示

3. SD 卡(SDIO)

SD 卡(Secure Digital Memory Card,即安全数码存储卡)是一种基于半导体闪存工艺的存储卡,1999 年由日本松下主导概念,参与者东芝和美国 SanDisk 公司进行实质研发而完成。2000 年这几家公司发起成立了 SD 协会(Secure Digital Association,简称 SDA),阵容强大,吸引了大量厂商参加,包括 IBM、Microsoft、Motorola、NEC、Samsung 等。在这些领导厂商的推动下,SD 卡已成为目前消费数码设备中应用最广泛的一种存储卡。SD 卡具有大容量、高性能、安全性高等多种特点,比 MMC 卡多了一个进行数据著作权保护的暗号认证功能(SDMI 规格),读写速度比 MMC 卡要快 4 倍,达到 2 Mbps(此为保守值,实际速度仍在不断提升)。

SD 卡容量目前有 3 个级别:SD、SDHC 和 SDXC。SD 容量有 8 MB、16 MB、32 MB、64 MB、128 MB、256 MB、512 MB、1 GB、2 GB;SDHC 容量有 2 GB、4 GB、8 GB、16 GB、32 GB;SDXC 容量有 32 GB、48 GB(松下的奇葩型号)、64 GB、128 GB、256 GB(截至 2013 年第二季度)。

SD 卡采用 SDIO 接口(同时兼容 SPI 接口)。不过 SDIO 并非仅用于 SD 卡,还可用于诸如 GPS 接收器、Wifi 无线网卡、蓝牙适配器、电视接收器等采用 SD 标准接口的设备。

SD 卡及 SDIO 接口如图 10.4 所示。

图 10.4 SD 卡及 SDIO 接口实物图示

4. SATA

SATA 全称是 Serial Advanced Technology Attachment(串行高级技术附件,一

种基于行业标准的串行硬件驱动器接口),是由 Intel、IBM、Dell、APT、Maxtor 和
Seagate 公司共同提出的硬盘接口规范。2001 年,由这几大厂商组成的 Serial ATA
委员会正式确立了 Serial ATA 1.0 规范,在当年的 IDF Fall 大会上,Seagate 宣布了
Serial ATA 1.0 标准,正式宣告了 SATA 规范的确立。

SATA 的优势在于:接口结构简单,支持热插拔,传输速度快,执行效率高。使
用 SATA(Serial ATA)接口的硬盘又叫"串口硬盘",是未来 PC 机硬盘的趋势。Ser-
ial ATA 采用串行连接方式,所以具备了更强的纠错能力。与以往相比,其最大的区
别在于能对传输指令(不仅仅是数据)进行检查,如果发现错误会自动矫正,这在很大
程度上提高了数据传输的可靠性。

串口硬盘是一种完全不同于并行 ATA 的新型硬盘接口类型。首先,Serial
ATA 以连续串行的方式传送数据,一次只会传送 1 位数据。这样能减少 SATA 接
口的针脚数目,使连接电缆数目变少,效率也会更高。实际上,Serial ATA 仅用 4 支
针脚就能完成所有的工作,分别用于连接电源、地、发送数据和接收数据,同时这样的
架构还能降低系统能耗和减小系统复杂性。其次,Serial ATA 的起点更高、发展潜
力更大,Serial ATA 1.0 定义的数据传输率可达 150 Mbps,这比最快的并行 ATA
(即 ATA/133)所能达到 133 Mbps 的最高数据传输率还高,而在升级到 Serial ATA
2.0 之后,数据传输率达到 300 Mbps,最终 SATA 将实现 600 Mbps 的最高数据传
输率。

SATA 接口实物如图 10.5 所示。

图 10.5　SATA 接口实物图示

10.1.2　嵌入式存储设备

嵌入式领域对于存储设备有其独特的需求，比如接口简单、易于集成、体积小巧等。这其实就在告诉读者，上面所列举的诸多存储设备并非都适用于嵌入式应用场合。总体来说，各种存储卡与 FlashROM 芯片更为适宜，而像 U 盘、IDE 与 SATA 硬盘这种协议与接口较为复杂的存储设备在嵌入式中则并不多见（随着嵌入式 CPU 性能上的不断提升，这一界限其实已经模糊）。

1. SD 卡

SD 卡已经成为一种非常流行而成熟的嵌入式存储设备。毫不夸张地说，几乎所有的中高端开发板都集成了 SD 卡接口，在很多的工程项目与产品中其应用也屡见不鲜。本书也将它作为数据存储与文件系统的主要载体来展开讲述与实验。SD 卡的盛行有着绝对的市场因素，但这一切必然基于以下几点：

① SD 卡同时兼容两种接口方式（SDIO 与 SPI），其中 SPI 是嵌入式 CPU 中最为常见的必备通信接口；

② SD 卡直接提供了 512 字节的标准扇区读写粒度以及理想的连续逻辑扇区地址；

③ SD 卡提供了较高的数据读写速度与数据安全性；

④ 小巧的封装体积使其易于集成到嵌入式目标系统中，尤其是它的微型封装，即 TF 卡（Micro SD）。

只要 CPU 芯片有 SPI 通信接口（即使没有，也可以使用 I/O 方便地模拟出来），就可以完成对 SD 卡的驱动，这使得 SD 卡可以普适于各种主流 CPU 芯片，如 51、AVR、PIC、MSP430、DSP、ARM 等。当然，要发挥 SD 卡的性能优势，还是要使用 SDIO。在很多新型的 CPU 芯片中已经集成了硬件 SDIO 接口，比如 S3C2440、STM32F103ZET6、STM32F207ZGT6、LPC1788 等，外观如图 10.6 所示。

2. U 盘

早些时候，在嵌入式平台上使用 U 盘其实还是一件比较困难而复杂的事情。当时集成 USB HOST 的 CPU 芯片还很少，所以通常要借助于一些专用的 USB 控制器芯片，比如 Cypress 的 SL811HST、WCH 的 CH375B 等，外观如图 10.7 所示。

但是现在很多 CPU 芯片已经集成了 USB 主机控制器（甚至是 OTG），并且随芯片配有现成的 USB 固件库，于是可以很方便地完成对 U 盘的读写操作。

振南认为使用 U 盘作为嵌入式数据存储的载体存在一定程度的不稳定性，主要是因为：

① USB 接口连接上的不稳定性（U 盘长时间工作有时会因干扰与机械振动而导致与主机的连接失效）；

② U 盘市场鱼龙混杂，质量与兼容性上可能无法保证（有些 U 盘会出现挑盘、

图 10.6 各种集成硬件 SDIO 接口的 CPU 芯片及其开发板

无法识别的问题);

③ 使用 U 盘进行数据存储,在功能方面很大程度上依赖于 USB 固件与驱动程序,但 USB 本身较为复杂,从而造成固件代码维护上的困难。

3. NOR/NAND FlashROM

FlashROM 是本章要讲的重点。FlashROM 芯片因其可以直接焊接于 PCB

图 10.7 USB 主机控制器芯片

上,所以具有无可比拟的连接稳定性,即不易受振动、温度、湿度等外因而造成接触不良等问题。另外,它通常提供了标准的总线接口,比如 I^2C、SPI 或并行总线,可以非常方便地与 CPU 进行挂接。

(1) NOR FlashROM

一般 NOR FlashROM 存储容量都比较小(0～8 MB),通常用于少量的数据存储以及 CPU 的程序存储器。常见的芯片型号有 Atmel 的 AT45 系列、Winbond 的 W25 系列、AMD/ST 的 M29 系列、SST 的 39 系列等,如图 10.8 所示。

NOR Flash 的最大特点是读取速度非常快,因此可以实现所谓的"片内执行"(XIP,eXecute In Place),即应用程序可以直接在 NOR Flash ROM 内运行,而不必再把代码读到 RAM 中(代码段.text 可驻留于 ROM 中,而那些在程序运行过程中需要进行修改的段,如.bss 与.data 则依然需要放在位于 RAM 中,这种做法可以节省宝贵的 RAM 资源)。

图 10.8 常见的几种 NOR FlashROM 芯片

(2) NAND FlashROM

NAND FlashROM 拥有非常高的存储容量(从几十 M 到上 G),而且写入与擦除速度比 NOR FlashROM 要快得多,可用于大规模、高速的数据存储。振南上面介绍的各种存储卡以及 U 盘的核心存储介质其实就是 NAND FlashROM,只不过它们在此基础上又进行了存储单元的管理与映射、接口的转换而已,如图 10.9 所示。

图 10.9 各种存储卡与 U 盘的存储核心是 NAND FlashROM

10.2 FlashROM 上的文件系统

关于 FlashROM,问得最多的一个问题是:"如何在 FlashROM 上使用文件系统,比如 znFAT?"其实这比你想像得要复杂得多,它将衍生出嵌入式文件系统的另一个重要分支——FTL 与 NFTL(这里只简单介绍其原理,感兴趣的读者可以参见

Intel 发布的《彻底理解 NAND Flash 文件系统中 FTL 层设计思想与实现》)。

10.2.1　FTL

FTL,全称为 Flash Translation Layer,即闪存转译层。为什么需要这个转译层?它将闪存转译成了什么? 它与文件系统又有何关联? 请看图 10.10。

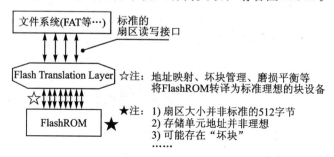

图 10.10　FlashROM 经 FTL 转译为标准块设备

我们知道,FlashROM 芯片内部是由成千上万个存储单元(块、扇区或页)构成的。由于芯片设计、加工工艺与成本等方面的因素,这些存储单元的"粒度"(即其中包含的字节数)可能并不统一,并不是标准的 512 字节,比如 W25X 系列芯片的扇区大小为 4 KB。但是文件系统的底层驱动接口通常都是较为标准的,比如 FAT32 文件系统要求存储设备必须要能够提供 512 字节扇区读写接口。所以,需要在某一个层面上对 FlashROM 的存储单元地址进行重新映射。这个层面就是 FTL,如图 10.11 所示。

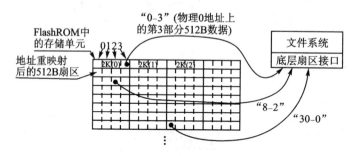

图 10.11　FTL 对 FlashROM 进行地址重映射

10.2.2　NFTL

对于 NOR FlashROM 来说,FTL 的主要职责就是地址重映射。但是对于 NAND FlashROM 来说,FTL 却会变得较为复杂。这主要是因为 NAND FlashROM 并不像 NOR FlashROM 那样理想,它的存储单元(块)并不能保证一定是好用的。此时 FTL 被称为 NFTL(NAND Flash Translation Layer),它还要负责完成诸如坏块管理、磨损平衡等功能,如图 10.12 所示。

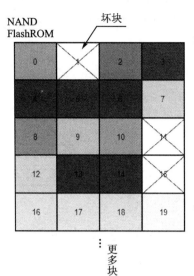

NAND
FlashROM　　　坏块

块映射表

逻辑块地址	物理块地址	磨损程度
0	2	10
1	3	98
2	4	95
3	5	90
4	6	101
5	7	6
6	8	8
7	9	6
8	10	9
9	12	7
……		

注：坏块在使用中会随时继续产生，
因此表权始终进行维护。

更多块

注：各块的颜色深度代表此块的"磨损程度"，即已经历的读写次数。

图 10.12　NFTL 对 NAND FlashROM 坏块与磨损平衡的管理

要维护图 10.12 中的块映射表，我们必须要首先知道一个 NAND FlashROM 芯片上坏块的分布情况，也就是哪些块是坏块。所谓"坏块"是指那些在编程或擦除时无法将其中的某些位拉高的块。在操作这些块时，会产生"页编程"与"块擦除"错误。坏块是因为 NAND FlashROM 芯片的生产工艺不能保证其存储阵列在生命周期内性能的可靠而产生的。所以在生产与使用过程中都会产生坏块。

在芯片出厂时，芯片原厂会在坏块第一个页的空闲区的第 6 个字节处标记一个不等于 0XFF 的值，可以以此为依据进行一个全盘的扫描，从而建立坏块表。对于在以后使用过程中产生的坏块，也用此方法对其进行标记，并更新到坏块表中。与坏块管理相关的各种表与数据结构我们可以固化于第 0 块中。因为一般来说，芯片厂会向使用者承诺第 0 块是一个"安全的块"，它拥有比其他块更长的使用寿命，如图 10.13 所示。

NFTL 的具体实现远不止上面讲到的这些。要在 NAND FlashROM 上使用文件系统，我们也许要在 NFTL 上花费更多的心思。其实比较成型的 NFTL 也有不少，不过大多都是商用的，并非开源；免费的也有，不过基本都不是以独立方式来发布的，而是集成在一个大的开源项目中，比如著名的 YAFFS(YetAnotherFlashFileSystem，第一种专门为 NAND FlashROM 设计的嵌入式文件系统)，其他还有 JFFS、UBIFS 等。

其实有一个问题让很多人都很迷惑："既然 SD 卡、U 盘等存储设备内部实质性的存储载体都是 NAND FlashROM，那为什么它们不需要 NFTL 呢？"提出这样的问题说明你把这些存储设备想得过于简单了。也许，你认为它们只是纯粹地进行了一

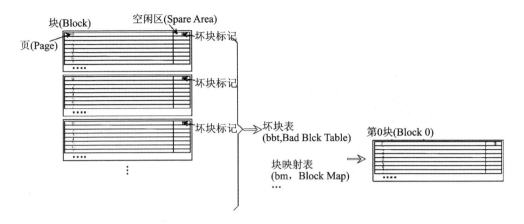

图 10.13　NFTL 对坏块的扫描及相关数据结构的存储

下接口转换(将 NAND FlashROM 的并行总线接口转为 SDIO 或 USB 等),便摇身变成了存储卡或 U 盘,其实不然,请看图 10.14。

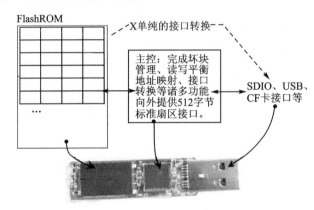

图 10.14　存储卡、U 盘等存储设备中的主控完成了 NFTL 的工作

　　可以看到,存储卡、U 盘等存储设备中的主控芯片完成了 NFTL 的功能,从而使我们无需顾及 NAND FlashROM 的硬件特性。在我们面前的就是现成的标准 512 字节扇区接口,这样就可以很方便地将其与文件系统进行对接,并实现各种文件操作功能。可以想想,NAND FlashROM 早在 1989 年就已经诞生,但是直到 2000 年,基于 NAND FlashROM 的通用存储设备才被发明出来,比如 SD 卡、U 盘等,如果只是一个简单的接口转换而已,那为什么会经历如此长的时间呢? 这里面必定含有某种关键的技术,而且是待开发的新兴技术,它要经历提出、发展、成熟、验证、稳定等多个阶段才能形成产品。这从另一个侧面也能看出 NFTL 在技术上的复杂与难度了。

　　本章介绍了当前较为流行的几种主流存储设备,着重讲解了 FlashROM 的相关内容其实本章是振南在将书稿的写作工作全部完成之后又进一步追加的,有了这章本书的整体知识结构会更加完善。

第11章

物理驱动，深入剖析：SD 卡物理驱动

SD 卡物理驱动其实一直是振南的一块心病，很多人曾经发出过这样的哀叹："znFAT 看起来很强大，但是 SD 卡我实在调不通，还是看看有没有其它更好的方案吧……"面对这种无奈，振南也感觉非常被动。很多时候，要指望读者自己把 SD 卡驱动调通是不现实的，所以专门设置了此章来帮助读者把 SD 卡调通，更重要的是详细讲解 SD 卡相关驱动的实现原理。

11.1 SD 卡的接口与电路

要想把 SD 卡调通，必须要先保证电路是正确的，这包括供电、接口信号连接、电平匹配等，这些是进行驱动开发和调试的首要前提。遇到过很多人，他们在驱动程序上花费了大量的时间精力，但仍然调不通。即便是把程序给振南看，也看不出任何问题。究其根本，是因为电路是错的。当我们一直纠结于某个程序怎么都不通的时候，就应该想想是不是程序以外的东西出了问题。

11.1.1 SD 卡的接口

SD 卡有两种驱动模式的，SPI 模式与 SDIO 模式。它们所使用的接口信号是不同的，图 11.1 是 SD 卡的接口定义。本章中我们只针对 SPI 模式进行讲解。在这种模式下，只会用到 SD 卡的 4 根信号线，即 CS、DI、SCLK 与 DO（分别是 SD 卡的片选、数据输入、时钟与数据输出，对应于 1、2、5 和 7 引脚）。

Pin	SD 4-bit mode		SD 1-bit mode		SPI mode	
1	CD/DAT[3]	Data line 3	N/C	Not Used	CS	Card Select
2	CMD	Command line	CMD	Command line	DI	Data input
3	VSS1	Ground	VSS1	Ground	VSS1	Ground
4	VDD	Supply voltage	VDD	Supply voltage	VDD	Supply voltage
5	CLK	Clock	CLK	Clock	SCLK	Clock
6	VSS2	Ground	VSS2	Ground	VSS2	Ground
7	DAT[0]	Data line 0	DATA	Data line	DO	Data output
8	DAT[1]	Data line 1 or Interrupt (optional)	IRQ	Interrupt	IRQ	Interrupt
9	DAT[2]	Data line 2 or Read Wait (optional)	RW	Read Wait (optional)	NC	Not Used

图 11.1 SD 卡各种工作模式下的接口定义

有人经常会问一个问题："据说 SDIO 模式比 SPI 模式的数据读写速度要快得多，那为什么不用 SDIO 模式呢？"一方面是因为 SDIO 需要更多的引脚，更主要的矛

盾振南会在后面介绍 SD 卡驱动原理的时候详细说明。

在实际使用 SD 卡的时候,我们手中的可能并不是图 11.1 中这种标准的 SD 卡,而是 miniSD 或 microSD(又称 TF 卡)。因为它们体积比较小,所以俗称"小卡",如图 11.2 所示。其实它们都是 SD 卡,只不过封装不同而已。就如同平时我们所使用的芯片有 DIP 和 SOP 封装是一个道理。它们都可以通过相应的卡套转为标准 SD 卡。

(a) microSD 卡及其 SD 卡套   (b) miniSD 卡及其 SD 卡套

图 11.2　SD 卡各种工作模式下的接口定义

11.1.2　SD 卡的电路

SD 卡的电路其实非常简单。首先,我们必须要知道 SD 卡的工作电压是 3.3 V,这样,就出现了一个问题:如果使用的 CPU 芯片是 5 V,那它与 SD 卡信号线连接时就需要一个 3.3～5 V 的双向电平转换电路了。至于电平转换的具体实现,有几种方案:使用双向电平转换芯片,比如 74LVC4245;使用三极管或 MOS 管搭电路;使用电平缓冲芯片,比如 74HC244 或 74HC04 等;使用电阻分压电路等振南的 ZN - X 开发板使用的 SD 卡模块上采用的是最简单的电平转换方案——电阻分压电路,电路如图 11.3 所示。

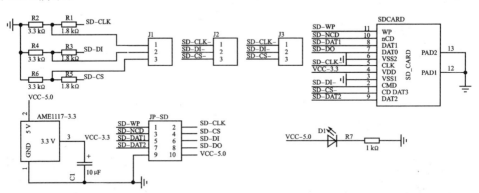

图 11.3　振南 SD 卡模块的电路原理图

通过 3.3 kΩ 与 1.8 kΩ 的分压电阻,CPU 芯片 5 V 的 I/O 电压将变成 3.3 V,但由 SD 卡的 DO 引脚输出的 3.3 V 信号并没有进行升压处理。对于大部分 5 V 的 CPU 芯片来说,只要输入电压高于 2.5 V,基本上就可以被识别为高电平了。不过,这仍然是一种实验性的、非正规的、不可靠的方案,在实际将 SD 卡进行工程应用的时候,使用专用的电平转换芯片还是最稳妥的办法。另外,分压电路会使信号的驱动能力降低(因为分压电路会有限流作用),这样的信号在进入到 SD 卡之后(SD 卡其实是一种负载)会产生进一步的压降,从而可能造成电平无法被 SD 卡识别。我们可以在信号线加上拉电阻,或者打开 CPU 芯片的 I/O 内部上拉或推挽功能来提高信号的驱动能力(很多人就是因为这一问题造成调试失败的,振南起初也在这上面栽过跟头)。

当然,如果使用的 CPU 芯片本身就是 3.3 V,那就无需分压了。SD 卡模块上的跳线 J1、J2、J3 决定了是否使用分压电路。

11.2　振南 SD 卡驱动移植与测试

其实很多人并不十分关心 SD 卡驱动的实现细节,比如具体某项功能所对应的命令字、寄存器或时序等,而是希望有现成的驱动程序,结合自己的硬件进行适当的修改,便可快速地调试成功。于是,振南编写了一套功能完备、兼容性较好的 SD 卡驱动模板。

11.2.1　振南 SD 卡驱动简介

振南的驱动中已经实现了所有的常用 SD 卡操作功能,详见表 11.1。同时,驱动程序还支持几乎所有类型的 SD 卡,包括 MMC、SD 与 SDHC。

表 11.1　振南 SD 卡驱动功能清单

函数定义	功能与参数描述
SD_Init()	SD 卡初始化
SD_Write_Sector(addr,buffer)	将 buffer 中的数据写入 addr 扇区中
SD_Read_Sector(addr,buffer)	读取 addr 扇区中数据到 buffer 中
SD_Write_nSector(nsec,addr,buffer)	将 buffer 中的数据写入 addr 开始的 nsec 个扇区中
SD_Read_nSector(nsec,addr,buffer)	读取 addr 开始的 nsec 个扇区数据到 buffer 中
SD_Erase_nSector(addr_sta,addr_end)	擦除 addr_sta 开始 addr_end 结束的多个扇区
SD_GetTotalSec()	获取 SD 卡的物理总扇区数

注:前 6 个函数返回 0 为成功,1 为失败;最后一个函数返回物理总扇区数。

11.2.2　振南 SD 卡驱动移植

驱动中与硬件相关的部分有两处:一是数据类型,二是 SPI 的实现,重点是后者。需要由用户修改的代码如下(sd.c):

```
#define SD_SPI_SPEED_HIGH() //将 SPI 切换为高速模式
#define SD_SPI_SPEED_LOW()  //将 SPI 切换为低速模式
```

```
#define SD_SPI_WByte(x) //SPI 写字节
#define SD_SPI_RByte() //SPI 读字节
UINT8 SD_SPI_Init(void) //SPI 接口初始化
{
 //用户 SPI 接口初始化代码
 return 0;
}
```

sd.h 代码如下：

```
#define SET_SD_CS_PIN(val)  //操作 SD 卡片选信号线
```

结合注释我们不难理解各行代码的功能。下面来看 ZN－X 开发板 51 上的实例（芯片型号为 STC12C5A60S2 或 STC15L2K60S2）(sd.c)：

```
#include "mytype.h"
#include "stc_spi.h"
#define SD_SPI_SPEED_HIGH()  SPI_Init(4)
#define SD_SPI_SPEED_LOW()  SPI_Init(128)
#define SD_SPI_WByte(x)  SPI_WriteByte(x)
#define SD_SPI_RByte()  SPI_ReadByte()
UINT8 SD_SPI_Init(void) //SPI 接口初始化
{
 //打开 I/O 内部上拉
 return 0;
}
```

sd.h 代码如下：

```
#include "reg51.h"
sbit SD_CS = P1^1; //SD 卡片选
#define SET_SD_CS_PIN(val)  SD_CS = val
```

至于 STC51 单片机硬件 SPI 相关函数的具体实现读者可参见振南的 SD 卡驱动源代码。有人可能会问："为什么要切换 SPI 的速率？"这与 SD 卡具体的操作方式有关,后面振南讲解 SD 卡驱动原理的时候会解释。

这里其实有一个问题:如果使用的 CPU 芯片没有集成硬件 SPI 收发器,该怎么办？最简单的解决方法就是采用 I/O 模拟 SPI。所以,振南又将 SD 卡驱动做了进一步细化,它的移植更为简单,只需要给出 I/O 操作的实现即可,具体如下(iospi.c)：

```
UINT8 IO_SPI_Init(void)
{
 //模拟 SPI 相关 IO 配置
 return 0;
}
```

iospi. h 代码如下:

```
#define SET_SPI_SCK_PIN(val)   //操作 SPI 时钟
#define SET_SPI_SI_PIN(val)    //操作 SPI 主出从入
#define GET_SPI_SO_PIN()       //获取 SPI 主入从出
#define DELAY_TIME    //SPI 的延时参数,此值越大,SPI 速度越慢
                      //用于 SD 卡初始化阶段的低速 SPI
```

51 上的移植实例如下(iospi.c):

```
UINT8 IO_SPI_Init(void)
{
 //设置相关 IO 推挽
 SPI_SO = 1;  //设置模拟 SPI 时用于 SO 的 I/O 为输入
 return 0;
}
```

iospi. h 代码如下:

```
#include "reg51.h"
sbit SPI_SCK = P1^7;
sbit SPI_SI  = P1^5;
sbit SPI_SO  = P1^6;
//将 I/O 操作与下面的宏连接
#define SET_SPI_SCL_PIN(val)  (SPI_SCL = val)
#define SET_SPI_SI_PIN(val)   (SPI_SI = val)
#define GET_SPI_SO_PIN()      (SPI_SO)
#define DELAY_TIME 2000
```

AVR、STM32 等 CPU 平台的移植详见振南发布的相关源代码。

11.2.3　SD 卡驱动测试

SD 卡驱动测试成功之后就可以挂接到 znFAT 上,进一步实现文件系统的相关功能了。具体的测试方法是:对某一扇区进行读写,比较读出与写入的数据是否一致,如果一致则认为驱动成功,否则失败。测试代码如下(sdtest.c):

```
#include "sd.h"
#include "uart.h"
unsigned char buffer[512]; //扇区数据缓冲区
void main(void)
{
 int i = 0,res = 0;
 unsigned long tt_sec = 0;
 UART_Init();
```

```
UART_Send_Str("串口设置完毕\r\n");
res = SD_Init();
UART_Put_Inf("SD 卡初始化完毕:",res);
tt_sec = SD_GetTotalSec(); //获取 SD 卡总扇区数
UART_Put_Inf("SD 卡总容量(M):",tt_sec>>11);
for(i = 0;i<512;i++) buffer[i] = i; //向扇区缓冲区中装入数据
res = SD_Write_Sector(999,buffer); //写 SD 卡 999 扇区
UART_Put_Inf("SD 卡写扇区完成:",res);
for(i = 0;i<512;i++) buffer[i] = 0;
res = SD_Read_Sector(999,buffer); //读 SD 卡 999 扇区
UART_Put_Inf("SD 卡读扇区完成:",res);
res = 0;
for(i = 0;i<512;i++) if(pbuf[i]! = ((unsigned char)i)) res = 1; //比较扇区缓冲中
                                                                   的数据
if(res)   UART_Send_Str("SD 卡驱动失败\r\n");
else UART_Send_Str("SD 卡驱动成功\r\n");
while(1);
}
```

到此,SD 卡驱动的移植与测试就完成了,下面将继续讲解 SD 卡的驱动原理。如果读者只是想把 znFAT 移植好,尽快实现文件操作功能,而不想过多地了解底层实现细节的话,那请就此翻篇吧,但振南要说,下面要讲的是本书中的精华,也是很多人非常想弄明白的关于 SD 卡的核心内容。

11.3 SD 卡驱动原理

SD 卡驱动其实并不复杂,但是想要做好却实属不易。很多人参照 SD 卡官方技术手册来编写自己的驱动,比如 Sandisk 或 Kingmax,但是在一些关键点上总是不通;或者即便是通了,再换另一张卡还是不通,俗称"挑卡";再者就是发现数据读写的速度总是上不去……这些问题牵扯了很多因素,下面会一一点到。

11.3.1 通信与命令

很多人看到 SD 卡的体积如此袖珍,都会认为它是一个不可再分的整体,就像是一整块集成电路一样,但实际上 SD 卡是由多个元件构成的电路板,请看图 11.4。

SD 卡主要由两部分构成:SD 卡主控与存储器。CPU 其实是与 SD 卡中的主控芯片通过 SPI 进行通信,间接对存储器进行读写擦除等操作。当然,它们之间必然存在一套协议,它定义了命令的格式、数据的传输与校验过程等。

命令由 CPU 芯片写入到 SD 卡中,SD 卡依此产生相应的操作或状态变化。命令在形式上是统一的,都包含 6 个字节,具体定义如图 11.5 所示。比如 CMD0 的 6

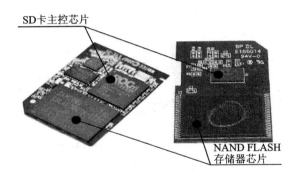

SD卡主控芯片

NAND FLASH
存储器芯片

图 11.4　SD 卡的内部电路结构

字节序列的生成方法如图 11.6 所示。

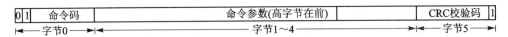

图 11.5　SD 卡命令格式

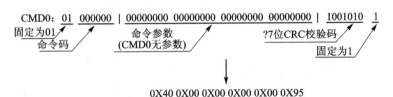

图 11.6　SD 卡命令字节序列的生成过程

可以看到,命令的最后一个字节中包含了 7 位的 CRC 校验码,它由前 5 个字节 (40 个位)通过 CRC 生成多项式 $G(x) = x^7 + x^3 + 1$ 计算得到。其实不光是命令,后面要讲到的扇区数据读写中同样也会有 CRC 校验,它使命令与数据的正确性和安全性得以保障。所以 SD 卡才被称之为"SD 卡(Secure Digital Memory Card)",即安全数据存储卡。

"那每次与 SD 卡通信,不论是命令还是数据,岂不是都必须要计算这个 CRC 校验码? 它到底是如何计算的?"在 SD 驱动模式下,确实会时刻伴随有 CRC 校验。如果 CPU 的性能不高、速度较慢,CRC 校验码的计算本身可能就会耗费较多的时间,从而造成数据读写效率不高。而在 SPI 驱动模式下,CRC 校验将会被忽略。说白了,就是命令与数据中的 CRC 字节我们无需计算,直接填 0XFF 即可(除了 CMD0)。所以,SD 模式不一定会比 SPI 模式效率高,而且更加复杂。除非 CPU 芯片性能较高,或者有硬件 SDIO 接口和 CRC 计算电路。

至于 7 位 CRC 的具体计算方法,振南写了一个小软件,名为 CRC7。使用方法如图 11.7 所示。命令按照图 11.8 所示的时序被写入到 SD 卡中。

写命令是 SD 卡驱动的核心操作。很多人在写 SD 卡驱动程序时,写命令操作并

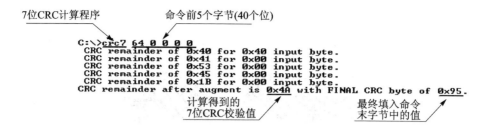

图 11.7　振南的 7 位 CRC 计算程序

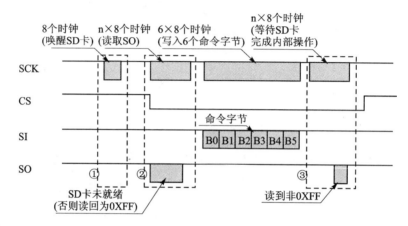

图 11.8　SD 卡命令写入时序图

没有图 11.8 中的①和②,这一细节就可能造成驱动失败或"挑卡"。①用于唤醒 SD 卡,让它振奋起来,迎接随之而来的写入操作;②用于等待 SD 卡就绪,否则向其写入命令字节也是徒劳的,根本不能被接受;③是命令字节写入之后的等待阶段,此时 SD 卡在完成与命令相应的内部操作。这个过程所经历的时间或短或长,与 SD 卡的品质和性能有关。

写命令操作的具体代码实现如下(sd.c):

```
UINT8 SD_Write_Cmd(UINT8 * pcmd)
{
UINT8 r = 0,time = 0;
SET_SD_CS_PIN(1);
SD_SPI_WByte(0xFF); //发送 8 个时钟,唤醒 SD 卡　①
SET_SD_CS_PIN(0);
while(0XFF! = SD_SPI_RByte()); //等待 SD 卡准备好,再向其发送命令　②
//将命令的 6 字节序列写入 SD 卡
SD_SPI_WByte(pcmd[0]);
SD_SPI_WByte(pcmd[1]);
SD_SPI_WByte(pcmd[2]);
SD_SPI_WByte(pcmd[3]);
```

```
SD_SPI_WByte(pcmd[4]);
SD_SPI_WByte(pcmd[5]);
do
{
 r = SD_SPI_RByte();
 time ++ ;
}while((r&0X80)&&(time<TRY_TIME));  //重试次数超过 TRY_TIME 则返回错误  ③
return r;
}
```

11.3.2　SD 卡的初始化

初始化对于 SD 卡驱动来说具有重要意义，可以说只要初始化能够正常通过，SD 卡驱动就没有太大问题了。初始化的过程包括 SD 卡工作模式的切换、工作电压与版本的鉴别（MMC、SD 或 SDHC）、初始化状态检测、扇区寻址方式的确定等操作。具体初始化流程如图 11.9 所示。这个流程涉及了很多命令，这些命令的具体功能见表 11.2。

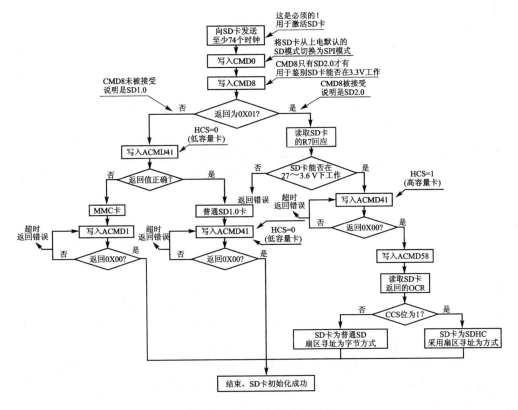

图 11.9　SD 卡初始化流程图

表 11.2　SD 卡常用命令表

命令号	参　数	应　答	功能描述
CMD0	[31:0] 无效	无	将 SD 卡从上电默认的 SD 工作模式切换成待机模式,等待进一步的初始化操作
CMD1	[31:0] 无效	无	用于 MMC 卡的初始化(有些 SD 卡也可用此命令初始化,但建议使用 ACMD41 命令)
CMD8	[31:12] 保留位 [11:8] 主机供电电压(VHS) [7:0] 匹配模式	R7	告知 SD 卡主机的供电电压,询问其是否支持在此电压下工作
CMD9	[31:16] RCA [15:0] 无效	R2	获取 SD 卡的特性数据,如物理扇区数等信息
CMD12	[31:0] 无效	R1b	强制 SD 卡停止数据传输
CMD17	[31:0] 数据地址	R1	读取单个扇区(普通 SD 卡数据地址为字节地址,高容量 SD 卡为扇区地址,相差 512 倍)
CMD18	[31:0] 数据地址	R1	连续读取多个扇区
CMD23	[31:0] 扇区数	R1	为连续多扇区写入操作预先进行扇区擦除(可提高数据写入速度)
CMD24	[31:0] 数据地址	R1	写单个扇区
CMD25	[31:0] 数据地址	R1	连续写多个扇区
CMD32	[31:0] 开始数据地址	R1	连续多扇区擦除的开始地址
CMD33	[31:0] 结束数据地址	R1	连续多扇区擦除的结束地址
CMD38	[31:0] 无效	R1b	擦除多个扇区
CMD55	[31:16] RCA [15:0] 无效	R1	告知 SD 卡下一个命令为应用命令,而非标准的 SD 命令
ACMD41	[31] 保留位 [30] HCS [29:24] 保留位 [23:0] 供电电压	R3	告知 SD 卡主机是否支持高容量 SD 卡(SDHC)
CMD58	[31:0] 无效	R7	获取 SD 卡的 OCR,通过其中的 CCS 位可知 SD 卡是否为高容量 SD 卡(SDHC)

　　表 11.2 中所列举的基本上就是完成 SD 卡驱动需要的所有命令。SD 卡在接收到命令之后,通过某种形式的应答(Response)来告知主机命令执行的结果以及更多相关信息,比如 R1、R3、R7 等。我们要根据应答的不同,采用相应的读取与解析方法,从中得到想要的信息。

　　SD 卡的初始化用到了 CMD0、CMD1、CMD8、ACMD41、ACMD58 等命令。这

些命令的具体细节可参见 SD 卡官方技术文档,振南只针对几个关键点进行说明:

① 上电后必须先向 SD 卡送入最少 74 个时钟信号,使其通信接口及内部主控 CPU 得以激活,以便进行后续命令写入等操作。

② 写入 CMD0 时必须保证命令字节序列中的 CRC 是正确的。因为此时 SD 卡工作在默认的 SD 模式下,它对写入的命令需要进行 CRC 校验。CMD0 成功写入之后,SD 卡随即切换为 SPI 工作模式,不再进行 CRC 校验。

③ 初始化阶段 SPI 的通信速度一定要慢下来,时钟频率原则上要低于 400 kHz,但依振南的经验来说,速度越慢初始化成功的机率越大。所以,通常要把 SPI 速度降到几 kHz 到几十 kHz 才比较稳靠。初始化时 SPI 的速度取决于 SD 卡的制造工艺、功耗、质量等因素,这是造成"挑卡"的一个原因。说白了,哪怕是同一个程序、同一个电路,使用不同的 SD 卡,可能会一张成功、一张失败、因为它们的品质不同。我们能做的也许只有适当地再降低 SPI 速度。

④ SD 卡分为多个版本:MMC、SD1.0 与 SD2.0,其中 SD2.0 又包括普通 SD 与 SDHC 如图 11.10 所示。

MMC卡

SD卡

SDHC卡

速度等级

图 11.10　几种不同版本的 SD 卡

MMC 其实是 SD 卡的前身,现在基本已经被淘汰;SD1.0 容量通常不超过 2 GB,这种卡一般都是制造工艺比较落后,功耗较大的"老卡",因此它在市面上已经比较少见了;SD2.0 容量通常不小于 4 GB,市面上 SD2.0 的卡基本都是 SDHC,即高容量 SD 卡。这种卡制造工艺与品质普遍都比较好,所以我们会发现:在驱动 SDHC 的时候会比其它卡更顺利。不同种类的 SD 卡初始化方法也不尽相同,而且命令集也不一样,比如 SD1.0 没有 CMD58,而 SDHC 却有。所以,正确鉴别 SD 卡的版本是成功进行初始化的前提。

⑤ 高容量卡与普通卡的扇区寻址方式不同。前者采用扇区地址,后者则采用字节寻址。比如同样是对扇区 1 进行操作,对于高容量卡要向其写入地址 0X00000001,而对于普通卡来说写入的地址却是 0X00000200,相差 512 倍。所以要想正确完成后续的扇区读写操作,就必须在初始化过程中正确判定 SD 卡的扇区寻址方式。有些人发现自己的驱动可以正确读写 0 扇区,但是在继续读写其它扇区时,

却出现了问题。这种问题大多就是因为扇区寻址方式判定不正确而造成的。

11.3.3 SD 卡的单扇区读/写

单扇区读写是相对于多扇区读/写来说的,它是 SD 卡驱动中的最基本的核心操作,只要实现了它,我们就可以让 znFAT 运转起来,实现各种文件操作了。扇区读/写其实很简单,主要用到了 CMD17 与 CMD24 这两个命令,具体实现过程如图 11.11 与图 11.12 所示。

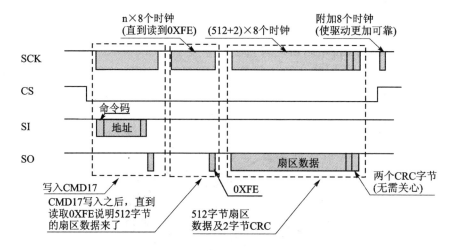

图 11.11   SD 卡单扇区读取操作实现过程

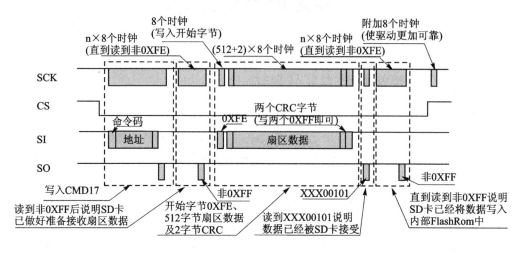

图 11.12   SD 卡单扇区写入操作实现过程

说到扇区读/写,我们最关心的其实是它的速度。通过图 11.11 和图 11.12,我们可以看到影响 SD 卡扇区读/写速度的两大因素:

➢ SPI 接口速度。在成功完成初始化操作之后,我们应该把 SPI 的速度尽可能地提高。当然,这也要限定在 SD 卡硬件允许的范围内,这样可以减少数据传输本身所耗费的时间。所以,这也就注定了以"I/O 模拟 SPI"方式来驱动 SD 卡是很难达到高速的。那 SPI 的速度到底应该提高到多少呢? 这要依 SD 卡的速度等级而定。通常在 SD 卡的表面标签上会有形如②、④、⑥的图样,如图 11.10 中"速度等级"处所示。它向我们说明了 SD 卡能够达到多高的速度,比如②代表 2 Mbps,其他类推。所以,对于一些低速卡,如果 SPI 速度过高,就可能造成扇区读写失败。

➢ SD 卡本身品质。在扇区读写中是有一些等待过程的,如图 11.12 中的"直到读到……"。在此过程中 SD 卡是在完成内部的一些操作,比如数据接收前的准备工作、自身 FlashROM 的数据写入操作等。这些内部操作所花费的时间取决于 SD 卡的硬件条件,比如内部主控 CPU 的主频及其内嵌算法的执行效率、FlashROM 芯片的性能、SD 卡的功耗等。随着近些年 SD 卡应用的盛行,它在市面上的品质也是良莠不齐,有一部分以次充好,乔装翻新,导致速度和可靠性上都没有保障。

11.3.4　SD 卡的多扇区读/写擦除

在实际应用中,我们经常要对连续的多个扇区进行读/写擦除操作。当然,我们可以通过多次单扇区读/写操作对其进行实现(软件多扇区),但是这样做效率不高。其实 SD 卡在硬件上就有这方面的专用命令:CMD18、CMD23、CMD25、CMD32 等,用它们实现的多扇区读/写擦除操作(硬件多扇区)要比前者效率高得多(速度要快2~3倍)。znFAT 为其留出了专门的接口,使得文件数据的读写速度有很大提升。多扇区读写擦除操作的具体实现过程如图 11.13~图 11.15 所示。

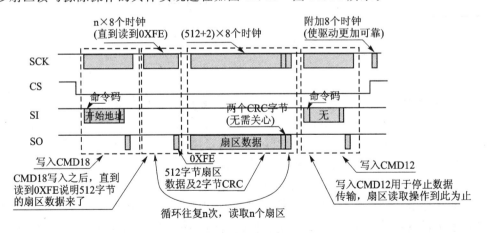

图 11.13　SD 卡多扇区读取操作实现过程

最后还有一个获取物理总扇区的操作,因为在 znFAT 的格式化功能中需要这一参数。其实也很简单,向 SD 卡写入 CMD9,它随即返回 16 个字节的 CSD 数据(Card

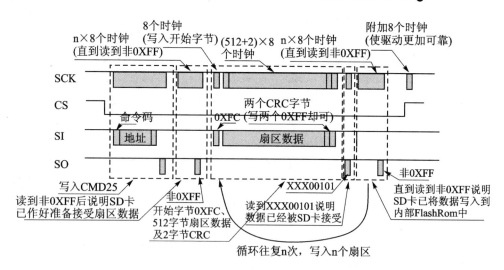

图 11.14　SD 卡多扇区写入操作实现过程

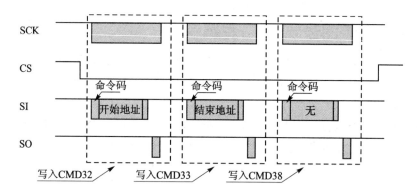

图 11.15　SD 卡多扇区擦除操作实现过程

Specifc Data)，从中提取相关参数，进而可计算得到物理总扇区数。具体的实现过程就不赘述了。

　　上面对 SD 卡几种主要的操作进行了讲解，具体的代码实现可以参考振南的 SD 卡驱动源代码。本章中振南结合自身经验对一些问题进行了解释，希望能够让读者的 SD 卡调试过程更加顺利。还是那句话，SD 卡驱动作为 znFAT 的物理层，必须正确高效，否则基于它构建起来整个文件系统必将崩塌！

　　其实物理层驱动仍然是"大有名堂"，这里只是针对 SD 卡进行了论述，但实际应用过程中会有各种各样、形形色色的存储设备，比如 CF 卡、硬盘、NAND 等，如何去调试它们的扇区读写驱动，又如何把它们挂接到 znFAT 中来，振南在其它章节会与读者继续探讨。

## 第 12 章

性能提升,底层限制:高性能 SD 卡 物理驱动

第 11 章详细介绍了 SD 卡物理驱动的原理,并结合 ZN－X 开发板上的 3 种 CPU 芯片进行了实现和调试。在这里,我们把目光转投到了驱动程序的性能上,也就是 SD 卡的扇区读写速度。因为 znFAT 整个系统都是建立在物理层的基础上的,所以物理驱动的性能如何将直接影响到上层文件数据读写的速度。我们首先对现有的 SD 扇区读写速度进行评估,随后振南会告诉读者影响速度的症侯到底在哪、如何对其进行改进与提高。

12.1 现有 SD 卡驱动的性能评估

我们来设计一个实验,分别对 SD 卡驱动中的单扇区读写与多扇区连续读写的速度进行实际评估。这个实验仍然是基于 ZN－X 开发板的,使用到的主要功能模块有 SD 卡模块与基础实验资源模块上的 PCF8563 芯片(实时钟)。我们会在程序中对 SD 卡进行 10 000 次的扇区操作。同时,实时钟对这段时间进行计时。最终便可计算出驱动程序在单位时间内(1 s)完成的扇区操作的次数,并由此换算得到数据读写速度,它就是驱动程序性能的评估指标,单位为 kbps。此实验的实验流程如图 12.1 所示。实验硬件平台如图 12.2 所示。

实验使用的 SD 卡驱动分为两种,它们的接口实现分别采用硬件 SPI 与 I/O 模拟 SPI 方式。正如前文中所说的,前者会比后者效率高,使扇区读写的速度更快。到底是不是这样？到底会快多少？此实验将会给出一个准确而客观的答案。另外,实验中仍然包括了 ZN－X 开发板上的 3 种 CPU(51、AVR 与 STM32),这也可以从一个侧面反映出 SD 卡驱动在不同 CPU 平台上的性能差异,为读者的项目芯片选型提供一定的参考。

具体的实验代码如下:

```
# include "uart.h"
# include "sdx.h"
# include "pcf8563.h"
```

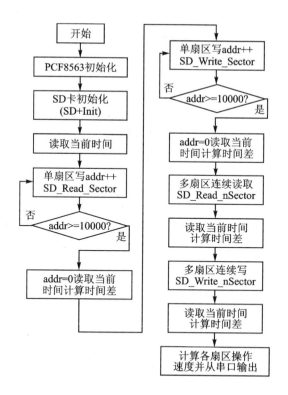

图 12.1 SD 卡驱动性能评估实验流程

图 12.2 SD 卡驱动性能评估实验硬件平台

```
struct Time time; //用于装载时间信息
unsigned char pbuf[1024]; //数据缓冲区 int main(void)
{
 unsigned long tt_sec = 0;
 int res = 0,i = 0,old_sec = 0,time_d = 0; //分别用于记录开始时间与时间差
 //向 time 结构体中装入要设置的时间数据
 time.year = 14; time.month = 1; time.day = 15; time.hour = 1;
 time.minute = 0; time.second = 0; time.week = 3;
 P8563_Set_Time(); //设置时间,也就是将 time 中的时间数据写入 PCF8563
                    //PCF8563 即从此时间开始继续走时
 UART_Init();
 UART_Send_Str("uart init..\r\n");
 res = SD_Init(); //SD 卡初始化
 UART_Put_Inf("sd init:",res);
 tt_sec = SD_GetTotalSec(); //获取 SD 卡总容量
 UART_Put_Inf("total sec:",tt_sec);
 UART_Put_Inf("total cap:",tt_sec>>11);
 for(i = 0;i<1024;i++) pbuf[i] = i; //向数据缓冲区装入数据
 //====================================================
 UART_Send_Str("sd write start.\r\n");
 P8563_Read_Time(); //读取时间
 old_sec = time.minute * 60 + time.second; //记录开始时间
 for(i = 0;i<10000;i++) //进行 10000 次 SD 卡写扇区操作
 SD_Write_Sector(i,pbuf);
 P8563_Read_Time(); //读取时间
 UART_Send_Str("sd write completed.\r\n");
 time_d = (time.minute * 60 + time.second - old_sec); //计算时间差
 UART_Put_Inf("sd write time(sec):",time_d);
 UART_Put_Inf("sd write data rate(KBps):",5000/time_d); //计算写数据速度
 //====================================================
 //同理,对 SD 卡读扇区速度进行测试
 //====================================================
 UART_Send_Str("sd continuous write start.\r\n");
 P8563_Read_Time(); //读取时间
 old_sec = time.minute * 60 + time.second;
 for(i = 0;i<10000;i+ = 2) //对 SD 卡进行连续扇区写入,每次 2 扇区,共 5 000 次
  SD_Write_nSector(2,i,pbuf);
 P8563_Read_Time(); //读取时间
 UART_Send_Str("sd write completed.\r\n");
 time_d = (time.minute * 60 + time.second - old_sec);
 UART_Put_Inf("sd write time(sec):",time_d);
 UART_Put_Inf("sd write data rate(KBps):",5000/time_d);
 //====================================================
 //同理,对 SD 卡连续扇区读取速度进行测试
 //====================================================
 while(1);
}
```

实验结果如图 12.3～图 12.5 所示。

STM32(72MHz主频、18MHz SPI)

```
sd write start.                      sd write start.
sd write completed.                  sd write completed.
sd write time(sec):41                sd write time(sec):29
sd write data rate(KBps):121         sd write data rate(KBps):172
sd read start.                       sd read start.
sd read completed.                   sd read completed.
sd read time(sec):32                 sd read time(sec):16
sd read data rate(KBps):156          sd read data rate(KBps):312
sd continuous write start.           sd continuous write start.
sd write completed.                  sd write completed.
sd write time(sec):28                sd write time(sec):20
sd write data rate(KBps):173         sd write data rate(KBps):250
sd continuous read start.            sd continuous read start.
sd read completed.                   sd read completed.
sd read time(sec):23                 sd read time(sec):11
sd read data rate(KBps):213          sd read data rate(KBps):428
      (a) IO模拟SPI                        (b) 硬件SPI
```

图 12.3 STM32 平台两种 SPI 方式下的 SD 卡扇区操作速度对比

STC51(22MHz主频、5MHz SPI)

```
sd write start.                      sd write start.
sd write completed.                  sd write completed.
sd write time(sec):67                sd write time(sec):30
sd write data rate(KBps):74          sd write data rate(KBps):163
sd read start.                       sd read start.
sd read completed.                   sd read completed.
sd read time(sec):51                 sd read time(sec):22
sd read data rate(KBps):98           sd read data rate(KBps):223
sd continuous write start.           sd continuous write start.
sd write completed.                  sd write completed.
sd write time(sec):52                sd write time(sec):24
sd write data rate(KBps):95          sd write data rate(KBps):203
sd continuous read start.            sd continuous read start.
sd read completed.                   sd read completed.
sd read time(sec):41                 sd read time(sec):20
sd read data rate(KBps):121          sd read data rate(KBps):243
      (a) IO模拟SPI                        (b) 硬件SPI
```

图 12.4 STC51 平台两种 SPI 方式下的 SD 卡扇区操作速度对比

AVR(16MHz主频、8MHz SPI)

```
sd write start.                      sd write start.
sd write completed.                  sd write completed.
sd write time(sec):160               sd write time(sec):37
sd write data rate(KBps):31          sd write data rate(KBps):135
sd read start.                       sd read start.
sd read completed.                   sd read completed.
sd read time(sec):144                sd read time(sec):23
sd read data rate(KBps):34           sd read data rate(KBps):217
sd continuous write start.           sd continuous write start.
sd write completed.                  sd write completed.
sd write time(sec):153               sd write time(sec):28
sd write data rate(KBps):32          sd write data rate(KBps):178
sd continuous read start.            sd continuous read start.
sd read completed.                   sd read completed.
sd read time(sec):86                 sd read time(sec):18
sd read data rate(KBps):58           sd read data rate(KBps):268
      (a) IO模拟SPI                        (b) 硬件SPI
```

图 12.5 AVR 平台两种 SPI 方式下的 SD 卡扇区操作速度对比

可以发现,硬件多扇区连续读写明显比单扇区读写要快,而且采用硬件 SPI 方式也确实远优于 I/O 模拟 SPI 方式。在实验中,51 的工作频率为 22 MHz,AVR 为 16 MHz,它们的 SPI 收发器分别可以配置为 4 分频与 2 分频,也就是它们的 SPI 时钟频率最高可达到大约 5 MHz 与 8 MHz,所以扇区读写速度也大体相当。但是 STM32 的工作频率为 72 MHz,SPI 时钟最高为 18 MHz,应该说它比 51 与 AVR 的硬件性能要高得多,但是扇区读写速度却没有成比例地增长,这是为什么呢?

振南曾经试图对驱动程序中的 SPI 数据收发部分进行优化,具体方法如下:

① 对于 I/O 模拟 SPI,减少循环结构,代码全部展开,如图 12.6 所示。

```
UINT8 IO_SPI_RW_Byte(UINT8 x) //IO模拟SPI
{
 UINT8 rbyte=0,i=0;

 SET_SPI_SCL_PIN(1);

 //循环结构，有一部分时间花在了循环
 //因子的自增与分支跳转上，效率不高
 for(i=0;i<8;i++)
 {
  SET_SPI_SI_PIN((x&(0x80>>i))?1:0); //向MOSI数据线给出数据
  SET_SPI_SCL_PIN(0); //时钟下降沿MISO数据更新
  if(GET_SPI_SO_PIN()) rbyte|=(0x80>>i); //获取MISO上的数据
  SET_SPI_SCL_PIN(1); //MOSI上的数据被写出
 }

 return rbyte;            循环方式实现
}
```

执行效率提高

```
UINT8 IO_SPI_RW_Byte(UINT8 x) //IO模拟SPI
{
 UINT8 rbyte=0;

 SET_SPI_SCL_PIN(1);

 //不使用循环结构，提供运行效率
 SET_SPI_SI_PIN((x&0x80)?1:0); //向MOSI数据线给出数据
 SET_SPI_SCL_PIN(0); //时钟下降沿MISO数据更新
 if(GET_SPI_SO_PIN()) rbyte|=0x80; //获取MISO上的数据
 SET_SPI_SCL_PIN(1); //MOSI上的数据被写出

 SET_SPI_SI_PIN((x&0x40)?1:0);  //bit6
 SET_SPI_SCL_PIN(0);
 if(GET_SPI_SO_PIN()) rbyte|=0x40;
 SET_SPI_SCL_PIN(1);
                              非循环方式实现
 SET_SPI_SI_PIN((x&0x20)?1:0); //bit5
 SET_SPI_SCL_PIN(0);
 if(GET_SPI_SO_PIN()) rbyte|=0x20;
 SET_SPI_SCL_PIN(1);

 SET_SPI_SI_PIN((x&0x10)?1:0); //bit4
 SET_SPI_SCL_PIN(0);
 if(GET_SPI_SO_PIN()) rbyte|=0x10;
 SET_SPI_SCL_PIN(1);
```

图 12.6 I/O 模拟 SPI 采用非循环结构执行效率较高

因为 SPI 的读写函数在驱动中被调用的次数极为频繁,所以它的执行效率将直接影响最终的性能表现。说白了,在完成 SPI 操作的过程中,哪怕是节省了 1 μs 的时间也是好的。它是整个驱动程序的瓶颈。

② 通过 SPI 向 SD 卡写入 512 字节的数据时(或从中读取),减少循环结构,代码展开,如图 12.7 所示。

```
for(i=0;i<512;i++) SD_SPI_WByte(*(buffer++)); //很多时间花在循环跳转与循环因子自增上    执行效率不高

                                                                                          执行效率提高
for(i=0;i<4;i++) //将缓冲区中的512个字节写入SD卡,减少循环次数,提高数据写入速度   执行效率较高
{
SD_SPI_WByte(*(buffer++));SD_SPI_WByte(*(buffer++));SD_SPI_WByte(*(buffer++));SD_SPI_WByte(*(buffer++));
SD_SPI_WByte(*(buffer++));SD_SPI_WByte(*(buffer++));SD_SPI_WByte(*(buffer++));SD_SPI_WByte(*(buffer++));
SD_SPI_WByte(*(buffer++));SD_SPI_WByte(*(buffer++));SD_SPI_WByte(*(buffer++));SD_SPI_WByte(*(buffer++));
SD_SPI_WByte(*(buffer++));SD_SPI_WByte(*(buffer++));SD_SPI_WByte(*(buffer++));SD_SPI_WByte(*(buffer++));
SD_SPI_WByte(*(buffer++));SD_SPI_WByte(*(buffer++));SD_SPI_WByte(*(buffer++));SD_SPI_WByte(*(buffer++));
SD_SPI_WByte(*(buffer++));SD_SPI_WByte(*(buffer++));SD_SPI_WByte(*(buffer++));SD_SPI_WByte(*(buffer++));
SD_SPI_WByte(*(buffer++));SD_SPI_WByte(*(buffer++));SD_SPI_WByte(*(buffer++));SD_SPI_WByte(*(buffer++));
SD_SPI_WByte(*(buffer++));SD_SPI_WByte(*(buffer++));SD_SPI_WByte(*(buffer++));SD_SPI_WByte(*(buffer++));
SD_SPI_WByte(*(buffer++));SD_SPI_WByte(*(buffer++));SD_SPI_WByte(*(buffer++));SD_SPI_WByte(*(buffer++));
SD_SPI_WByte(*(buffer++));SD_SPI_WByte(*(buffer++));SD_SPI_WByte(*(buffer++));SD_SPI_WByte(*(buffer++));
SD_SPI_WByte(*(buffer++));SD_SPI_WByte(*(buffer++));SD_SPI_WByte(*(buffer++));SD_SPI_WByte(*(buffer++));
SD_SPI_WByte(*(buffer++));SD_SPI_WByte(*(buffer++));SD_SPI_WByte(*(buffer++));SD_SPI_WByte(*(buffer++));
SD_SPI_WByte(*(buffer++));SD_SPI_WByte(*(buffer++));SD_SPI_WByte(*(buffer++));SD_SPI_WByte(*(buffer++));
SD_SPI_WByte(*(buffer++));SD_SPI_WByte(*(buffer++));SD_SPI_WByte(*(buffer++));SD_SPI_WByte(*(buffer++));
SD_SPI_WByte(*(buffer++));SD_SPI_WByte(*(buffer++));SD_SPI_WByte(*(buffer++));SD_SPI_WByte(*(buffer++));
SD_SPI_WByte(*(buffer++));SD_SPI_WByte(*(buffer++));SD_SPI_WByte(*(buffer++));SD_SPI_WByte(*(buffer++));
SD_SPI_WByte(*(buffer++));SD_SPI_WByte(*(buffer++));SD_SPI_WByte(*(buffer++));SD_SPI_WByte(*(buffer++));
SD_SPI_WByte(*(buffer++));SD_SPI_WByte(*(buffer++));SD_SPI_WByte(*(buffer++));SD_SPI_WByte(*(buffer++));
SD_SPI_WByte(*(buffer++));SD_SPI_WByte(*(buffer++));SD_SPI_WByte(*(buffer++));SD_SPI_WByte(*(buffer++));
SD_SPI_WByte(*(buffer++));SD_SPI_WByte(*(buffer++));SD_SPI_WByte(*(buffer++));SD_SPI_WByte(*(buffer++));
SD_SPI_WByte(*(buffer++));SD_SPI_WByte(*(buffer++));SD_SPI_WByte(*(buffer++));SD_SPI_WByte(*(buffer++));
SD_SPI_WByte(*(buffer++));SD_SPI_WByte(*(buffer++));SD_SPI_WByte(*(buffer++));SD_SPI_WByte(*(buffer++));
SD_SPI_WByte(*(buffer++));SD_SPI_WByte(*(buffer++));SD_SPI_WByte(*(buffer++));SD_SPI_WByte(*(buffer++));
}
```

图 12.7　向 SD 卡写入数据采用非循环结构执行效率较高

此方法会缩短 CPU 芯片与 SD 卡之间进行数据通信所要花费的时间,不过它的弊端是增大了代码量,使得最终编译得到的可执行文件体积较大。这应该也算是用空间换时间的一个实例了。

这些方法确实会有效果,但是作用似乎并不大,振南一度在思考这到底是为什么?最终明白了其中原由,请往下看。

12.2　用 DMA 为数据传输提速

SD 卡驱动效率不高的根本原因就在于数据传输上,虽然我们尽可能地对代码进行优化,但是受限于一些固有的因素,扇区读写速度已经阻滞不前了,如图 12.8 所示。

有读者可能会说:"为什么会产生非连续的问题?这个所谓的'间隔'是如何产生

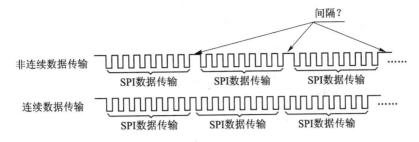

图 12.8　SPI 数据传输的连续与非连续方式

的？程序里每次调用 SPI 读写函数的时候并没有加延时啊。"这个间隔实际上来自于 CPU 本身。函数的调用、代码的执行、变量的访存等操作都会耗费时间。可以说，在 CPU 控制 SPI 接口进行大量数据的收发时，它所做的其实就是一种纯粹的数据搬移。CPU 在做这种工作的时候效率是比较低的，如图 12.9 所示。

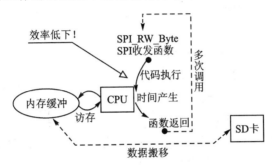

图 12.9　CPU 频繁调用 SPI 收发函数实现数据搬移效率较低

如果能够将这些"间隔"去掉，那就可以实现"连续数据传输"了。但只要有 CPU 的存在，就势必会产生这个"间隔"，这似乎是一对矛盾。所以我们引入了 DMA（直接内存存取），它可以在几乎不需要 CPU 干预的情况下，完成内存与内存、内存与外设接口之间的直接数据传输。如果把 CPU 做数据搬移比喻成满是沟壑的乡间小路的话，那么 DMA 俨然就是平坦的高速公路，甚至是城际特快。因为 DMA 数据传输基本上是纯粹的硬件行为，它的效率只取决于内存的访问速度、外设接口的通信速度以及硬件时钟频率。DMA 的工作流程如图 12.10 所示。

但是 DMA 是依赖于硬件的，如果我们使用的 CPU 芯片没有 DMA 控制器的话，那自然也就无法实现 DMA 数据传输功能了。振南的 ZN－X 开发板上的 STM32 芯片是支持 DMA 的，而且它所集成的 DMA 控制器远比我们想像得要强大。它有 7 个完全独立的 DMA 通道，这就如同在内存与内存或者内存与外设之间同时架起了 7 座跨海大桥，而且还能同时高速运行。所以振南认为，DMA 机制在提高计算机系统的整体性能与数据吞吐量方面功不可没，其实它在现代计算机体系结构中也一直扮演着绝对重要的角色。

说了这么多，DMA 传输到底比普通的 CPU 数据搬移要快多少呢？我们来做这

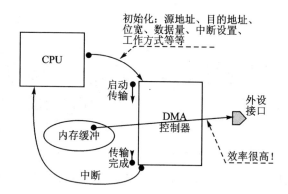

图 12.10　DMA 为内存与外设接口之间架起了高速数据传输的桥梁

样一个实验：同样是把 6 KB 的数据从一个数组复制到另一个数组，如此重复 100 000 次，看看它们分别花费多少时间。实验流程如图 12.11。实验代码如下：

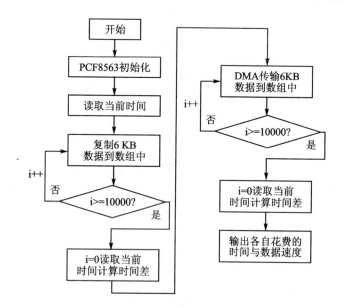

图 12.11　比较 DMA 传输与普通 CPU 数据搬移的速度差异

```c
int main(void)
{
    int i = 0,j = 0;
    int old_sec = 0,time_d = 0;
    DMA_InitTypeDef   DMA1_Init;
    delay_init();   //延时函数初始化
    uart_init(9600);
    printf("uart init...\r\n");
    RCC_AHBPeriphClockCmd(RCC_AHBPeriph_DMA1,ENABLE); //使能 DMA1 时钟
```

```
DMA_DeInit(DMA1_Channel1);//复位 DMA1 通道 1 相关所有寄存器
DMA1_Init.DMA_PeripheralBaseAddr = (uint32_t)sbuf;//DMA 传输的数据源地址
DMA1_Init.DMA_MemoryBaseAddr = (uint32_t)dbuf;//目的地址
DMA1_Init.DMA_DIR = DMA_DIR_PeripheralSRC;
DMA1_Init.DMA_BufferSize = 6000;//传输数据量
DMA1_Init.DMA_PeripheralInc = DMA_PeripheralInc_Enable;
DMA1_Init.DMA_MemoryInc = DMA_MemoryInc_Enable;
DMA1_Init.DMA_PeripheralDataSize = DMA_PeripheralDataSize_Byte;
DMA1_Init.DMA_MemoryDataSize = DMA_MemoryDataSize_Byte;
DMA1_Init.DMA_Mode = DMA_Mode_Normal;
DMA1_Init.DMA_Priority = DMA_Priority_High;
DMA1_Init.DMA_M2M = DMA_M2M_Enable;//内存与内存之间传输
DMA_Init(DMA1_Channel1,&DMA1_Init);//对 DMA1 进行初始化
IIC_Init();
//向 time 中装入要设置的时间数据
time.year = 14;  time.month = 1;  time.day = 15;  time.hour = 1;
time.minute = 0;  time.second = 0;  time.week = 3;
P8563_Set_Time();//设置时间，即将 time 中的时间数据写入 PCF8563
                 //实时钟随即从此时间开始走时
printf("dma transfer start.\r\n");
P8563_Read_Time();//读取时间
old_sec = time.minute * 60 + time.second;//读取开始时间
for(i = 0;i<100000;i++)//使用 DMA 方式传输数据 100000 次
{
 DMA_Cmd(DMA1_Channel1,ENABLE);//启动传输
 while(!DMA_GetFlagStatus(DMA1_FLAG_TC1));//等待传输完成
 DMA_ClearFlag(DMA1_FLAG_TC1);//清除传输完成标志
 DMA_Cmd(DMA1_Channel1,DISABLE);//让 DMA1 通道 1 停止工作
   DMA_SetCurrDataCounter(DMA1_Channel1,6000);//填入数据量以便再次传输
}
P8563_Read_Time();//读取时间
printf("dma transfer completed.\r\n");
time_d = (time.minute * 60 + time.second - old_sec);//计算时间差
printf("dma transfer time(sec): %d\r\n",time_d);
printf("data rate(KBps): %d\r\n",585937/time_d);//串口输出数据传输速度
//======================================================
printf("soft transfer start.\r\n");
P8563_Read_Time();//读取时间
old_sec = time.minute * 60 + time.second;
for(j = 0;j<100000;j++)//用软件循环方式复制数据 100 000 次
```

```
{
  for(i = 0;i<6000;i++)
  {
          dbuf[i] = sbuf[i];
  }
}
P8563_Read_Time(); //读取时间
printf("soft transfer completed.\r\n");
time_d = (time.minute * 60 + time.second - old_sec); //计算时间差
printf("soft transfer time(sec): % d\r\n",time_d);
printf("data rate(KBps): % d\r\n",585937/time_d); //输出传输数据速度
while(1);
}
```

实验结果如图 12.12 所示。很显然,DMA 传输比普通的 CPU 数据搬移要快将近 4 倍。

```
uart init...
dma transfer start.
dma transfer completed.
dma transfer time(sec):5
data rate(KBps):117187
soft transfer start.
soft transfer completed.
soft transfer time(sec):18
dta rate(KBps):32552
```

图 12.12   DMA 传输与普通 CPU 数据搬移的速度差异

12.3   高性能 SD 卡驱动的实现

既然 DMA 的性能如此优越,那就把它融入到 SD 卡的驱动中,从而代替冗长而低效的数据搬移过程。DMA 的具体代码其实与上面大同小异,只不过要把目的地址修改为 SPI 收发器的数据寄存器地址,再对数据传输方向、数据量以及自增方式等参数进行设置即可。振南原以为 STM32 的 DMA 使用起来是简单而随意的:任何一个 DMA 通道都可以完成内存与外设接口之间的双向数据传输。后来才知道并非如此,在内存与外设接口之间进行 DMA 传输时,每一个 DMA 通道都有其特定的传输对象与方向。比如只有通道 5 才能用于内存到 SPI2 的 DMA 传输,即数据的发送;反之则必须使用通道 4,即接收来自 SPI2 的数据(此文中使用 STM32 芯片的 SPI2 对 SD 卡进行驱动)。其参考依据为官方芯片手册,如图 12.13 所示。

外设	通道 1	通道 2	通道 3	通道 4	通道 5	通道 6	通道 7
ADC1	ADC1						
SPI/I²S		SPI1_RX	SPI1_TX	SPI/2S2_RX	SPI/I2S2_TX		
USART		USART3_TX	USART3_RX	USART1_TX	USART1_RX	USART2_RX	USART2_TX
I²C				I2C2_TX	I2C2_RX	I2C1_TX	I2C1_RX
TIM1		TIM1_CH1	TIM1_CH2	TIM1_TX4 TIM1_TRIG TIM1_COM	TIM1_UP	TIM1_CH3	
TIM2	TIM2_CH3	TIM2_UP			TIM2_CH1		TIM2_CH2 TIM2_CH4
TIM3		TIME3_CH3	TIM3_CH4 TIM3_UP			TIM3_CH1 TIM3_TRIG	
TIM4	TIM4_CH1			TIM4_CH2	TIM4_CH3		TIM4_UP

图 12.13　STM32 芯片中各通道的 DMA1 请求一览（摘自芯片手册）

所以我们要对两个不同的 DMA 通道同时进行初始化，代码如下（dma. c）：

```
int DMA1_Init(void)
{
DMA_InitTypeDef DMA1_Init;
RCC_AHBPeriphClockCmd(RCC_AHBPeriph_DMA1,ENABLE);
//DMA 通道 5 用于 RAM－＞SPI 的数据传输
DMA_DeInit(DMA1_Channel5);
DMA1_Init.DMA_PeripheralBaseAddr = (u32)&SPI2－＞DR;
//DMA1_Init.DMA_MemoryBaseAddr = ...;//启动传输前装入实际 RAM 地址
DMA1_Init.DMA_DIR = DMA_DIR_PeripheralDST;//SPI 是数据传输目的地
DMA1_Init.DMA_BufferSize = 512;
DMA1_Init.DMA_PeripheralInc = DMA_PeripheralInc_Disable;//外设地址不自增
DMA1_Init.DMA_MemoryInc = DMA_MemoryInc_Enable;//内存地址自增
DMA1_Init.DMA_PeripheralDataSize = DMA_PeripheralDataSize_Byte;
DMA1_Init.DMA_MemoryDataSize = DMA_MemoryDataSize_Byte;
DMA1_Init.DMA_Mode = DMA_Mode_Normal;
DMA1_Init.DMA_Priority = DMA_Priority_High;
DMA1_Init.DMA_M2M = DMA_M2M_Disable;//非内存与内存间传输
DMA_Init(DMA1_Channel5,&DMA1_Init);//对 DMA 通道 5 进行初始化
//DMA 通道 4 用于 SPI－＞RAM 的数据传输
DMA_DeInit(DMA1_Channel4);
DMA1_Init.DMA_PeripheralBaseAddr = (u32)&SPI2－＞DR;
//DMA1_Init.DMA_MemoryBaseAddr = ...;//启动传输前装入实际 RAM 地址
DMA1_Init.DMA_DIR = DMA_DIR_PeripheralSRC;//SPI 为数据传输的源
```

```
DMA1_Init.DMA_BufferSize = 512;

DMA1_Init.DMA_PeripheralInc = DMA_PeripheralInc_Disable;

DMA1_Init.DMA_MemoryInc = DMA_MemoryInc_Enable;

DMA1_Init.DMA_PeripheralDataSize = DMA_PeripheralDataSize_Byte;

DMA1_Init.DMA_MemoryDataSize = DMA_MemoryDataSize_Byte;

DMA1_Init.DMA_Mode = DMA_Mode_Normal;

DMA1_Init.DMA_Priority = DMA_Priority_High;

DMA1_Init.DMA_M2M = DMA_M2M_Disable;

DMA_Init(DMA1_Channel4,&DMA1_Init);//对 DMA 通道 4 进行初始化

SPI_I2S_DMACmd(SPI2,SPI_I2S_DMAReq_Rx,ENABLE);//使能 SPI DMA 接收请求

SPI_I2S_DMACmd(SPI2,SPI_I2S_DMAReq_Tx,ENABLE);//使能 SPI DMA 发送请求

return 0;

}
```

对 SD 卡驱动程序的改进请看图 12.14 所示。

接下来我们要做的就是对改进后的 SD 卡驱动进行性能测试了,看看其是否真的有所提升? 到底提升了多少? 测试方法与前面一样,故不赘述,直接来看测试结果,如图 12.15 所示。可见,效果很明显,SD 卡的潜力似乎被突然迫了出来。

至此,本章所要讲的内容大致结束了。在这里,我们实现了高性能的 SD 卡物理驱动。正所谓"水涨船高",高速的扇区读写必然使得 znFAT 上层的文件数据读写效率得到极大提升从而进一步满足一些高速数据存储的应用需求,比如图像与视频的采集与存储、高质量的音频采集与存储等。

另外,本章折射出来的 DMA 相关技术,希望能够对读者的研发工作有所启发,适当合理地使用 DMA 将使我们的硬件系统达到更高的性能水平。记住:硬件永远比软件的效率要高,如果放着硬件不用,而一味地拘泥于软件的优化,将会是一件得不偿失的事情,甚至是在"暴殄天物"。

最后振南要说,本章所谓的"高性能 SD 卡物理驱动"只是针对于 SD 卡的 SPI 模式,要实现真正的"高性能"、"高速度"还是要用 SD 模式。STM32 的高端芯片中集成了 SDIO 硬件接口,它最多可以有 4 根数据线并行地与 SD 卡进行数据传输,再加之 SDIO 同样也可以使用 DMA,因此,在这种情况下,SD 卡的扇区读写速度又将达到一个全新的水平,数据读写速度理论上能达到 10 Mbps 左右(具体要视实际使用的 SD 卡本身的品质与速度等级而定)。振南的 ZN - X 开发板兼容 STM32F2xx 系列芯片,其中内置了 SDIO。受限于篇幅与精力,也鉴于 SD 模式的复杂性,振南这里不做展开介绍。相关的讲解与实验、性能与速度的测试等内容请详见振南个人网站与相关网络平台。

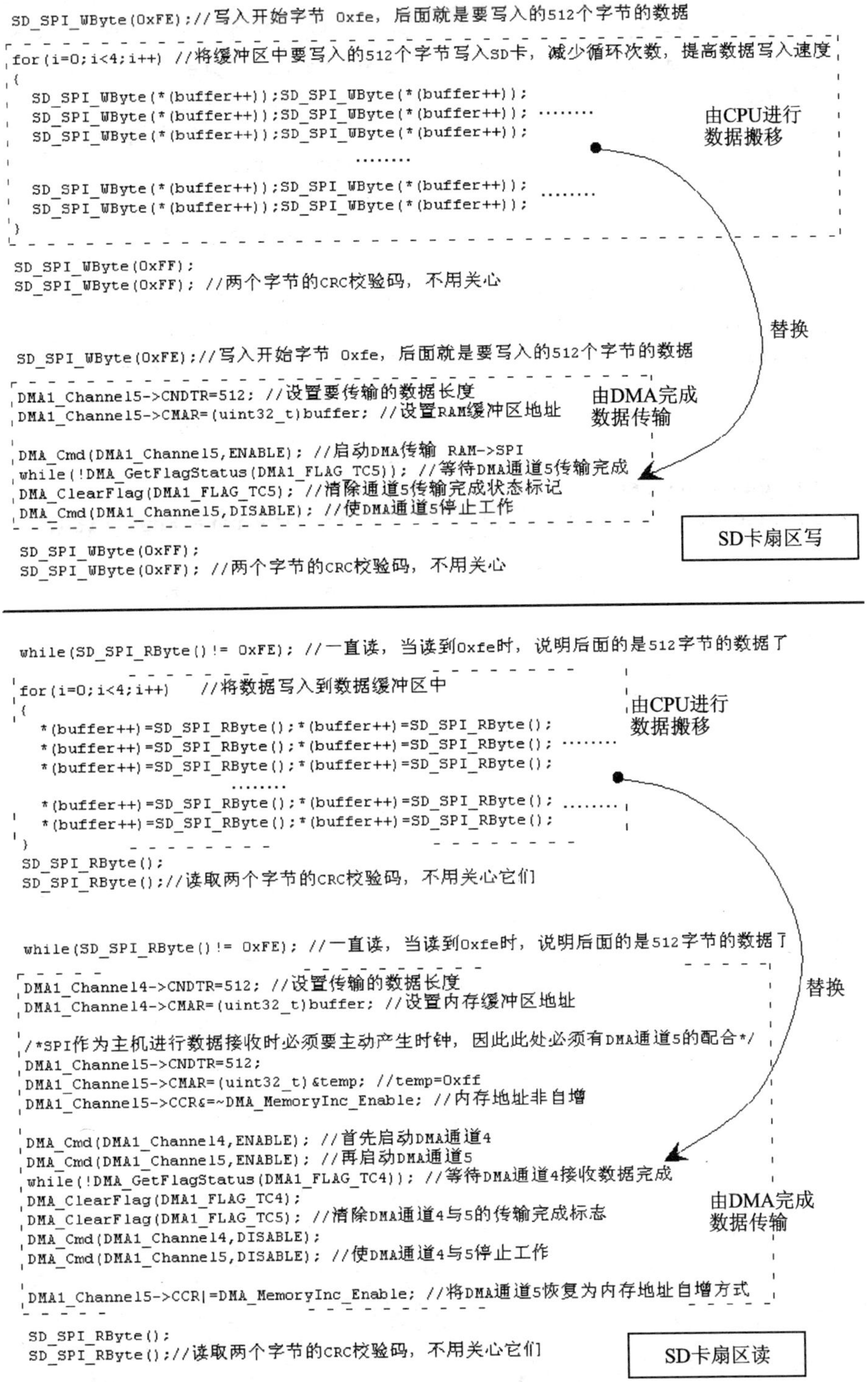

```
SD_SPI_WByte(0xFE);//写入开始字节 0xfe, 后面就是要写入的512个字节的数据
```

```
for(i=0;i<4;i++) //将缓冲区中要写入的512个字节写入SD卡,减少循环次数,提高数据写入速度
{
  SD_SPI_WByte(*(buffer++));SD_SPI_WByte(*(buffer++));
  SD_SPI_WByte(*(buffer++));SD_SPI_WByte(*(buffer++)); ........
  SD_SPI_WByte(*(buffer++));SD_SPI_WByte(*(buffer++));
                              ........
  SD_SPI_WByte(*(buffer++));SD_SPI_WByte(*(buffer++)); ........
  SD_SPI_WByte(*(buffer++));SD_SPI_WByte(*(buffer++)); ........
}
```

由CPU进行
数据搬移

```
SD_SPI_WByte(0xFF);
SD_SPI_WByte(0xFF); //两个字节的CRC校验码, 不用关心
```

替换

```
SD_SPI_WByte(0xFE);//写入开始字节 0xfe, 后面就是要写入的512个字节的数据
```

```
DMA1_Channel5->CNDTR=512; //设置要传输的数据长度
DMA1_Channel5->CMAR=(uint32_t)buffer; //设置RAM缓冲区地址

DMA_Cmd(DMA1_Channel5,ENABLE); //启动DMA传输 RAM->SPI
while(!DMA_GetFlagStatus(DMA1_FLAG_TC5)); //等待DMA通道5传输完成
DMA_ClearFlag(DMA1_FLAG_TC5); //清除通道5传输完成状态标记
DMA_Cmd(DMA1_Channel5,DISABLE); //使DMA通道5停止工作
```

由DMA完成
数据传输

```
SD_SPI_WByte(0xFF);
SD_SPI_WByte(0xFF); //两个字节的CRC校验码, 不用关心
```

SD卡扇区写

```
while(SD_SPI_RByte() != 0xFE); //一直读, 当读到0xfe时, 说明后面的是512字节的数据了
```

```
for(i=0;i<4;i++)   //将数据写入到数据缓冲区中
{
  *(buffer++)=SD_SPI_RByte();*(buffer++)=SD_SPI_RByte(); ........
  *(buffer++)=SD_SPI_RByte();*(buffer++)=SD_SPI_RByte();
               ........
  *(buffer++)=SD_SPI_RByte();*(buffer++)=SD_SPI_RByte(); ........
  *(buffer++)=SD_SPI_RByte();*(buffer++)=SD_SPI_RByte();
}
SD_SPI_RByte();
SD_SPI_RByte();//读取两个字节的CRC校验码, 不用关心它们
```

由CPU进行
数据搬移

替换

```
while(SD_SPI_RByte() != 0xFE); //一直读, 当读到0xfe时, 说明后面的是512字节的数据了
```

```
DMA1_Channel4->CNDTR=512; //设置传输的数据长度
DMA1_Channel4->CMAR=(uint32_t)buffer; //设置内存缓冲区地址

/*SPI作为主机进行数据接收时必须要主动产生时钟,因此此处必须有DMA通道5的配合*/
DMA1_Channel5->CNDTR=512;
DMA1_Channel5->CMAR=(uint32_t)&temp; //temp=0xff
DMA1_Channel5->CCR&=~DMA_MemoryInc_Enable; //内存地址非自增

DMA_Cmd(DMA1_Channel4,ENABLE); //首先启动DMA通道4
DMA_Cmd(DMA1_Channel5,ENABLE); //再启动DMA通道5
while(!DMA_GetFlagStatus(DMA1_FLAG_TC4)); //等待DMA通道4接收数据完成
DMA_ClearFlag(DMA1_FLAG_TC4);
DMA_ClearFlag(DMA1_FLAG_TC5); //清除DMA通道4与5的传输完成标志
DMA_Cmd(DMA1_Channel4,DISABLE);
DMA_Cmd(DMA1_Channel5,DISABLE); //使DMA通道4与5停止工作

DMA1_Channel5->CCR|=DMA_MemoryInc_Enable; //将DMA通道5恢复为内存地址自增方式
```

由DMA完成
数据传输

```
SD_SPI_RByte();
SD_SPI_RByte();//读取两个字节的CRC校验码, 不用关心它们
```

SD卡扇区读

图 12.14　将 SD 卡驱动中的数据搬移过程替换为 DMA 传输

```
sd write start.                          sd write start.
sd write completed.                      sd write completed.
sd write time(sec):29                    sd write time(sec):17
sd write data rate(KBps):172             sd write data rate(KBps):294
sd read start.                           sd read start.
sd read completed.                       sd read completed.
sd read time(sec):16                     sd read time(sec):4
sd read data rate(KBps):312              sd read data rate(KBps):1250
sd continuous write start.               sd continuous write start.
sd write completed.                      sd write completed.
sd write time(sec):20                    sd write time(sec):9
sd write data rate(KBps):250             sd write data rate(KBps):555
sd continuous read start.                sd continuous read start.
sd read completed.                       sd read completed.
sd read time(sec):11                     sd read time(sec):3
sd read data rate(KBps):428              sd read data rate(KBps):1667
```

图 12.15　加入 DMA 后的 SD 卡驱动与之前的速度对较

附录

完整工程实例之 SD 卡 MP3 播放器

　　本书的最后附上完整的应用实例,演示使用 znFAT 进行工程开发包括的详细工作步骤,以供读者参考。

　　本书开篇时候的第一个实验就是 SD 卡 MP3 播放器实验,但那只是一个过渡,振南借助它来一步步介绍 FAT32 的相关技术。这里要使用最终版的 znFAT 来实现一个功能完备的 SD 卡 MP3 播放器,包括 MP3 信息显示、播放进度显示、按键控制(可上下切歌、调节音量大小、暂停/继续等)、频谱柱状显示等功能。

1. 实验功能与软件框架设计

　　此实验需要的硬件有 VS1003B 模块、SD 卡模块、I/O 直接按键与 TFT 液晶显示屏。这里主控 CPU 芯片选择 51 单片机。实验主要功能示意如附图 A.1 所示。整体软件设计流程与框架如附图 A.2 与 A.3 所示。

附图 A.1　硬件平台与功能示意

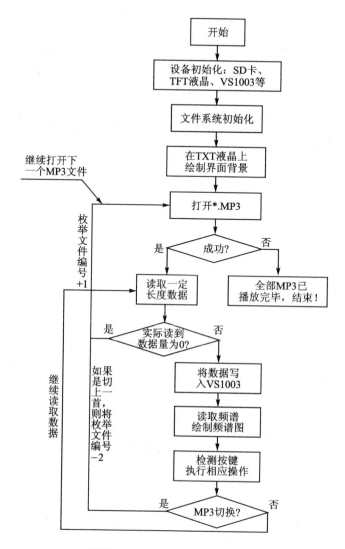

附图 A.2 实验软件设计流程图

2. 编程实现

(1) znFAT 的配置

znFAT 有多种工作模式,还可以进行功能裁减,使用前首先要依实际的硬件资源情况与应用需求对它进行配置。

此实验中与文件操作相关的功能有:打开文件(znFAT_Open_File)、读取数据(znFAT_ReadData)与文件关闭(znFAT_Close_File)。

在 config.h 文件中将这些函数相应的宏注释打开(被注释掉的宏所对应的函数相关代码将不参与编译),如附图 A.4 所示。

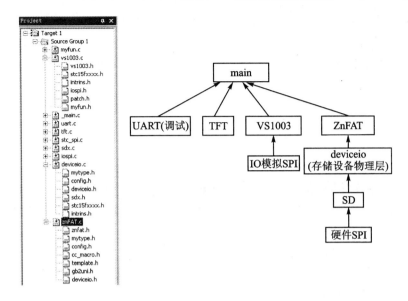

附图 A.3　实验软件框架与主要功能模块

```
#ifndef _CONFIG_H_
#define _CONFIG_H_

/*================================================================
 此文件用于对znFAT进行相关配置
 ================================================================

//==================以下是znFAT的功能函数裁减宏====要使用到哪个功能函数，请将

//#define ZNFAT_MAKE_FS    //文件系统格式化  此功能涉及ROM数据类型的读写，请先实现
//#define ZNFAT_FLUSH_FS   //刷新文件系统   如果没有使用RT_UPDATE_FSINFO，则在所有

#define ZNFAT_OPEN_FILE   //打开文件
#define ZNFAT_CLOSE_FILE  //关闭文件 若无使用RT_UPDATE_FILESIZE，则进行文件数据写
#define ZNFAT_READDATA    //文件数据读取
//#define ZNFAT_READDATAX  //文件数据读取+重定向 此函数会将读取的每个字节送到处

//#define ZNFAT_CREATE_FILE //创建文件
//#define ZNFAT_DELETE_FILE //删除文件
//#define ZNFAT_WRITEDATA  //写入数据，写入数据均是从文件的末尾追加数据
//#define ZNFAT_MODIFY_DATA //数据修改

//#define ZNFAT_CREATE_DIR //创建目录，可以一次性创建多级深层目录
//#define ZNFAT_DELETE_DIR //删除目录，目录下有子目录和文件，以及树状子目录结构，

//#define ZNFAT_DUMP_DATA //文件数据截断，从文件的某个位置之后的数据全部删除

//#define ZNFAT_SEEK       //文件数据定位，使用者一般用不到，znFAT已经把它封装到

//#define USE_LFN //开启znFAT的长文件名功能，在长文件名下需要使用到较多的RAM资源
//#define USE_OEM_CHAR //是否会使用OEM字符，即是否会在长名中出现中文字符
//#define MAX_LFN_LEN (20) //如果一个文件有长名，则其对应的文件信息集合中的have
                //长名的unicode码（两个字节表示一个字符），这里定义的最
                //MAX_LFN_LEN的值请根据实际目标系统的RAM资源来定义，防止
```

附图 A.4　在 config.h 文件中对使用到的函数宏进行配置

如果没有将相应的宏注释打开,编译的时候编译器将提示"此函数未定义"。很多人觉得这样麻烦,索性把所有宏全部打开,于是就可以随便使用 znFAT 中的任意函数了,但是这样会造成 RAM 与 ROM 资源的极度浪费,程序代码也会变得庞大冗长,不好管理。

此实验不支持长文件名,只支持标准 8 · 3 格式的短文件名。所以,宏 USE_LFN 未打开(其后的 USE_OEM_CHAR 与 MAX_LFN_LEN 分别用于定义是否使用中文字符与长文件名的最大长度)。

由于实验中只涉及文件的读操作,所以 config. h 文件后面的宏配置项均无须改动(大多用于在文件数据写入操作中提高数据速度)。但是宏 USE_MULTISEC_R 用于定义是否使用硬件多扇区读取驱动。在从文件一次性读取大量数据的时候,它可以让数据读取速度大幅提升。但是在此实验中,受限于 51 单片机的 RAM 容量,每次读取 MP3 的数据量不会太大,硬件多扇区读取驱动的加速效果不明显。所以,这里未将此宏打开。

(2)实验最终实现

具体代码如下(_main. c):

```
# include "vs1003.h"
# include "myfun.h"
# include "iospi.h"
# include "uart.h"
# include "tft.h"
# include "znfat/znfat.h"
unsigned int i = 0,j = 0;
unsigned int res = 0; //文件操作函数的返回值
unsigned int len = 0; //从文件中读取的数据长度
unsigned int n = 0; //枚举文件用的文件编号
unsigned int pos = 0,old_pos = -1; //进度条位置值
unsigned int vol_val = 0; //音量值
struct znFAT_Init_Args Init_Args; //文件初始化参数集合
struct FileInfo fileinfo; //文件信息集合
unsigned char buf[800]; //应用数据缓冲区
sbit KEY_PRE = P1^7; //向前切歌
sbit KEY_NEX = P1^6; //向后切歌
sbit KEY_VUP = P1^3; //音量调大
sbit KEY_VDN = P1^4; //音量调小
sbit KEY_PAU = P1^5; //暂停/继续
void main()
{
UART_Init(); //初始化串口
VS_Reset(); //初始化 VS1003
VS_sin_test(100); //正弦测试,若听到"滴"一声则说明 VS1003 工作正常
```

```
TFT_Init();//TFT 液晶初始化
TFT_Clear(COLOR_WHITE);//用白色清屏
LoadPatch();//为 VS1003 打补丁,加入频谱功能
znFAT_Device_Init();//存储设备初始化
UART_Send_Str("SD 卡初始化完毕\r\n");
znFAT_Select_Device(0,&Init_Args);//选择存储设备 0 号设备即为 SD 卡
res = znFAT_Init();//文件系统初始化
if(!res)//文件系统初始化成功
{
 UART_Send_Str("Suc. to init FS\r\n");
 //输出文件系统相关参数信息
}
else //文件系统初始化失败
{
 UART_Put_Inf("Fail to init FS, Err Code:",res);
 while(1);//如果初始化失败,则死在这里
}
TFT_Draw_Background();//绘制界面背景
while(!znFAT_Open_File(&fileinfo,"/*.mp3",n + + ,1))
                         //通过通配名 + 文件编号递增实现文件枚举
{
 TFT_PutString(0,1,"             ");
 TFT_PutString(0,3,"             ");
 TFT_PutString(0,1,fileinfo.File_Name);//显示文件名
 TFT_PutNum(0,3,fileinfo.File_Size);//显示文件大小
 while(len = znFAT_ReadData(&fileinfo,fileinfo.File_CurOffset,800,buf))
           //读取文件数据,直到实际读取数据量为 0,此时说明文件数据已全部读完
{
 pos = fileinfo.File_CurOffset * 10/fileinfo.File_Size;//计算进度条位置值
  if(pos == old_pos + 1)//如果进度条位置值等于前一次值 + 1,则更新进度条
  {
   TFT_Draw_proBar(pos,COLOR_RED);
   old_pos = pos;
  }
 VS_XDCS = 0;    //打开 VS1003 数据使能,以便向其写入音频数据
 len/ = 32;//一次可以向 VS1003 写入 32 字节的数据
 for(i = 0;i<len;i + + )//向 VS1003 写入数据
 {
  VS_DREQ = 1;
  while(! VS_DREQ);  //VS1003 的 DREQ 为高才能写入数据
  for(j = 0;j<32;j + + )
   IOSPI_WriteByte(buf[i * 32 + j]);
 }
 VS_XDCS = 1;    //关闭 VS1003 数据片选
```

```
VS_Write_Reg(VS_WRAMADDR,0x18,0x04);       //启动频谱数据传输
TFT_Clear_Half(COLOR_WHITE);     //将频谱柱状图所占的 TFT 半屏清空
for(j=0;j<10;j++)   //读取 10 个频谱值
{
  TFT_Draw_Bar(j,VS_Read_Reg(VS_WRAM)/600,COLOR_BLUE);
}
KEY_PRE = 1;
if(KEY_PRE == 0)
{
  delay(100); //按键去抖
  if(KEY_PRE == 0) {if(n>1) n -= 2; else n = 0; break;} //向前切歌
}
KEY_NEX = 1;
if(KEY_NEX == 0)
{
  delay(100);
  if(KEY_NEX == 0) break; //向后切歌
}
KEY_VUP = 1;
if(KEY_VUP == 0)
{
  delay(100);
  if(KEY_VUP == 0)
  {
   VS_Write_Reg(VS_VOL,(vol_val>0)? (vol_val - 10):0
                   ,(vol_val>0)? (vol_val - 10):0); //音量调大
   if(vol_val>0) vol_val -= 10;
  }
}
KEY_VDN = 1;
if(KEY_VDN == 0)
{
  delay(100);
  if(KEY_VDN == 0)
  {
   VS_Write_Reg(VS_VOL,vol_val + 10,vol_val + 10); //音量调小
   vol_val += 10;
  }
}
KEY_PAU = 1;
if(KEY_PAU == 0)
{
  delay(100);
  if(KEY_PAU == 0) //暂停/继续,按一次暂停,再按一次继续,如此往复
```

```
    {
      while(!KEY_PAU);
      while(KEY_PAU);
    }
  }
}
VS_Flush_Buffer();//清空 VS1003 的数据缓冲区
for(i = 0;i<10;i + + ) TFT_Draw_proBar(i,COLOR_WHITE); //清空进度条
pos = 0;old_pos = - 1;
}
while(1);
}
```

3. 实验的最终效果

首先将 SD 卡格式化为 FAT32 文件系统,然后向其中复制一些 MP3 文件。将 SD 卡插入 SD 卡读/写模块,为开发板上电,于是耳机就可以传出声音了。此实验最终的效果如附图 A.5 所示(实验视频演示请详见振南个人网站及相关发布平台)。播放过程中进度条不断更新,直到播放完毕,进度条全部填满。同时,频谱表征了音频信号中的不同频率成分(柱状图的起伏对应于声音的高亢与低沉)。5 个按键分别用于控制音频的前后切歌、音量大小与启停。

附图 A.5　实验效果

附录 B

完整工程实例之数码录像机(相机)

本书多次出现了基于 OV7670 摄像头模块的相机或录像机实验,很多人对这些实验非常感兴趣,振南统一整理形成了一个较为完善成形的综合性实验。摄像头相关的实验是 znFAT 高速数据写入功能的典型、直观的应用,同时也是亮点实验。

数码录像机(相机),也就是说同时具有录制视频与拍摄照片的功能。它通过按键来实现录像的启停、录像与拍照模式的切换等功能。为了达到更高的拍照速度和录像流畅度,这里使用 STM32F405RGT6,内核为 Cortex－M4,最高主频 168 MHz,可超频到 240 MHz 左右。(与我们经常使用的 STM32F103 系列在代码上较为相似,具有一定的兼容性,但是性能却高出近一倍。振南也会同步提供与发布STM32F103 的实验代码,读者可以关注。)

1. 实验功能与软件框架设计

此实验中包含了图像采集、数据存储、实时钟 RTC、TFT 液晶同步显示、按键控制等功能,相关的硬件有 OV7670 摄像头模块、SD 卡读/写模块、TFT 液晶模块。实验中由 RTC 提供的时间信息动态产生文件名,比如"录像 yyyymmddhhmmss. AVI"或"照片 yyyymmddhhmmss. BMP"。这里 RTC 不再使用基础资源模块上的PCF8563,而是直接使用 STM32F405 芯片的内置 RTC。实验主要功能示意如附图 B.1 所示。

此实验的整体软件设计流程与框架如附图 B.2 与附图 B.3 所示。

2. 编程实现

(1) znFAT 的配置

按照实际涉及的文件操作功能以及对数据读/写速度的需求在 config. h 文件中对 znFAT 进行配置。此实验中要用到的文件操作有文件创建、数据写入、数据修改、文件关闭等。同时还需要支持长文件名(含中文),所以将宏 USE_LFN、USE_OEM_CHAR 都打开,最大长名长度设置为 40。

由于此实验对于数据写入速度有很高要求,直接影响到录像的流畅度,所以我们将 znFAT 的缓冲加速机制全部开启,让它工作在"狂飙"状态(当然最后必须调用znFAT_Close_File 函数,以便进行 CCCB、EXB 等缓冲回写操作)。将宏 RT_UP-DATE_CLUSTER_CHAIN 注释掉,即不实时更新簇链(使用簇链缓冲机制);将宏

STM32F405RGT6

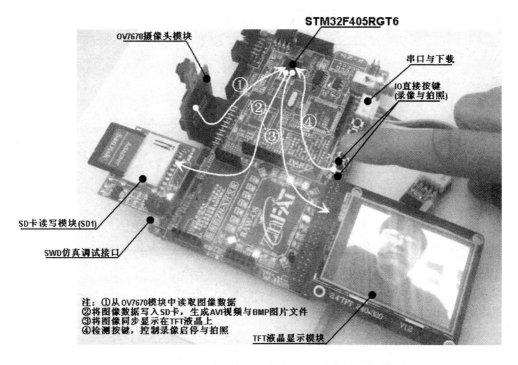

注：①从OV7670模块中读取图像数据
　　②将图像数据写入SD卡，生成AVI视频与BMP图片文件
　　③将图像同步显示在TFT液晶上
　　④检测按键，控制录像启停与拍照

附图 B.1　"数码录像机(相机)"实验硬件平台与功能示意

USE_EXCHANGE_BUFFER 打开，即使用扇区交换缓冲(因为写入的数据量可能不足整扇区)。另外，再将宏 USE_MULTISEC_W 打开，即使用硬件多扇区写驱动，这样数据写入速度能大约提升 1～2 倍。

(2) 实验最终实现

具体代码如下(_main.c)：

```
//包含相关头文件
#define _75KB_LOOP      { \
                        for(j=0;j<76800;j+=64)  \
                        { \
                        SET_RCLK(1);SET_RCLK(0);  \
                        buf[j+1]=(GPIOC->IDR>>8);  \
                        TFT_WR=0;TFT_WR=1;  \
                        SET_RCLK(1);SET_RCLK(0);  \
                        buf[j+0]=(GPIOC->IDR>>8);  \
                        TFT_WR=0;TFT_WR=1;  \
                        ……
//将OV7670模块FIFO中的数据读到缓冲区,同时将其写入TFT液晶(大小端已调整)
                        ……
                        SET_RCLK(1);SET_RCLK(0); \
```

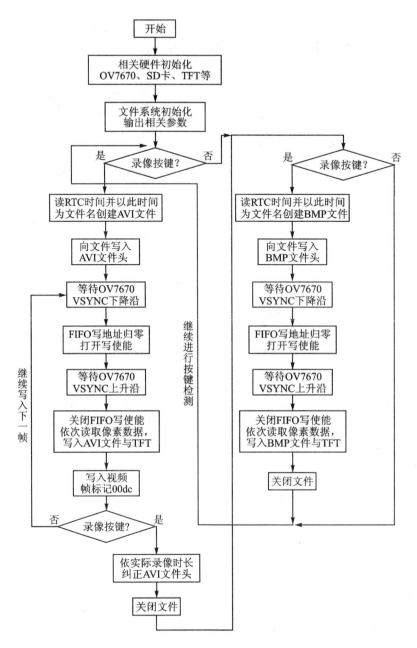

附图 B.2 "数码录像机(相机)"实验整体流程

$$buf[j+63] = (GPIOC - > IDR >> 8); \quad \backslash$$

$$TFT\_WR = 0; TFT\_WR = 1; \quad \backslash$$

$$SET\_RCLK(1); SET\_RCLK(0); \quad \backslash$$

$$buf[j+62] = (GPIOC - > IDR >> 8); \quad \backslash$$

$$TFT\_WR = 0; TFT\_WR = 1; \quad \backslash$$

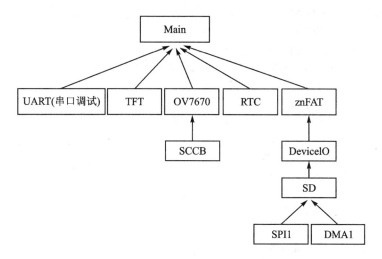

附图 B.3 "数码录像机(相机)"实验软件模块框架

```
          }   \
     znFAT_WriteData(&fileinfo,76800,buf);   \
          }
struct znFAT_Init_Args Init_Args; //初始化参数集合
struct FileInfo fileinfo; //文件信息集合
struct DateTime dt; //日期时间结构体变量
RTC_TimeTypeDef RTC_Time; //RTC 时间
RTC_DateTypeDef RTC_Date; //RTC 日期
char video_fn[30]; //视频文件名
char photo_fn[30]; //图片文件名
unsigned char buf[1024 * 75] = {0}; //图像数据缓冲区,容量为 75 KB
#define KEY_RECORD_VIDEO PCin(7) //录像按键
#define KEY_CAPTURE_PHOTO PCin(6) //拍照按键
int main(void)
{
 unsigned char test = 0,res = 0;
 unsigned short i = 0,f_cnt = 0;
 unsigned int j = 0,k = 0;
 delay_init();
 usart_init(115200); //初始化串口
 TFT_init(); //TFT 液晶初始化
 OV7670_GPIO_Init();
 SCCB_GPIO_Init();
 OV7670_Init(); //OV7670 初始化与配置
 TFT_GPIO_DeInit(); //将与 TFT 数据端口(同时也是 OV7670 模块
          //FIFO 的数据输出端口)相连的 IO 设置为输入(高阻)
```

```
SPI1_Init(); //SPI1 初始化
DMA2_Init(); //DMA2 初始化
                    //DMA 与 SPI 配合驱动 SD 卡将使扇区读写速度大幅提升
RTC_Config(); //RTC 初始化与配置,比如写入初始时间等
znFAT_Device_Init(); //存储设备初始化
printf("SD 卡初始化完毕\r\n");
znFAT_Select_Device(0,&Init_Args); //选择设备
res = znFAT_Init(); //文件系统初始化
printf("文件系统初始化完成\r\n");
if(!res) //文件系统初始化成功
{
  //输出文件系统相关参数
}
else //文件系统初始化失败
{
  printf("Fail to init FS , Err Code:% d\r\n",res);
}
// ==========================================
strcpy(video_fn,"/录像 yyyymmddhhmmss.AVI"); //装入录像文件名模板
strcpy(photo_fn,"/照片 yyyymmddhhmmss.BMP"); //装入图片文件名模板
while(1)
{
  if(!KEY_RECORD_VIDEO) //检测录像按键
  {
    delay_us(100); //延时消抖
    if(!KEY_RECORD_VIDEO)
    {
      while(!KEY_RECORD_VIDEO); //等待按键松开,增加按键操作稳定性
      printf("按键已按下,开始视频录制\r\n");
      RTC_GetTime(RTC_Format_BIN,&RTC_Time); //从 RTC 读取时间信息
      RTC_GetDate(RTC_Format_BIN,&RTC_Date); //从 RTC 读取日期信息
      //将从 RTC 中读到的时间与日期装入到 znFAT 的时间戳结构中
      dt.date.year = RTC_Date.RTC_Year + 2000;
      dt.date.month = RTC_Date.RTC_Month;
      dt.date.day = RTC_Date.RTC_Date;
      dt.time.hour = RTC_Time.RTC_Hours;
      dt.time.min = RTC_Time.RTC_Minutes;
      dt.time.sec = RTC_Time.RTC_Seconds;
      //由当前时间生成 AVI 文件名
      video_fn[5] = '0' + (dt.date.year/1000) % 10;
      video_fn[6] = '0' + (dt.date.year/100) % 10;
      video_fn[7] = '0' + (dt.date.year/10) % 10;
```

```
video_fn[8] = '0' + (dt.date.year/1) % 10;
video_fn[9] = '0' + (dt.date.month/10) % 10;
video_fn[10] = '0' + (dt.date.month/1) % 10;
video_fn[11] = '0' + (dt.date.day/10) % 10;
video_fn[12] = '0' + (dt.date.day/1) % 10;
video_fn[13] = '0' + (dt.time.hour/10) % 10;
video_fn[14] = '0' + (dt.time.hour/1) % 10;
video_fn[15] = '0' + (dt.time.min/10) % 10;
video_fn[16] = '0' + (dt.time.min/1) % 10;
video_fn[17] = '0' + (dt.time.sec/10) % 10;
video_fn[18] = '0' + (dt.time.sec/1) % 10;
res = znFAT_Create_File(&fileinfo,video_fn,&dt); //创建 AVI 文件
if(!res) //创建文件成功
{
 printf("Suc. to create file.\r\n");
 printf("File_Name(Short 8.3):% s\r\n",fileinfo.File_Name);
 //输出短名,因为使用了长文件名,所以这里输出的短名意义并不大
 znFAT_WriteData(&fileinfo,2056,avi_riff); //写入 AVI 文件头
 printf("视频文件头数据已写入\r\n");
 printf("开始录像...\r\n");
 f_cnt = 0; //帧计数归 0
 while(1)
 {
  while(GET_VSYNC());while(!GET_VSYNC()); //等待 OV7670 的场同步信号的下降沿
  SET_WRST(0);
  SET_RCLK(0);SET_RCLK(1);SET_RCLK(0);SET_RCLK(1);
  SET_WRST(1); //FIFO 读写地址归 0(ZN－X 开发板 WRST 与 RRST 已短接)
  SET_WEN(1); //打开 FIFO 写使能,OV7670 的数据开始灌入 FIFO
  while(GET_VSYNC());while(!GET_VSYNC()); //等待场同步上升沿
  SET_WEN(0); //关闭 FIFO 写使能
  SET_OE(0); //打开 FIFO 数据输出使能
  TFT_CS = 0; //打开 TFT 液晶使能
  TFT_RS = 1; //将 TFT 液晶切至数据模式
  _75KB_LOOP;_75KB_LOOP; //调用两次 75 KB 循环,完成一帧图像的读取、
                         //存储与同步显示(QVGA,一帧数据量为 150 KB)
  znFAT_WriteData(&fileinfo,8,fh); //写入下一帧的帧标记"00dc"与帧数据量
  TFT_CS = 1;SET_OE(1); //关闭 TFT 液晶使能,关闭 FIFO 数据输出使能
  SET_TEST_PIN(test = ~test); //更新测试 LED,录像过程中它会闪烁
  f_cnt ++ ; //帧计数,最终更新到 AVI 文件中
  if(!KEY_RECORD_VIDEO) //按键如果被按下,则结束录像
  {
   delay_us(100);
```

```
        if(!KEY_RECORD_VIDEO)
        {
         while(!KEY_RECORD_VIDEO);
         printf("按键已按下,录像结束\r\n");
         //更新 AVI 文件头,主要是文件大小与帧数
         avi_riff[4] = fileinfo.File_Size;
         avi_riff[5] = fileinfo.File_Size>>8;
         avi_riff[6] = fileinfo.File_Size>>16;
         avi_riff[7] = fileinfo.File_Size>>24;
         avi_riff[48] = f_cnt;
         avi_riff[49] = f_cnt>>8;
         avi_riff[50] = f_cnt>>16;
         avi_riff[51] = f_cnt>>24;
         znFAT_Modify_Data(&fileinfo,0,52,avi_riff);    //对 AVI 文件头数据进行修改
         znFAT_Close_File(&fileinfo);//文件关闭,/包含对簇锭缓冲与扇区缓冲的回写
         znFAT_Flush_FS();//更新文件系统,主要对 FSINFO 扇区进行维护
         printf("录像结束...\r\n");
         break;
        }
      }
     }
    }
   else
   {
    printf("Fail to create file, Err Code:%d\r\n",res);
   }
  }
}
if(!KEY_CAPTURE_PHOTO) //检测拍照按键
{
 delay_us(100);
 if(!KEY_CAPTURE_PHOTO)
 {
  while(!KEY_CAPTURE_PHOTO);
  printf("按键已按下,开始拍照\r\n");
  //将从 RTC 中读到的时间与日期装入到 znFAT 的时间戳结构中,同上
  res = znFAT_Create_File(&fileinfo,photo_fn,&dt); //创建 BMP 文件
  if(!res) //创建文件成功
  {
   printf("Suc. to create file.\r\n");
   printf("File_Name(Short 8.3):%s\r\n",fileinfo.File_Name);
   znFAT_WriteData(&fileinfo,54,bmp_header); //写入 BMP 文件头
```

```
printf("BMP 文件头数据已写入\r\n");
printf("开始获取像素数据...\r\n");
//等待 OV7670 场同步,获取数据并存储,TFT 同步显示,同上
printf("拍照结束...\r\n");
SET_TEST_PIN(0);
delay_us(10000);
SET_TEST_PIN(1); //测试 LED 闪一下
}
else
{
printf("Fail to create file, Err Code: % d\r\n",res);
}
}
}
}
```

3. 实验的最终效果

将程序编译之后烧入到 ZN‐X 开发板中,成功进行了相关设备的初始化后按下按键便可以进行录像与拍照了。实验效果如附图 B.4 与 B.5 所示。

Codec ID/Info : Basic Wind
Duration : 25s 0ms
Bit rate : 8 302 Kbps
Width : 320 pixels
Height : 240 pixels
Display aspect ratio : 4:3
Frame rate : 8.000 fps

AVI视频相关信息

AVI在PC端播放

录像与拍照,生成AVI与BMP文件

附图 B.4　"数码录像机(相机)"实验效果

实验到这里就结束了。使用 STM32F405 确实将数据的写入速度与录像的流畅度提高了很多,已经达到了 8 fps,已看不出播放卡顿的现象(使用 STM32F103 只能达到 4 fps,会产生一些卡顿现象)。

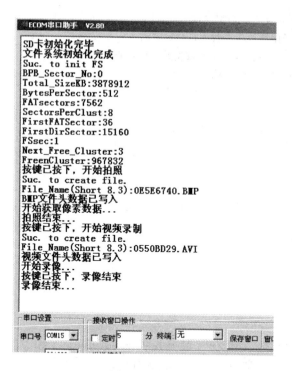

附图 2.5 "数码录像机(相机)"实验的串口输出信息

  读者可能已经体会到了本书最后安排这两个完整工程实例的用意:它们是对 znFAT 全面而综合性的应用,SD 卡 MP3 播放器实验主要是针对 znFAT 的读操作相关功能的应用;数码录像机(相机)则是针对写操作、长文件名以及一些加速机制的应用。

附录 C

主流 CPU 内核及其典型芯片简介
（znFAT 移植平台）

  振南的 znFAT（单片机上的 FAT32 文件系统）发布之后产生了很多跨 CPU 平台的应用需求，即将 znFAT 应用到各种 CPU 上去，比如 51、AVR、PIC、ARM 等。为了各个 CPU 平台的使用者有一个现成的移植实例可供参考或直接使用，从而免去亲自移植的精力与时间投入。振南花了大量的时间投入到了各 CPU 平台的移植工作中去。这里，不讲 znFAT 的移植方法，只简单介绍当前各种主流的 CPU。注意，用【】标注的 CPU 芯片为振南的 ZN－X 开发板支持的，znFAT 的移植与应用直接在开发板上进行，其他 CPU 芯片则基于第三方硬件平台。

  ① 51 内核：51 是使用最广泛的 8 位机，常用的有：

  【STC51】：由深圳宏晶公司生产的 51 核单片机。STC51 芯片是 znFAT 最早进行移植和测试的 CPU 平台，具体的芯片有 STC89C516、STC12C5A60S2。它们的 RAM 容量为 1 KB，Flash ROM 为 60 KB，后者比前者快 12 倍。因其 RAM 的资源较少，所以 znFAT 中一些占用 RAM 较多的加速缓冲算法和机制不能使用，znFAT 不能以全速模式运行，性能大打折扣。当然，我们可以外扩 RAM，但最简单的办法是使用 STC 后期发布的 STC15L2K60S2，它的 RAM 资源增加到了 4 KB，znFAT 可以在它上面得到全面发挥。

  C8051F：由 Cygnal（新华龙）公司（现已被 Silicon Lab 收购）生产的 51 核单片机，也许是性能最高、资源最为丰富的 51 芯片，但价格比较昂贵。zn-FAT 在 C8051F 上的移植使用的芯片是 C8051F340，RAM 与 ROM 为 4 352 字节与 64 KB。它最方便的就是内置了 USB 控制器并可实现通过 USB 下载程序。C8051F 的主流芯片型号有 C8051F020/040、C8051F340/320。

  ② AVR 内核：AVR 单片机是 1997 年由 Atmel 公司挪威设计中心的 A 先生与 V 先生利用 Atmel 公司的 Flash 新技术，共同研发出 RISC 精简指令集的高速 8 位单片机。AVR 在过去很长一段时间，乃至现在，都是倍受人们青睐的单片机。虽然因为 2011－2012 年的供货危机导致众多工程师开始放弃 AVR，转而采用 STM8、

Cortex-M0 等芯片(供货危机之后 Atmel 发布了新的 A 系列芯片,兼容之前的芯片),但是因其固有的经典性与代表性,仍然拥有着很大的用户人群。

【ATmega】:AVR 单片机中的最经典、应用最为广泛的系列。该系列芯片包括了 ATmega8/16/32/64/128 等型号。不同型号的芯片内置了不同容量的 RAM 与 ROM。znFAT 的移植采用的是 ATmega128,其 RAM 与 ROM 分别为 4 KB 与 128 KB。曾经还尝试过 ATmega32,它有 2 KB 的 RAM 和 32 KB 的 ROM,RAM 是够的,znFAT 在全速模式下(即打开所有缓冲加速机制),最多占用 1 300~1 400 字节的 RAM,而在最小模式下只需要 800~900 字节。但是 ROM 资源略显不足,尤其是使用中文长名的情况下,因为需要较多的 ROM 来存放汉字码表(znFAT 在 AVR 上的 ROM 需求通常为 20~60 KB,汉字码表约占用 27 KB)。

③ AVR32 内核:AVR32 单片机是 ATMEL 公司在 2006 年继 AVR 之后推出的,由 ATMEL 公司独立研发(这点与 ARM 不同),不同于 32 位的 ARM。

AT32UC3B:AVR32 单片机的典型型号,具体型号有 AT32UC3B0256/0128/064 等。znFAT 的移植使用的是 AT32UC3B0256,它有 256 KB 的 ROM、32 KB 的 RAM。

④ PIC 内核:全称为 Peripheral Interface Controller,是由 MicroChip 公司开发的一种采用 CISC 结构的单片机。数据线和指令线分时复用,即所谓冯·诺伊曼结构。它的指令丰富,功能较强,但取指令和取数据不能同时进行,速度受限,价格亦高。

PIC18F:这一系列的典型型号有 PIC18F4520/4525/4620 等。znFAT 移植使用的芯片是 PIC18F4620,有 3 986 字节的 RAM 和 64 KB 的 ROM。

⑤ dsPIC 内核:MicroChip 公司的高性能 16 位数字信号控制器(DSC),包括有扩展的 DSP 功能和高性能 16 位微控制器(MCU)架构,性能高达 40 MIPS。

dsPIC33F:dsPIC33F 系列 dsPIC33FJXXXGPX06/X08/X10。znFAT 移植使用的芯片是 dsPIC33FJ64GP206,ROM 为 64 KB、RAM 为 8 KB。

⑥ ARM7 内核:ARM7 内核是由英国 ARM 公司设计研发的一种小型、快速、低能耗、集成式 RISC 内核,具有 0.9 MIPS/MHz 的 3 级流水线和冯·诺伊曼结构。ARM7 是一个 ARM 系列中非常经典的一个内核。ARM7 系列是世界上使用范围最广的 32 位嵌入式处理器系列,具有 170 多个芯片授权使用方,自 1994 年推出以来已销售了 100 多亿台。

LPC2XXX:LPC2XXX 系列是 NXP 公司开发的 ARM7TDMI 内核的微控制器。znFAT 移植使用的芯片型号为 LPC2148,有 32 KB 的 RAM 和 512 KB 的 ROM。

⑦ ARM9 内核:ARM9 系列内核是英国 ARM 公司设计的主流嵌入式处理器内

核,主要包括 ARM9TDMI 和 ARM9E - S 等系列。ARM9 在高端嵌入式应用中占有着绝对的份额。

  S3C2XXX:三星推出的 ARM9TDMI 内核嵌入式处理器系列芯片,主要型号有
      S3C2410/2440 等。znFAT 在 ARM9 内核芯片上的移植使用的是
      S3C2440,此芯片是目前网络上资料、论坛、使用者最多,应用最为广
      泛的 ARM9 处理器。ARM9 一般在应用中都外扩 ROM 和 RAM。

  STR91:ST 公司的 STR91XX 是基于 ARM966E - S RISC 内核的 16/32 位闪存
     MCU。它的工作频率为 96 MHz,具有 5 级流水线和 Harvard 架构。
     znFAT 移植使用的芯片为 STR912FAW44X6,ROM 有 512 KB 和 96
     KB 的 RAM。

  ⑧ MSP430 内核:MSP430 系列单片机是 TI 公司 1996 年开始推向市场的一种
16 位超低功耗、具有精简指令集(RISC)的混合信号处理器。

  MSP430XXXX:MSP430 单片机家族包括了众多型号,如 MSP430X1XX、
       MSP430F2XX、MSP430C3XX、MSP430X4XX、MSP430X5XX
       等。znFAT 使用的芯片是 MSP430F149,有 60 KB 的 ROM、
       2 KB的 RAM。

  ⑨ STM8 内核:ST 公司的 STM8 内核具有 3 级流水线的哈佛结构,扩展指令
集,最高工作频率 24 MHz,性能可以达到 20 MIPS。

  STM8L152XX:znFAT 移植所使用的芯片为 STM8L152C6T6,有 32 KB 的
      ROM、2 KB 的 RAM。

  ⑩ Cortex - M3 内核:ARM 公司继 ARM7、ARM9 等内核之后,近些年来大力
推广其新内核 Cortex 系列。M3 作为首先进行推广的 Cortex 内核,现在已经非常盛
行。Cortex - M3 处理器结合了多种突破性技术,为芯片供应商提供超低费用的芯
片,仅 33 000 门的内核性能可达 1.2 DMIPS/MHz。该处理器还集成了许多紧耦合
系统外设,令系统能满足下一代产品的控制需求。

  【STM32F】:ST 公司推出的 Cortex - M3 内核的微控制器芯片。STM32 系列芯
      片是应用最广泛的主流 M3 芯片。STM32 的主要芯片型号有
      STM32F103X6/X8/XB 等。znFAT 移植使用的芯片为 STM32-
      F103RBT6,有 126 KB 的 ROM、20 KB 的 RAM。

  LPC17XX:NXP 推出的 Cortex - M3 内核微控制器,包括 LPC1768/88 等。
      LPC17XX 是 Cortex - M3 芯片中较为高端的,价格也是较昂贵的。
      znFAT 移植使用的芯片为 LPC1768,有 64 KB 的 RAM、512 KB 的
      ROM。

  LM3SXX:　LM3S 系列芯片是由 Luminary 公司(被 TI 收购)出品的 M3 内核
      微控制器,其在 M3 的市场中份额较前两者稍有不及,不过,其在实
      际应用中还是不少的。znFAT 的移植使用的是 LM3S9D96,有 512

KB 的 ROM、96 KB 的 RAM。

⑪ Cortex - M4 内核:Cortex - M4 处理器是由 ARM 开发的嵌入式处理器,用以满足需要有效且易于使用的控制和信号处理功能混合的数字信号控制市场。高效的信号处理功能与 Cortex - M 处理器系列的低功耗、低成本和易于使用的优点的组合。

【STM32F4】:ST 公司推出的 Cortex - M4 内核的数字信号控制器。采用了 90 nm 的 NVM 工艺和 ART(自适应实时存储器加速器,能够完全释放 Cortex - M4 内核的性能)。STM32F4 系列可达到 210 DMIPS@168 MHz。STM32F4 系列微控制器集成了单周期 DSP 指令和 FPU(floating point unit,浮点单元),提升了计算能力,可以进行一些复杂的计算和控制。znFAT 移植使用的芯片为 STM32F407,有 1 MB 的 ROM,192 KB 的 RAM。

Kinetis: FreeScale(原 Motolora 半导体部)推出的基于 Cortex - M4 内核的微控制器系列芯片。Kinetis MCU 代表了业界最具扩展能力的 Cortex - M4 MCU 产品。第一阶段的产品由 5 个 MCU 家族产品组成,带有 200 多个引脚、外围设备和软件兼容的器件,具有出色的性能、内存和可扩展性。由于采用了创新的 90 nm 薄膜存储器(TFS)闪存技术,并带有独特的 FlexMemory(可配置嵌入式 EEP-ROM)。Kinetis 包含最新的低功耗创新技术和高性能、高精度的混合信号功能,得到飞思卡尔和 ARM 的第三方生态系统合作伙伴提供领先市场的捆绑式支持。Kinetis 包括 K10/20/30/40/60。znFAT 移植所使用的芯片为 K60,有 512 KB 的 ROM、128 KB 的 RAM。

⑫ Cortex - M0 内核:Cortex - M3 是 ARM 第一个推出来的针对 MCU 的核,但对于一般 8/16 位机,M3 并没有很理想的性价比,所以 ARM 才会去开发一个更好的性价比内核——M0 出来。Cortex - M0 处理器是市场上现有的最小、能耗最低、最节能的 ARM 处理器。该处理器能耗非常低、门数量少、代码占用空间小,使得 MCU 开发人员能够以 8 位处理器的价位获得 32 位处理器的性能,且在不到 12K 门的面积内能耗仅有 85 微瓦/MHz(0.085 毫瓦)。该处理器把 ARM 的 MCU 路线图扩展到超低能耗 MCU 和 SoC 应用中。M0 是 Cortex 系列内核中最轻量级的内核,ARM 的 Cortex 内核的推广态势就是要覆盖绝大多数的嵌入式应用,从低端到高端。

NUC1XX: 由台湾 Nuvoton 公司(新唐)推出的基于 Cortex - M0 内核的微控制器。新唐是第一批基于 ARM Cortex - M0 核做出单片机的厂商,并正向中国大陆主推其基于 M0 的 NuMirco 家族单片机,希望把 M0 做到全球第一。NUC1XX 系列包括 NUC120/30/40 等型号。znFAT 移植使用的是 NUC120,有 128 KB 的 ROM、16 KB 的 RAM。

【STM32F0】：由 ST 公司于 2012 年 5 月推出的基于 Cortex - M0 内核的微控制器。为满足客户差异化需求,又进一步推出了更少引脚、更低闪存密度的 STM32F0 产品,让客户能够轻松实现传统 8 位设计到 32 位升级。znFAT 移植所使用的芯片为 STM32F051RBT6,有 64 KB 的 ROM、8 KB 的 RAM。

⑬ Nios II(Avalon)内核：Nios Ⅱ 嵌入式处理器是 ALTERA 公司推出的采用哈佛结构、具有 32 位指令集的第二代片上可编程的软核处理器,最大优势和特点是模块化的硬件结构,以及由此带来的灵活性和可裁减性。相对于传统的处理器,Nios Ⅱ 系统可以在设计阶段根据实际的需求来增减外设的数量和种类。设计者可以使用 ALTERA 提供的开发工具 SOPC Builder,在 FPGA 器件上创建软硬件开发的基础平台,即用 SOPC Builder 创建软核 CPU 和参数化的接口总线 Avalon。在此基础上可以很快地将硬件系统(包括处理器、存储器、外设接口和用户逻辑电路)与常规软件集成在单一可编程芯片中。而且,SOPC Builder 还提供了标准的接口方式,以便用户将自己的外围电路做成 NiosⅡ 软核可以添加的外设模块。这种设计方式更加方便了各类系统的调试。

Cyclone II：znFAT 移植使用的芯片为 Cyclone II 系列的 EP2C5Q208。通过 SOPC Builder 订制 NIOS 处理器,外扩了 32 MB 的 SDRAM。

⑭ ColdFile 内核：是 Freescale 公司在 M68K 基础上开发的微处理器芯片。ColdFire 系列芯片不仅具有片内 Cache、MAC 及 SDRAM 控制器等微处理器的特征,同时片内还具有各种接口模块,如 GPIO、QSPI、UART、快速以太网控制器及 USB,这是微控制器的特征。因此,ColdFire 系列芯片不但具有微处理器的高速性,还具有微控制器的使用方便等特征。ColdFire 系列芯片既支持 BDM 调试,也支持 JTAG 调试。到目前为止,ColdFire 系列芯片已有近 50 种,适用于不同功能、不同应用。

MCF5225X：ColdFile V2 内核的主要芯片系列。znFAT 移植使用的是 MCF52259,有 512 KB 的 ROM、64 KB 的 RAM。

⑮ TMS320 内核：TMS320 系列 DSP 是软件可编程器件,具有通用微处理器具有的方便灵活的特点。基本特点有：哈佛结构,流水线操作,专用的硬件乘法器,特殊的 DSP 指令,快速的指令周期。这些特点使得 TMS320 系列 DSP 可以实现快速的 DSP 运算,并使大部分运算能够在一个指令周期完成。TMS320 的常用系列有 C2000/5000/6000。

TMS320C281X：TMS320C2000 系列包含了 TMS320C2810/11/12。znFAT 移植使用的是 TMS320C2812,有 128 KB 的 ROM、18 KB 的 RAM。

⑯ HCS08 内核：飞思卡尔公司的 MC9S08 系列产品是低成本、高性能的 8 位微控制器(MCU)HCS08 产品家族的成员。该产品家族中的所有 MCU 都采用增强型

HCS08 内核,并集成了各种模块,不同容量存储器以及存储器类型并提供不同的封装类型。znFAT 移植使用 MC9S08DZ60 芯片,60 KB 的 ROM、4 KB 的 RAM。

⑰ HCS12 内核:HCS12 微控制器系列产品是飞思卡尔公司于 2002 年在 68HC12 微控制器的基础上升级开发出来的。它是基于 16 位 CPU 的控制器,前身是 8 位的 68HC11 微控制器。HCS12 系列产品的工作电压为 5 V,时钟频率最高为 25 MHz。

MC9S12XX:该系列芯片包括 MC9S12XX64/128/256 等型号。znFAT 移植使用的是 MC9S12XS128,有 128 KB 的 ROM、8 KB 的 RAM。

问：znFAT 的数据读/写速度有多快？

答：znFAT 的文件数据读/写速度与很多因素有关，最根本在于存储设备底层驱动的速度和效率。znFAT 上层的所有数据读/写功能最终都会落于物理扇区读/写操作上，所以是影响文件数据读/写速度的最大瓶颈。另外，znFAT 存在多种工作模式，各种模式下的数据读/写速度均不同。其中，全实时模式速度最慢，全速缓冲模式速度最快，后者基本接近物理层直接读/写扇区的速度，而前者通常是后者的 10%～30%。由于存储设备扇区读操作与写操作所花费时间上的差异，文件层面上的数据读/写速度也不均衡。通常读数据要比写数据要快很多，相差 2～3 倍。再者，文件数据读/写的速度与使用者的数据读/写方式有很大关系。如果每次读/写的数据量不多，则可能导致整体的平均数据读/写效率不高。

问：znFAT 的稳定性、正确性等指标是如何保证的？

答：znFAT 自发布之后基本上没有出现过问题。80%的问题都集中在开发者本身的使用和移植上，大多经过振南的指导后得以解决。在实际工程项目中的应用也有很多，znFAT 经历了诸如大数据量、长时间、频率读/写等严峻的测试，最终表明它是没有问题、是稳定的。其实 znFAT 本身的质量与稳定性是振南一直极为注重的，之前花费了大量的精力和时间针对各项功能、各种文件操作的可能情况进行了大量甚至是极限性的测试来 nFAT 不会出现大问题，尤其是低级错误。不过，振南仍然不敢说 znFAT 是完美的，所以，希望使用者能够及时反馈遇到的 Bug 和问题。

问：有了 znFAT 是否就不用再去调试 SD 卡等物理设备驱动了？

答：这一问题就如同在问"木匠手艺如此高超，那他是否不用木头也能干活了？"FAT32 文件系统设计得再巧妙、znFAT 的功能再强大，也无法改变一个固有的前提，那就是物理存储设备的扇区读/写驱动必须调试通过。这是完成一切文件操作功能的根本基础，底层驱动是永远绕不过去的。

问：znFAT 能否应用于 FlashROM 或 U 盘，还是只能用于 SD 卡？

答：znFAT 对物理存储设备进行了抽象，也就是说，它根本不关心具体存储设备是什么，只关心是否能够通过连续的地址正确读/写它的扇区数据。所以，无论是 SD 卡、CF 卡、FlashROM 还是 U 盘、硬盘等，只要能够提供扇区读/写驱动，就可以使用 znFAT 对其中的文件进行操作。但是有 3 个问题我们要知道：① znFAT 严格遵循标准 FAT32 文件系统协议,支持的存储容量为 32 MB~2 TB,使用前确保存储设备已经格式化为 FAT32 格式;② znFAT 的底层接口为标准 512 字节扇区读/写接口,如果 FlashROM 芯片每次能够读/写的最小数据块不是 512 字节,则需要对其进行重新地址映射,转译为标准扇区接口;③ 由于 NAND FlashROM 中存在坏块,因此不能直接使用 znFAT(其实不光是 znFAT,基本上所有的 FAT32 文件系统方案都不能直接支持 NAND FlashROM),需要在底层通过闪存转译层(NFTL)进行坏块管理与损耗平衡,将其转化为理想的地址连续的标准扇区接口(详细内容请见本册第 10 章)。

问:znFAT 编译之后超出了单片机的 ROM 与 RAM 容量怎么办?

答:znFAT 本身占用的 RAM 资源最小可达到 900 字节,最多为 1 300 字节左右;ROM 资源占用量一般为 20~60 KB。影响它们的主要原因有:① znFAT 的不同工作模式。缓冲模式会消耗更多的内存资源,长文件名中对中文的支持将占用较多 ROM 资源;② 目标芯片 CPU 与编译器的差异。不同 CPU 内核指令集的差异、不同编译器以及编译优化强度、编译策略等因素都将会影响最终的代码容量与密度。如果 znFAT 最终的代码容量过大,则建议使用者依实际应用需求选择更合适的工作模式、采用更高的编译优化级别、对上层的应用级代码进行精简或改进、更换 ROM 与 RAM 容量更大的芯片。另外,针对 51 单片机需要指出的是 C51 编译器的一个特点:如果编写了一个函数,但是实际上并未调用,那么它将占用很多的内存;反之如果调用了,内存使用却会骤减。所以,在 51 上使用 znFAT 时,建议在 config. h 中关闭那些没有用到的函数。

问:znFAT 是否支持长文件名?

答:振南的 znFAT 对长文件名的支持非常全面,使用者可以对长文件名的最大长度进行配置,以免用于存储长文件名的缓冲区占用过多内存。另外,还可以选择是否使用 OEM 字符集(比如中文),它决定了 UNICODE 编码映射表是否参与编译,从而节省 CPU 芯片的 ROM 空间。当然,znFAT 中还设计了长文件名功能的总开关,关闭之后将不再支持长文件名功能。

问:znFAT 是否开放源代码?

答:znFAT 从一开始就是一个完全开源的项目,所有源代码及相关技术细节全部通过振南个人网站及相关平台发布。任何人都可以免费获取、修改和使用,没有任何的限制。

问:znFAT 是否支持 FAT12/16 或 NTFS?

答:因为现在存储设备的容量普遍很大,FAT12/16 已经渐渐趋于淘汰,因此,振南集中精力主要实现了 FAT32,即 znFAT 只支持 FAT32。所以,使用 znFAT 前须确保存储设备已经被格式化为 FAT32 格式。另外,其实 NTFS 并不太适用于嵌入式系统,因为它与 FAT32 相比更加复杂,更难于实现,同时也需要更多的硬件资源的支持。在当今的嵌入式应用领域中,FAT32 仍然是最流行,也最适用的通用文件系统方案。

问:znFAT 是否支持 MSP430、STM8 或 DSP,甚至是日系 CPU?

答:经常振南长期的优化改进,znFAT 已经基本不再依赖 CPU 硬件,即使用何种 CPU 芯片来运行 znFAT 都是一样的。只不过是一些移植接口上,依照实际的 CPU 平台要进行少量的改动,主要内容是数据类型的定义,比如 C51 中 int 为 16 位,而在 ARM 中则为 32 位。所以在 MSP430、STM8 或 DSP 上,甚至是更多的 CPU 芯片上使用 znFAT 都不会有任何问题(znFAT 的这种高可移植性是经过实际测试验证的,验证平台为近 20 种主流 CPU,具体的移植实例请见振南个人网站及相关发布平台)。

问:SD 卡是否需要进行坏块管理与损耗平衡?

答:SD 卡的核心存储介质确实是 NAND FlashROM,它本身确实需要进行坏块管理与损耗平衡等处理,但是这些工作却并不需要我们来做,因为 SD 卡内部集成了专门的处理芯片完成这些工作,并向外提供理想的连续扇区接口。不光是 SD 卡,其实 U 盘、CF 卡、记忆棒等存储设备都是同样的道理。如果直接使用 NAND FlashROM 芯片,那就需要自己来接管这些工作,编写闪存转译层。

问:znFAT 兼容微软 FAT32 文件系统吗?还是自己定义了一套 FAT 机制?

答:可以说,自己独创一套 FAT 方案是毫无意义的。znFAT 的研发初衷就是与 FAT32 高度兼容,从而可以方便地与使用 FAT32 文件系统的计算机进行文件互通。

问:znFAT 能够操作的文件大小有无限制?

答:因为 FAT32 规范限制了单个文件大小无法大于 4 GB,所以 znFAT 也遵循了这一原则。

问:znFAT 对文件进行一次读/写操作有无数据量的限制?

答:znFAT 中的数据读/写函数(znFAT_Read_Data 与 znFAT_Write_Data)均没有对读/写的数据量进行限制,只受限于使用的 CPU 芯片的内存容量以及 FAT32 规范中"单个文件不得大于 4 GB"的原则。

问:znFAT 如何向使用者授权?是否免费?是否允许进行商业应用?

答:znFAT 是完全免费、自由而且长期有人维护与改进的开源项目。但是对于商业应用,znFAT 与作者均不承担任何后果与责任。

问:我的 SD 卡为何调不通?

答:SD 卡有时候比较难调,原因有很多:

① SD 卡的品质不好,功耗大,做工落后,建议购买正牌 SD 卡,而且最好是容量不小于 4 GB 的高容量卡(SHDC,一般容量越小的卡制作工艺越落后)。

② SD 卡接口电路有误,建议在信号线上加 10 kΩ 上拉电阻。

③ 供电有问题,很多人都喜欢用 USB 的 5 V 经 LDO 稳压为 3.3 V 给 SD 卡供电,这样也许会造成 SD 卡供电不足(USB 在未枚举成功之前只输出不到 100 mA 电流)。尽管可能初始化是成功的,但是在频繁进行扇区读/写时可能出问题,根本原因

是 SD 卡功耗比较大,在进行内部 NAND FlashROM 编程操作时会产生瞬间的功率需求,从而导致 SD 卡当机。

④ 初始化速度过快,理论上来说 SD 卡初始化的 SPI 通信速度为 400 kHz,但实际上初始化速度越慢,成功的可能性就越大。所以,很多时候使用 I/O 模拟 SPI 反正更容易成功,因为硬件 SPI 的速度受到硬件限制,可能无法降到很低。

⑤ SD 卡驱动程序本身有问题,有很多人根据 SD 卡的数据手册来自己编写驱动程序,但最终调试失败或者发现驱动程序"挑卡",很大程度上说明 SD 卡驱动程序本身可能有问题,所以建议直接移植和使用振南的 SD 卡驱动,它经历了长期的改进和验证,调试时会更加顺利。

问:znFAT 的下载与发布平台是哪里? 是否进行长期维护与技术支持?

答:znFAT 的主要发布平台是振南的个人网站,网址为 www. znmcu. cn,站内技术交流平台为 bbs. znmcu. cn,也与很多网络平台进行了合作,比如 21IC、EDNChina、Elecfans 等。

问:znFAT 的速度性能与同类方案,比如 FATFS、UCFS 等相比,有何差异?

答:振南曾针对 znFAT 的数据读/写速度与现有的优秀嵌入式文件系统方案进行了全方位的对比测试,结果表明 znFAT 的数据读/写速度要比同类方案快 20%～30%,而内存使用量却较之少 500 字节左右。所以,znFAT 在速度与空间上达到了最好的平衡。另外,znFAT 的各种独特的设计给使用者带来了很多的方便,比如多种工作模式的选择、功能的裁减等(详细内容请见本册第 5 章)。

问:SD 卡驱动的 SPI 与 SD 模式哪种比较好?

答:SD 卡确实有两种接口模式,即 SPI 模式与 SD 模式。据振南了解,在 60% 以上的应用中人们使用的都是 SD 卡的 SPI 模式,主要原因是此模式比较简单,容易实现,而且对 CPU 芯片没有特别的硬件要求,只要有 SPI 接口即可对 SD 进行操作(即使没有硬件 SPI,也可以用 I/O 模拟)。相比之下,SD 模式要复杂一些,而且需要更多的信号线和专用的 SD 控制器,但是 SD 模式具有 SPI 模式所无法比拟的速度和性能优势。SPI 模式与 SD 模式没有好坏之分,只有适用与否。如果没有过高的数据读/写速度方面的要求,那么 SPI 模式还是比较好的选择(请详见本册第 11 章)。

问:znFAT 写数据函数只能向文件追加数据吗? 是否可以在现有数据中间进行写入操作?

答:znFAT 中的写数据函数(znFAT_Write_Data)确实只能向文件追加数据,即将要写入的数据续在原有的数据之后。考虑到很多人都有在现有数据中间进行数据写入的功能需求(即用要写入的数据覆盖文件中间的某一段原有数据),所以振南为 znFAT 加入了数据修改功能函数(znFAT_Modify_Data)。

问:关于 znFAT 的版本是如何解释的?

答:振南自 2010 年开始研究 FAT32 文件系统时发布的第一个可用的版本是 3.01。随着代码的不断完善,版本也在不断升级。第一版 znFAT 终结于 2011 年 3 月,最终的版本号为 5.18。新版 znFAT 在代码上与老版的代码完全不同,不过在上层应用接口上基本保持了一致或者相似性。经过近 1 年多的研发,最终才出现了现在的 10.89 版本。版本号的增长是依照代码改动的大小,BUG 的规模来计算的。比如如果改进了一个微小的地方,那版本可能只会增加 0.01;但如果改动比较大,比如增加新的功能函数,或加入新的算法,可能就会增加 0.10 或 1.00。本书出版之际,最新版的 znFAT 也随之发布,版本号为 10.12。

问:znFAT 是否支持文件名通配功能?

答:文件名通配功能是 znFAT 中的一个亮点。通配文件名形如 aaa * bb cc.txt,其中 * 表示任意多个任意字符,表示一个任意字符。使用通配文件名来打开文件时,与之匹配的文件会有多个,所以在文件打开函数(znFAT_Open_File)的参数表中有一个名为 n 的参数,用于确定最终要打开的文件的序号。使用 znFAT 中的文件名通配功能可以实现对目录中所有满足某一条件的文件的枚举,用以实现诸如播放目录下所有 MP3 文件、显示目录下所有图片等功能。

问:znFAT 是否支持多文件与多设备?

答:znFAT 对多文件与多设备有很好的支持。多文件是指同时可以打开和操作多个文件;而多设备则是指可以两时挂接多种存储设备,并可以同时对不同存储设备上的多个文件进行操作。

问:为什么我在调试 znFAT 的时候,程序死在了 znFAT_Init 中?

答:出现这种现象通常有两个原因:① znFAT 的移植或应用有问题,比如内存溢出等;② 存储设备的物理驱动有问题,首先确保物理设备的初始化及扇区读/写驱动可正常运行。znFAT 如果返回值为非 0,则说明文件系统初始出错,返回值说明了具体的错误原因。

问:znFAT 是否支持在操作系统多任务环境下使用?

答:znFAT 在 OS 多任务环境下应用时应该注意文件资源的锁定与互斥,保证同一个文件不会被多个任务同时操作,这需要使用者在 OS 应用层中给予实现。

问:书中配套的 ZN - X 开发板在哪里可以买到?

答:可以进入振南的个人网站及网店订购。

我的大学系列

我的大学 I

——享受奋斗带来的乐趣

　　大二下学期,我开始自学单片机,慢慢进入痴迷的状态。期末将至,学习的热忱更加高涨。假期也全身心地投入到单片机的世界里,每天被调试中的一个个难题搞得焦头烂额,水平也是在一次次解决问题的过程中提高的。同时对于编程语言的学习也进入了狂热状态,有时吃饭的时候也会想一些编程上的问题,或是掏出本子看看别人写的例程。在别人看来,我是一个木讷的人,整天就知道想事情,不太多说话,而我却生活在自己的生活之中,有自己的思想,感觉每天都能学到很多东西,这也为以后的实战做了一个知识上的储备。

　　然而只靠自己一个人的能力不会有大的进步。偶然的机会遇到了盛中华,算是志同道合,就开始一起学习,以后水平有了很大的提高,也告别了单枪匹马的日子。

　　又过了一段时间,听说了 ACM(国际大学生程序设计大赛),当天晚上就找来系里编程不错的几个同学,一共是 6 个人,开始商量参加 ACM 大赛。从此我们成为一个团队,在老师的指导下开始登录各大学的 ACM 网站,大量地练习,为的是得到好的成绩。那个暑假我们没有回家,一个教室,一块黑板,几台笔记本,搭建起了一个临时的 ACM 实验室。大家为一道道题目冥思苦想,又享受着解题后的那种快乐。比赛的日子近了,我们在中国 ACM 三大赛区都报了名,紧接着就是一轮轮的比赛。比赛的形式是网络比赛,由于还没有自己的实验室,所以比赛场地又是一个问题。

　　这个时候就要说到我们的 SUNWISE 实验室,全校有一技之长的人都来过这个实验室。也因为这个实验室和 ACM 我们六个人才能一直团结在一起,直到今天。SUNWISE 是一个协会,但又不同于其他协会,在工程训练中心和我们的共同建设之下,它成为一个综合性、跨学科、独一无二的组织,分为软件、网络、机械、电子等几个部,大家共同学习,共同进步。这个实验室让我认识了很多人,每个系都有朋友,感觉不再孤单,我们一起学习,一起分享,一起研究,一起进步。

　　大三上学期正值全国大学生电子设计大赛,这时偶遇了郭天祥。电子大赛要一连比赛四天四夜,所以有的选手干脆在实验室吃住。郭天祥、杜勉珂负责电路设计和控制，我负责人机界面设计。四天四夜的连续战斗，我们一直保持高昂的斗志。连续近百个小时盯着电脑屏幕，我编写了最庞大的驱动程序。永远忘不了的是，电路与人机界面接口时通信出现了故障，这意味着两个部分不能连到一起。后台主控单元不能正常工作，原因不知出在什么地方。那时真正感觉到，比赛不只是技术的较量，更是一场心理战，当出现问题的时候，应该用怎样的心态来面对这一切呢。我常挂在嘴边的一句话是"在平静的心态下，都不一定能做出来，心急就更不可能做出来了！！"这些经验不仅适用于比赛，在以后的人生道路上也是同样受用的。

比赛结束，我们的作品要拿到哈工大测试，也许也有运气的因素，测试时，一开机输出了几个数据，核心部分就莫名其妙被烧毁了，只留下了一盘残局。成败只是一时，经验却是受用终身的。

之后马上又进入了另一个比赛——"枭龙杯"空中机器人大赛，开始开发飞行器控制系统。每天泡在 21 号楼的 4 楼实验室，有几台电脑和一把躺椅作伴，生活单调，发现问题、分析问题、解决问题。经过一次次地调试，飞行器日渐成熟，经常驱车跑到很远的地方去试飞。

最后，比赛的捷报传来，我们的心中激动不已，几个月的努力终于得了回报，于是更加坚信"真心付出，必有所得"，也成为我继续前进的动力。

"能力越大，责任越大"！做完了飞行器，我回到了系里，又回到了我的 ACM 集体。经过半年多的准备，在 ACM 竞赛自动裁判系统在我们手下应运而生之际，在学校的支持下，我们盼望的 HEU CPC（哈工程大学程序设计竞赛）终于拉开了帷幕。我和我的队友作为 ACM 的主力队员也参加了这次的比赛。在宣布比赛开始的那一刻，仿佛又找到了在中国赛区比赛时的那种感觉，凭着昔日解题的经验，从简单的小题入手，在不到两个小时的时间里我们连破数题，一直位于诸队之首。在接下来的 3 个小时里我们联手攻克剩下的难题，又解出两题。而在我们要上交最后一题时，自动裁判系统系统宣布比赛结束，我们落后几秒钟，最后只能位居第二。ACM 是实力和策略的较量，里面蕴涵了很多人生的道理，我所领悟到的最重要的就是"肯拼才会赢"！

我的大学 II

——上海 Intel 杯嵌入式竞赛纪要

历经半年的不懈努力后,7 月 12 日,进行了 Intel 杯作品的最后联合调试,在确认所有模块及中央控制系统工作正常后,整套系统正式装箱,准备 13 日和我们一同向着此次嵌入式大赛的赛场——上海交大出发。

在出发前半个月的时间里我几乎没有离开过 21 号楼,白天和队友一同在实验室进行模块设计和系统测试,晚上常常是在一个小屋里分析白天记录下来的各种问题,寻找解决的方法。

14 日晚七点我们终于到达了上海。其实一路我并不担心饮食起居,担心的是这一路颠簸,我们的作品能否承受的住,这也是对作品的稳定性的一大考验。记得付教授曾经说过:"在学校调试出来的功能在现场不一定好使,在学校没有调试出来的功能到了现场更不可能实现。"这句话说明了学生作品的稳定性还需要提高,因此在研制和调试的过程中,我一再强调系统稳定性。举一个比较细节的例子,也比较夸张,在一个子系统的电路板上,为了防止焊接的可靠性,每一条导线都设有 3 个焊点,这样就可以把导线牢牢固定在相应位置,就算故意拽都拽不开,可谓用心良苦。这样的一些措施在一定程度上保障了系统的稳定性,所以各个模块到现在为止,尽管已经经历了多次演示和测试,仍然可以正常工作。

刚走进旅馆我就迫不及待地拿出各个模块进行简单地测试。最重要的是数据链路,这也是我最关心的一个部分,因为最容易出问题。整个系统完全是通过 GSM 无线网络(就是我们平时用的短信网络)进行连接的,由于哈尔滨和上海的地域差异,GSM 网络的情况也不尽相同。于是我拉出天线,打开电源,在信号指示灯急促闪烁了几下之后开始进入缓慢闪烁的状态,这初步说明模块已经登录了当地的 GSM 网络。模块初始化完毕后开始自检,如果成功会通过短信向我的手机报告。这时,我手机的短信铃声响了,接到的内容是"System Start!!!",模块一切正常。我这才松了一口气,安心休息,准备明天对整个系统的测试和维护。

第二天就是进行正式的现场调试了,主要的调试内容包括流媒体服务器、远程无线视频、中央控制平台、车辆防盗模块、人身跟踪模块、家庭信息终端(后 3 个模块均由我设计和研制,因此由我来负责调试)。

现场测试遇到的第一个问题就是获取上海交大校园的 GPS 全球定位信息,这样才能在中央控制平台的电子地图上准确进行位置标定。要校准一个座标系统,起码要知道 3 个 GPS 座标,为了更加准确,就需要实际测量当地的地理座标。这个重任就落在了我的身上。首先在校园地图上标记了 4 个待测点,然后一手拿着地图,一手捧着自制的 GPS 测量仪,开始按照地图寻找这 4 个待测点。这并不轻松,也绝非是在校园里散步。交大的校园大而且天公不作美,阴沉沉的,严重影响了 GPS 信号的强度,跑了一下午,才标定了 3 个点。

　　功夫不负有心人,第四个待测点的 GPS 座标终于测了,没过多久,中央控制平台的座标正确校准了,并且已能标定我们的准确位置了。第一天的调试工作到此为止,总体上还算顺利。对于第二天的测试我们进行了分工,我专门调试 3 个模块,他们负责其他部分的测试。由于 3 个模块都采用了新型 CPU,所以不论测试还是更改内部程序都很方便。另外,为了便于现场调试,我在设计的时候都预留了调试接口,从而使进度加快了许多。最后却遇到了一个很棘手的问题,那就是人身跟踪模块的电池内部智能控制电路对电池自身进行了保护,功率无法输出,需要用高压进行激活。我利用专用智能充电器对它进行了长时间的充电,终于解决了这个问题。紧接着,另一个问题又来了,车辆防盗模块为了判断车辆状态,需要由一个座标差值计算,这与实际座标有关,于是我又在楼下拿着 GPS 测量仪来回走,从而标定 100 米对应的 GPS 座标差值是多少。接下来的两天,主要是对系统的维护和答辩材料的准备,比赛不光要看作品做得怎样,还要看答辩的水平。

　　19 日上午正式轮到我们了,我们提前把作品布置好,等待九点正式入场。由于系统需要实际的 GPS 坐标,但现场的屏蔽效果太明显,导致 GPS 信号强度极弱。于是,在现场老师的带领下,我爬上了天台,把 GSP 天线吸附于最高的金属物,从而增强 GPS 信号强度。接通电源五分钟后,模块顺利建立了与卫星的连接,获取了现场的 GPS 坐标,并成功通过 GSM 网络将坐标传回了中央控制平台。做完这些工作之后,我急忙回到了演示现场,开始进行作品答辩。

　　接着就是最为重要的环节——现场演示。我把室内模块电源打开,首先演示中央广播功能,就是中央向家庭信息终端通过短信息发送广播信息,并在终端上显示。当初这部分功能在研制的过程中遇到了很多难题,最大的难题就是短信编码,只要编错一位,短信就不可能发出去,或是错误的;其次就是对于接收到短信的解码,由于我们的系统硬件不支持 Unicode(国际通用编码方式)编码,而现行短信息的中文传输是基于 Unicode 的,所以我对现行短信编码进行了灵活变动,即利用现行短消息为载体来传送 GB2312 码(汉字国标码)。

　　在中央平台发出信息之后,终端上却没有显示。经过评委同意,我们在演示现场中进行了简单排错,最终排除了故障。接着后面的各项测试都很顺利,比赛现场的方位也进行了准确的标定。在演示了最后一个测试项目之后,整个演示过程全部完成了。

　　在 Intel 杯中我积累了更多的经验,也学到了更多的知识,这使我更加成熟,做事更加沉着,想得也更加全面。我将所学用到了后来的五四科技作品展中得到了一等奖的好成绩。我现在正在努力向更高层次迈进,进一步提高自己的能力和水平,加深对计算机系统的研究。

我的大学 Ⅲ

—— 我的个性化保送之路

　　个性化保研之路是通向研究生大门的又一蹊径。可以说,高中是我人生的一大转折。在这一时期,我的学习成绩有了骤然飞跃,奇怪地是竟然开始觉得老师上课的进程有些慢了,同一个问题要讲好几遍,所以那个时候什么东西都喜欢自学。每天只管学自己的,作业也从来没有交过,却感觉知识真正装进脑子里了。长期的这种学习方式慢慢养成了我看似叛逆不羁的心理。初入大学有些茫然,不知要学些什么,于是回归课堂,算是为以后奠定一个基础。其实,大一的时候我是一个名符其实的"磕睡虫",每节课听不到十分钟就困得不行了,学习效率极低。当然那个时候不会考虑学到的知识有什么实际用途,因为还不涉及找工作和做项目,学习单纯为了考试,感觉生活很无聊。于是,我开始着手学习一些自己喜欢的东西:借了一堆 C++的书,打算苦学 C++。学了一阵子后才发现,它不是像理论课一样,背过了就行的,要掌握是需要长时间实践的。于是,我买了一张 C++的安装盘,因为那个时候还没有自己的电脑,所以一有时间就去图书馆三楼的电子阅览室找一台机器来练习。刚开始那里的机器还是免费的,后来改成 5 角一个小时,因为有的时候我在那一坐就是一天,所以这个费用也是一笔不小的开销。

　　于是,只好向家里要钱,大二上学期就有了自己的笔记本电脑,从此实践能力有了极速提高。我的笔记本配置不是很高,但却是我学习上的好帮手。它陪伴我经历了众多比赛,尤其是在作 Intel 杯的日子里,在最后的关头,跟随我连续工作了五天。所以,建议学计算机的同学,如果不是单纯为了游戏,而是为了学习,最好早些配一台适合自己的电脑,对自己的进步是大有好处的。上课学到的知识和实际技能有很大的距离,这就是导致很多人学习虽然很好,但在实践能力上却非常欠缺。在工程训练的时候我指导过一个同学做电子钟,其实涉及的东西都是学过的,但她就是做不出来,就是因为她只迷信书本上的东西,不知灵活运用,不会自己查资料,不会自己写程序。所以说,学习非常重要,但实践更重要。

　　其实学习 C++是一个很漫长的过程,我现在仍然在学习它,只因为它真的是博大精深。后来我又喜欢上了网络,开始学习相关的技术,比如 ASP. NET、JAVAS-CRIPT 等。其实 C++也有网络部分的编程,所以和这些东西是相通的,最后这些知识技能就融汇在一起,成为一个整体。另外,我还学习了一些零碎的东西,只是因为片刻的兴趣。我想读者有的时候会有一些小的抱负或小的兴趣,比如立志学习JAVA、CPU 等,但估计大多数人都是三分热情,坚持不了多久。所以说,学习其实很简单,难点在于坚持不解。

对于嵌入式系统(手机就是典型的嵌入式产品)的热衷源于当初的一个念头,只是无意间听人在谈论单芯片计算机,于是开始对它产生了兴趣。也许这只是我众多小兴趣中的一个,只想浅浅地了解一下,但以后的一系列事情让我决定把大学剩余的时间全放在它上面。先是电子大赛国赛,然后是枭龙杯、英特尔杯。尤其是后两个比赛,让我花了足足一年半的时间,在这一年半里我每天都泡在这些东西上,而且一直保持狂热,每天都处在发现问题、分析问题、解决问题的状态。我开始习惯了这种生活,非常艰苦,却乐此不疲。大多数时候我失去了时间的概念,四五点睡觉是很平常的事,就是到现在我仍然是很晚才睡,所以有的时候我在怀疑我是不是处于某种病态之中,感觉生活方式变了。

很多人说我的思维方式和别人不一样,也被同学称为我们班的一大怪人。也许这就是所谓的"个性化",我不知道"个性化"这个词是褒义还是贬义。只是有一种脱离群众,有别于其他人的感觉。个性化保研从递交申请到结果公示历时约一个月的时间,由于政策不断改动,这期间有很多波折。首先是保送比例从原来的 10% 改为 15%,这样一来个性化保研的名额就能更多一些;再就是把文体生和管理类学生从个性化里去掉了,这样个性化的所有名额就全部是科技人才了。但到答辩的时候,我却发现原定的 50 个名额竟然没有报满,只有 45 个人。原本认为这 45 个人都可以保送,但直到公示才知道有 9 个人被刷掉了,只保送了 36 个人。看来个性化保研的原则是宁缺勿滥,个人实力的评定是很严格的,同时也很残酷。

在大学期间对我水平提高起很大作用的因素还有给公司做项目。与校外的一些公司签定项目合同,在规定的时间内开发出公司要求的东西,一般在项目中用到的器件由公司来提供,并会提供一定的项目开发资金,项目成功结束后当然会得到应得的报酬。

我现在感觉大学里处处是机遇,关键在于能不能抓住它。自己的一个小小的兴趣,如果不断坚持,可能会改变人生的道路。不要让自己一闪念的灵感轻易溜走,抓住它,也许它就是新生活大门的钥匙。记住做任何事情都不要轻易放弃,放弃它,失去的也许不只是它。

我的大学 IV

——Intel 公司的实习经历

在中关村已有近三个月,记得刚开始还会在楼里迷路,而现在这里也变成了一块熟地,出出入入也都变得很自然。感觉这里的安全做得很到位,电脑上绝不允许安装非法的软件,否则会被系统检测到,会不停地弹出提示要求将软件卸载。正所谓百密终有一疏,虽然上到经理,下到保洁员都有自己的 ID 卡,分为 blue badge、green badge 等。我就是个 blue badge,实习生的 ID 都是蓝色的,而不同颜色的 ID 权限是不同的。但还是发生过外人乘机进入公司盗取几台笔记本的事故,关键不在于笔记本的硬件价值,而在于存于其中的重要资料,如果被盗的是高级主管的笔记本的话,估计损失就不可估量了。曾经在入职培训的时候,主讲不断地重申"技术是 Intel 的生命,请大家严格遵守保密协议"。

再说说我的最爱——pantry(食品间),里面有饼干、饮料(有我最爱喝的红茶,呵)咖啡、茶叶等。每天早上来到公司,把包往座位上一放,就先到 pantry 拿一罐红茶,然后才会开始一天的工作。工作累了,乏了,也会来 pantry 坐一会,煮一杯咖啡,眺望一下远方。

说点正事。我在这里的题目是件头疼的事情:sin(10.45)=? 这个问题小学生都能回答出来,一按计算器就出来了,但在我手里却做了整整两个星期的时间。为什么? 因为要用电路来实现它。10.45 是浮点,所以必须知道浮点的表示形式。要用向量的方式来表示它,而且还会涉及规格化等很多细节。浮点的表示形式很简单,难点在于以向量形式表示的浮点运算,浮点的加、减、乘、除、开方、取余等。其实这里面有些运算可以借用现成的库,但是拿到这个浮点库之后,问题又来了,这个库是否真的好用呢? 计算准确度如何? 精度如何? 能否对无穷大,非数这些特殊情况进行处理? 这些指标都是未知的。

所以拿出了一个星期的时间来对整套浮点库进行严格测试。由于要对每一个运算部件进行大数据量测试,只有对所有数据的计算结果都与期望值吻合的时候才能说明此运算部件可以通过测试,否则就说明它有 bug,需要对其进行改善。最终的测试结果令人比较满意,这个浮点库的各项功能测试全部通过。有了浮点库的支持,以后的工作也就容易多了,不过仍然有不少难点和细节需要解决。从小的部件做起,逐渐搭建起功能和结构更加复杂、规模更大的电路。这里的指导老师一开始就说"到以后规模大起来以后,时序会变得很头疼",现在确实是这样,错综复杂的时序有时候把脑子搞得迷迷糊糊,这个时候我就会把显示器关上,把问题记录在本子上,画个圈,然后放下笔,到 pantry 去休息一下,等头脑清晰了才回来。

其实一直都是一个人在这边做，身边的同事一般也都是在忙自己的事情，很少相互过问。自从第一天过来就是这样，如果没有什么讨论或聚餐等活动，一天也说不了几句话。每个月都会有新的实习生进来，他们也是通过几轮面试，最终才进来的，就像几个月前的我一样。偶然的机会竟然遇见了一个校友。

每天从公司回到住处，都喜欢在外面走一走，想一想这一天所做的事情，看一看身边路过的行人，听一听人们依然在不停忙碌的声音。戴上耳塞，挑几首自己最喜欢的歌，嘴里也会不时的哼唱几句，这样慢慢晃啊晃。

一天又一天，明天又是新的一天。

参考文献

[1] 微软.FAT32 文件系统白皮书.

[2] 北亚数据恢复中心.FAT 文件系统原理.

[3] 马林.数据重现——文件系统原理精解与数据恢复最佳实践.北京:清华大学出版社,2009.

[4] 戴士剑.数据恢复与硬盘修理.北京:电子工业出版社,2012.